Oliver Schlaudt · Das Technozän

Oliver Schlaudt

Das Technozän

Eine Einführung in die
evolutionäre Technikphilosophie

Klostermann**RoteReihe**

Gedruckt mit freundlicher Unterstützung
der Deutschen Forschungsgemeinschaft.

Bibliografische Information der Deutschen Nationalbibliothek

Die Deutsche Nationalbibliothek verzeichnet diese Publikation in der
Deutschen Nationalbibliografie; detaillierte bibliografische Daten sind
im Internet über *http://dnb.dnb.de* abrufbar.

Originalausgabe

© 2022 · Vittorio Klostermann GmbH · Frankfurt am Main
Alle Rechte vorbehalten, insbesondere die des Nachdrucks und der
Übersetzung. Ohne Genehmigung des Verlages ist es nicht gestattet,
dieses Werk oder Teile in einem photomechanischen oder sonstigen
Reproduktionsverfahren oder unter Verwendung elektronischer
Systeme zu verarbeiten, zu vervielfältigen und zu verbreiten.
Gedruckt auf Eos Werkdruck der Firma Salzer,
alterungsbeständig ♾ ISO 9706.
Druck und Bindung: docupoint GmbH, Barleben
Printed in Germany
ISSN 1865-7095
ISBN 978-3-465-04586-1

Inhalt

1 Technik als die erste Natur des Menschen — 7

1.1 In der Technosphäre — 7
1.2 Ökologie der Technik — 11
1.3 Fortschrittsmythen — 15

2 Äußere Ökologie des technischen Menschen — 25

2.1 Der Ursprung von Allem — 25
2.2 Koevolution von Mensch und Technik — 45
2.3 Die Eigendynamik der Technik — 68

3 Innere Ökologie des technischen Menschen — 105

3.1 Die Technikgeschichte des Geistes — 105
3.2 Technisch sehen, technisch denken, technisch fühlen — 120
3.3 Der technische Kosmos — 158

4 Exaptation, Kompost, Freiheit — 183

4.1 Kosten und Nutzen — 183
4.2 Der Müll und das Gute — 186
4.3 Die Maschine und das Reich der Freiheit — 192

Nachweise der Abbildungen — 208
Literatur — 209
Danksagung — 222

Abb. 1: Das Umland von Den Haag, nach van Gogh und Google Earth.

1 Technik als die erste Natur des Menschen

1.1 In der Technosphäre

»Vor zehn Jahren konnte man auf der Autobahn von Rotterdam nach Den Haag zehn Minuten durch grüne Landschaften fahren. Heute sind es nur noch zwei Minuten« – berichtet der niederländische Landschaftsarchitekt Adriaan Geuze.[1] Ein Blick auf Google Earth bestätigt seine Beobachtung (Abb. 1). Eine Decke aus Beton überwuchert allmählich die Landschaft: Die Technosphäre. Sie begegnet uns hier in Form von Autobahnzubringern, Supermärkten, Parkplätzen, Mehrzweckhallen, Self-service-Autowaschanlagen – mit einem Wort: die »Unorte« der modernen Lebenswelt, *non-lieux*, nach dem Ausdruck des Anthropologen Marc Augé.[2]

Die anekdotische Beobachtung des Architekten lässt sich wissenschaftlich erhärten. Ein israelisches Forscherteam errechnete jüngst, dass die Masse der vom Menschen künstlich veränderten Materie die Biomasse inzwischen übersteigt – zumindest in ihrem Trockengewicht (Abb. 2). 4 Gigatonnen tierischen Organismen stehen 8 Gt Plastik gegenüber, wobei erstere wohlgemerkt auch den Bestand an Nutzvieh und die Menschen selbst umfassen, welche die Masse an wildlebenden Säugetieren ihrerseits um das etwa 14- und 8-fache übertreffen.[3] Weiters stehen 900 Gigatonnen Bäumen, Sträuchern und Unterholz 1100 Gt an Gebäuden und Infrastruktur gegenüber. Beton, Schotter, Backsteine, Asphalt und Metalle machen den Löwenanteil aus. Ihre Menge nimmt drastisch zu. Wer möchte, kann auf der Zeitskala des Diagramms in Abbildung 2 das eigene Geburtsjahr ausmachen und nachvollziehen, wie sich die Welt seitdem verändert hat. Selbst für die jüngsten Leserinnen und Leser fällt dieses Experiment ernüchternd aus, weil man plötzlich begreift, in der eigenen Lebensspanne ohne es zu merken einer Art Explosion in Zeitlupe beigewohnt zu haben. Der erste Akt des Weltuntergangs ist schon vorbei.

Indes birgt die Beobachtung des niederländischen Architekten eine doppelte Tücke. Anders als sein Vorgänger Vincent van Gogh, aus dessen stimmungsvollen Briefen und Zeichnungen auch Ortsfremde mit der südholländischen Landschaft vertraut zu sein glauben kön-

---

[1] Engler 2010.   [2] Augé 1992.   [3] Bar-On, Phillips und Milo 2018.

nen, erschloss sich der Architekt diese Gegend nicht als Wanderer – sondern durch die tägliche Erfahrung des Berufspendlers, von der Autobahn aus, dem Unort schlechthin. Und in der Weise unseres Nachvollzugs seiner Erfahrung begehen wir denselben Irrtum. Google Earth verschafft uns lediglich die Illusion, engelsgleich über der Welt zu schweben und mit eigenen Augen die Untaten des Menschengeschlechts zu bestaunen. Bei den Bildern handelt es sich in Wahrheit um Computersimulationen auf der Grundlage von Satellitenbildern. Die gesamte Technosphäre ist ihnen *transzendental*, als Bedingung ihrer Möglichkeit, eingeschrieben (wir werden darauf zurückkommen).[1]

Aber wir müssen in unserer Analyse des Falls noch einen Schritt weiter gehen. Das Hinterland der beiden niederländischen Städte liegt weitgehend unterhalb des Meeresspiegels und wurde selbst erst in den vergangenen Jahrhunderten von Menschenhand dem Meer abgerungen. Das Wort ›Kulturlandschaft‹ wird diesem Sachverhalt nicht gerecht, da wir es nicht bloß mit einer modifizierten Oberfläche zu tun haben, wie z. B. wenn Wald abgeholzt wird, um Acker- oder Weideland zu schaffen. Der Boden selbst ist ja Menschenwerk. Wo Vincent van Gogh wanderte, hatte nicht allzu lang zuvor die Nordsee ihren angestammten Platz. Schon van Goghs frühe Landschaftsskizzen zeigen uns eine Innenansicht der Technosphäre (Abb. 1).

Das im Grunde beliebige und austauschbare Alltagsbeispiel, welches uns als Ausgangspunkt diente, wartet mithin, wenn man es nur genau untersucht, mit einer verstörenden Einsicht auf. Es vermittelt uns eine erste Ahnung, wie tief wir in der Technosphäre stecken, und es drängt sich der Verdacht auf, dass es kein Entkommen gibt: Wir sind mitten in einer technischen Umwelt, die viel älter ist und viel tiefer reicht, als wir dachten, und so umfassend, dass sie selbst unser Wissen von ihr vermittelt. Wir leben in dem technischen Zeitalter, dem ›Technozän‹.[2]

Die Fragen, an welche wir uns hier herantasten, sind diejenigen der Technik-Philosophie. Was ist die Technosphäre? Was bedeutet es für uns, ihre Bewohner zu sein? Mithin in anthropologischer Hinsicht: Was heißt es, ein Mensch in der Technosphäre zu sein? In

---

[1] Hamilton 2013. [2] Hornborg 2015, López-Corona und Magallanes-Guijón 2020.

1.1 In der Technosphäre

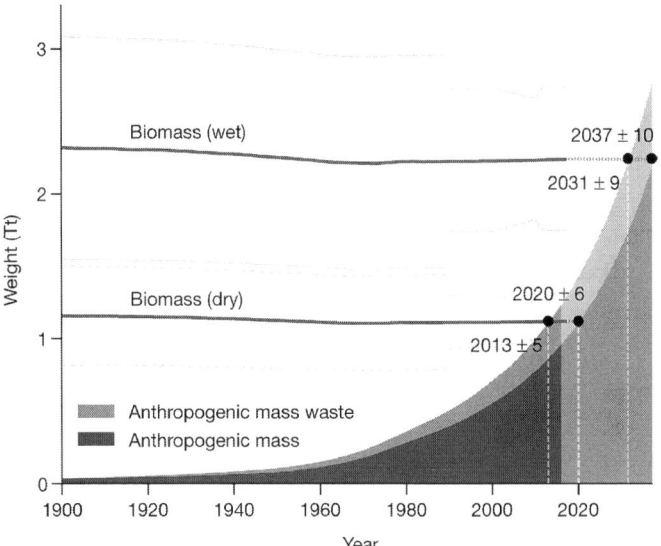

Abb. 2: Das Gewicht der Technosphäre im Vergleich zur globalen Biomasse (Elhacham u. a. 2020).

epistemischer Hinsicht: wie bestimmt die Technik unser Weltbild und insbesondere das Bild, welches wir uns von der Technik selbst machen? In moralischer und eudämonischer Hinsicht: welches sind in der Technosphäre die Maßstäbe des richtigen Handelns und eines guten Lebens? usw. usf. Diese Liste von Fragen erlaubt uns sogleich, ein Missverständnis aus dem Weg zu räumen: Technikphilosophie ist keine Bindestrichphilosophie, sie ist nicht einfach die Philosophie der Technik. »Im Grunde ist die Technikphilosophie die ganze Philosophie noch einmal von vorn – diesmal unter Einbeziehung der Technik«, notierte der Philosoph Alfred Nordmann.[1]

Um die Tragweite der technikphilosophischen Fragen richtig zu bemessen, sind einige Vorkehrungen nötig. So benötigen wir zum Beispiel einen differenzierteren Begriff der Technik als den der »anthropogenen Masse«, wie er in dem zitierten Diagramm in Abbildung 2 verwendet wird. Bestünde die Technosphäre bloß aus Kieselschutt, würden sich viele Fragen nicht stellen. Die anthropoge-

---

[1] Nordmann 2008, S. 10.

nen Substanzen umfassen z. B. auch viele umweltresistente Gifte, die nicht zerfallen, sondern sich in der *toxic world* fortwährend anreichern.[1] Dies führt sogleich zu einem weiteren, in Philosophie und Sozialwissenschaften zumeist aber ausgeblendeten Aspekt, der im Diagramm als hellgrauer Streifen eingezeichnet ist: *waste*, Abfall oder Müll. Müll ist nach den Worten von François Dagognet die zweite Provinz der Materialität, die neben der Technik, als der geformten Materie, die noch von der Größe des menschlichen Geistes als Schöpfer und Gestalter zeugt, vergessen wird.[2] Der Müll ist sozusagen die dunkle Seite des Mondes, und sie mit ins Bild zu nehmen, wiederholt mit der Technikphilosophie, was diese mit der Philosophie machte: es lässt sie noch einmal von vorne beginnen, aber nun mit einer neuen Färbung: Vom Müll haben wir nach den Worten Dagognets eine grundsätzliche Lektion zu lernen. Kurz: Philosophie, die unserer Gegenwart gerecht werden will, sollte Technikphilosophie sein, und Technikphilosophie sollte immer auch Müll-Philosophie sein, und so werden wir es in diesem Band halten.

Als nächstes sollten wir bedenken, dass sich die »anthropogene Masse« nicht darin erschöpft, passiv die Landschaft zu bedecken. Wir haben es ja vielmehr mit technischen Dispositiven zu tun, durch welche die Menschen auf die Umwelt, auf sich selbst und die Organisationsweise ihres Zusammenlebens einwirken. Die Herausforderungen der Gegenwart lauten Gentechnik, Digitalisierung, Künstliche Intelligenz, Human Enhancement, Geoengineering. Von einer Technikphilosophie wird man erwarten, Kriterien zu entwickeln, anhand welcher man solche Entwicklungen beurteilen kann. Die Reaktionen reichen von utopischem Technikoptimismus (Unsterblichkeit, Klimakontrolle, *good anthropocene*) bis zu pessimistischen Dystopien, die im Verhängnis der Technik das Ende des Menschen herannahen sehen (Herrschaft der Algorithmen, ökologische Krise, atomare Vernichtung). In jedem Fall ist klar, dass uns die Entwicklungen der modernen Technik im Kern unseres Menschseins berühren. Um in dieser Debatte einen Schritt weiter zu kommen und der Herausforderung der Technik angemessen begegnen zu können, ist es daher wichtig, das Verhältnis von Mensch und Technik richtig zu bestimmen.

Eine solche Bestimmung wird sich zwangsläufig zwischen zwei Polen bewegen: Wir können entweder die Technik als eine Sache

---

[1] Nading 2020.   [2] Dagognet 1997.

betrachten, die dem Wesen des Menschen äußerlich ist und ihn als solche in seinem Sein bedroht – oder aber im Menschen den Nutznießer einer Technik erblicken, die ihm automatisch nur Gutes bringt, da technischer Fortschritt eben immer ein Fortschritt ist. Um einen adäquaten Maßstab zu gewinnen, den wir an die technischen Herausforderungen der Gegenwart anlegen können, werden wir in diesem Buch einen Weg verfolgen, der auf den ersten Blick widersinnig erscheinen mag. Wir werden der Gegenwart nämlich den Rücken kehren und weit in die Vorzeit zurückreisen. Aktuelle Ergebnisse aus Anthropologie, Archäologie und Evolutionstheorie zeigen, dass die Technik den Menschen in einer mehr als drei Millionen Jahre währenden Evolution schon immer begleitet und seine körperliche, kognitive und kulturelle Evolution zutiefst beeinflusst hat. Es ist nicht übertrieben zu sagen, dass der Mensch ein technisches Wesen ist: die Technik ist ihm nicht erst zur zweiten Natur geworden, sondern war – wie wir später genauer verstehen werden – schon immer seine erste Natur.

Ist mit dieser Perspektive die Annahme einer dem Menschen äußerlichen Technik von vornherein ausgeschlossen, so verpflichtet sie uns doch keineswegs zugleich auf den zweiten Pol eines unkritischen Technikoptimismus. Die Herausforderung, den richtigen Maßstab zu gewinnen, bleibt mithin bestehen, und wir werden uns in diesem Buch an ihr versuchen, indem wir als Leitfaden der Frage nachgehen, »wie es gekommen ist«, nämlich wie Mensch und Technik in einer Koevolution entstanden sind. Mit einem Wort: wir betreiben *evolutionäre Technikphilosophie*. – Zwei grundsätzliche Fragen schon im Voraus zu klären, wird die Arbeit leichter machen: Was ist Koevolution, und inwiefern handelt es sich um eine Fortschrittsgeschichte?

1.2 Ökologie der Technik

Menschen erfinden und erschaffen technische Artefakte – nicht wahr? Wir werden in den folgenden Kapiteln im Licht von Theorien biologischer und kultureller Evolution verstehen, dass diese Aussage auf einer ganzen Reihe von ungerechtfertigten Vereinfachungen beruht. Aber die Probleme beginnen im Grunde schon auf der viel basaleren Ebene der Physik. Gibt es aus physikalischer Perspektive überhaupt Menschen als eine bestimmte Art von Wesen aus organischer Materie? Als 1965 ein Techniker in einer Vakuumkammer des *Johnson Space Centers* in Houston versehentlich einen Versorgungsschlauch seines Schutzanzugs zerriss und sich somit dem Vakuum aussetzte, verlor er binnen weniger Sekunden das Bewusstsein. Seine letzte bewusste Wahrnehmung war, dass der Speichel auf seiner Zunge zu sieden begann.[1] Sein Eindruck hat ihn nicht getäuscht. Je niedriger der Luftdruck, desto geringere Temperaturen reichen aus, um Wasser in die Gasphase übergehen zu lassen, und dieses ›Kochen‹ bei Körpertemperatur war es, was der Techniker in seinem Mund zuletzt spürte. Wäre der Druck in der Vakuumkammer nicht sofort wieder normalisiert worden, hätten auch das Blut in den Adern und das Wasser in den Weichteilen, Augen und Zellen zu kochen begonnen, bis die Körperhülle schließlich dem Dampfdruck nachgegeben hätte. Die NASA experimentierte zur selben Zeit durchaus mit Schimpansen in Vakuumkammern, aber bereits 1670 war der britische Gelehrte Robert Boyle verschiedenen Tieren mit der neu erfundenen Vakuumpumpe im schlimmsten Sinne des Wortes zu Leibe gerückt: eine Viper blähte sich im evakuierten Glasgefäß auf, ein Fisch begann auf seiner Oberfläche regelrecht zu sprudeln (Abb. 3).[2]

Die (besser: eine) Moral der Geschichte: Schon unter rein statischer Betrachtung existiert ›ein Organismus‹ nicht, wenn er nicht von einer entsprechenden Umwelt – hier insbesondere einem entsprechenden Luftdruck – im wahrsten Sinne des Wortes zusammengehalten wird. Es ist ein naiver Kinderglaube, dass die Dinge, die wir als selbständige Entitäten kennenlernen, auch wirklich eine selbständige Existenz haben. Sie haben eine solche *innerhalb* einer bestimmten Umwelt, und folglich muss man sie innerhalb dieser Umwelt und in Wechselwirkung mit ihr begreifen. Und dies gilt sogar, wie wir gerade gesehen haben, nicht erst in sozialer und biologischer Hinsicht – also das Individuum in der Gesellschaft und den Organismus in seiner ökologischen Nische betreffend –, sondern bereits in rein physikalischer Sichtweise. Aus diesen Gründen nehmen wir in diesem Buch konsequent eine ›ökologische‹ Perspektive ein, die eben darin besteht, die Dinge in ihrem Kontext zu studieren, um zu verstehen, welche Umweltfaktoren konstitutiv für ihr Bestehen sind.

Die zentrale Einsicht des ökologischen Standpunkts besteht darin, Illusionen von Autonomie zu überwinden: ein Organismus ohne

---

[1] Gosline 2008.   [2] Koestler 1965 und Boyle 1670.

1.2 Ökologie der Technik 13

Abb. 3: Experiment mit einem Vogel in der Vakuumkammer. Kupferstich von Valentine Green nach einem Gemälde von Joseph Wright of Derby, 18. Jahrhundert.

Umwelt, ein Geist ohne Körper, ein Individuum ohne Gesellschaft, eine Wirtschaft ohne Materieströme. Wie wir gesehen haben, erweist sich die Autonomie schon in rein statischer Betrachtung als eine falsche Abstraktion. Wie viel mehr gilt diese Einsicht also für eine dynamische Perspektive, die die Entitäten in ihrer Wechselwirkung studiert! Schon Newton formulierte als *lex tertia* seiner Physik, dass jede *actio* eines Körpers auf einen anderen eine *reactio* von gleicher Größe hervorruft. Wer eine Flasche Wasser öffnet, übt nicht bloß Kraft auf den Verschluss aus, sondern nimmt auch in Kauf, dass dieselbe Kraft auf die Innenfläche der eigenen Hand wirkt – nur dass der Verschluss vor dem Gewebe der Hand nachgibt. Nach der umweltlosen Existenz der Körper besteht die nächste Illusion in der Tat in der einsinnigen Wirkung, also der Vorstellung, dass eine Entität irgendeine Veränderung bewirken könne, ohne selbst darüber eine Veränderung zu erleiden. Fünf Jahrhunderte lang haben die europäischen Nationen geglaubt, man könne die ganze übrige Welt ausbeuten und mitten in der Katastrophe, die man anrichtet, eine heimelige Idylle pflegen. Sie wollten die Wirkung ohne die Gegenwirkung, welche sie gleichwohl naturgesetzlich begleitet.

Kein Ding ohne Umwelt, keine Wirkung ohne Gegenwirkung, lehrt uns also bereits die Physik. Ihre Perspektive erspart uns indes die letzte Konsequenz, denn sie opfert unseren lebensweltlichen Dingbegriff nur, um ihn auf atomarer oder subatomarer Ebene um so strahlender wieder auferstehen zu lassen: Ein Körper, der im interstellaren Vakuum zerbirst, zerlegt sich in seine Atome, welche aber vom selben Schicksal verschont bleiben. Wenn man nur die Analyseebene richtig wählt und sich an die Atome hält, bleibt alles beim Alten in der lieben Welt der Dinge. Die evolutionsbiologische Perspektive auf die Organismen und ihre Kultur wird uns mehr abverlangen. Denn erstens hat ein Organismus keine organischen Atome. Leben ist eine Systemeigenschaft, die verschwindet, wenn der Organismus in seine Teile zerlegt wird. Und zweitens ist kein Organismus, von einigen Bakterien abgesehen, ohne die Präsenz anderer Lebewesen in seiner Umwelt lebensfähig. Der Zusammenhang kann so eng werden, dass – bei den sogenannten Holobionten – die Grenzziehung zwischen den individuellen Organismen einer Lebensgemeinschaft fragwürdig wird.

Der Blick von der ökologischen Warte ist mithin schwindelerregender als die physikalische Analyse, da wir keine Atome mehr finden, an die wir uns klammern können, und daher mit dem Denken in Zusammenhängen ernst machen müssen. Allein, wenn sich alles in einem Meer aus Zusammenhängen auflöst, lässt sich dann überhaupt noch von koevolvierenden Entitäten in einem substantiellen Sinne sprechen, also einem Sinn, der mehr ist als eine konventionelle Grenzziehung des Denkens? Hierin besteht in der Tat eine Herausforderung an das ökologische Denken, und wir werden sehen, dass es durchaus Antworten auf diese Frage gibt. Es wird zu verstehen gelten, wie sich Systeme von *relativer* Autonomie herausbilden können, die eine *relative* Unabhängigkeit von ihrer Umwelt erlangen und eine eigenständige Entwicklungslogik entfalten können. Wieder ist die Alternative von ›Ganz oder Garnicht‹ verfehlt, und die Kunst wird darin bestehen, in der Mitte zu balancieren.

1.3 Fortschrittsmythen

Eine zweite Frage grundsätzlicher Natur, welche wir vorab klären sollten, ist die nach dem Fortschritt. Drei Millionen Jahre Koevolution von Mensch und Technik brachten ›irgendwie‹ einen Fortschritt mit sich. Schließlich haben wir heute Elektrizität und Antibiotika, und früher nicht – nicht wahr? Gleichzeitig aber soll sich die Technikphilosophie ja die Freiheit nehmen können, zu evaluieren, ob der technische Fortschritt ›wirklich‹ einen Fortschritt darstellt. Immerhin dienen die meisten Medikamente, welche unsere technische Zivilisation hervorgebracht hat, dazu, Krankheiten zu behandeln, die ebenfalls aus der modernen Lebensweise resultieren. Wie aber kann man einerseits eine Geschichte erzählen, die als solche, strukturell, eine Fortschrittsgeschichte sein muss, und sich trotzdem die Freiheit bewahren, erst ein Kriterium gewinnen zu wollen, was wirklicher Fortschritt ist?

Aus kultur-evolutionärer Perspektive muss man zuerst anmerken, dass fast während der gesamten Zeit der Menschheitsgeschichte fast alle Gesellschaften im Grunde statisch waren, was heißt, dass die Veränderungen, die es freilich immer gab, im Laufe eines Menschenlebens und selbst über mehrere Generationen hinweg nicht unbedingt spürbar waren. Jede Generation wiederholte im Wesentlichen das Leben der vorangegangenen – unter denselben Bedingungen, in denselben Formen und Riten. Erst in der modernen Welt ist die Veränderung zu einer prägenden Grunderfahrung geworden: »*That change is eternal is the defining belief of the modern world*«, konstatierte Immanuel Wallerstein, und vergaß darüber nicht das von der Aufklärung postulierte Axiom, dass diese Veränderung eine gute sei, uns nämlich zu einer besseren Gesellschaft führe, »*that is to say, that progress is our natural heritage*«.[1]

Der einfachste Weg zu einem reflektierten Umgang mit diesem Kernbestand moderner Weltwahrnehmung besteht in der Unterscheidung zwischen Beschreibung, Erklärung und Bewertung. Einfache Fortschrittsnarrative unterstellen erstens, dass es Fortschritt gibt, bewerten ihn zweitens automatisch als positiv und sehen damit drittens die Frage der Erklärung als erledigt an – denn wenn es einen Fortschritt gibt, dann doch wohl, weil er gut ist und sich durchsetzt?

---

[1] Wallerstein 1999, S. 118 und S. 120.

1. Technik als die erste Natur des Menschen

Abb. 4: *Das Jahr 01* von Jacques Doillon (1973): »Fassen Sie nichts an, Ihr Empfangsgerät funktioniert einwandfrei!« – »Dies ist eine Piratensendung (nur ganz kurz!)«. Ein Mann macht anstelle eines Fortschritts einen Schritt zur Seite und kommt ins Nachdenken. Schließlich ist die Entscheidung getroffen: *On arrête tout*, wir hören einfach mit allem auf. – Ist eine (Technik-)Philosophie, die nicht als Störsender fungiert, den Aufwand wert?

Fortschrittskritik setzt typischerweise an dem letzten Element, der Bewertung, an, und sie muss sich die dazu nötige geistige Bewegungsfreiheit erst erkämpfen. In dem Film *Das Jahr 01* von Jacques Doillon aus dem Jahr 1973 kapert eine Gruppe von Utopisten den Fernsehkanal mit einer Piratensendung: »Immer heißt es: Das Glück liegt im Fortschritt, mach' also einen Schritt nach vorn. Und das ist der Fortschritt – aber niemals das Glück. Und wenn wir einen Schritt zur Seite täten? Wenn wir etwas anderes ausprobieren würden? Wenn wir einen Schritt zur Seite täten, würden wir sehen, was man sonst nie sieht.« (Abb. 4)

Im vorliegenden Buch werden wir alle drei Elemente – Beschreibung, Erklärung, Bewertung – neu aufrollen und prüfen, ob sich aus einem systematischen Verständnis der ersten beiden Aspekte Maßstäbe zur Bestimmung des letzten von ihnen ergeben. Schon die erste Frage, ob sich rein deskriptiv überhaupt ein Fortschritt feststellen lässt, ist dabei weniger eindeutig beantwortbar, als man gemeinhin denkt. In einem berühmten Aufsatz hat 1994 der amerikanische Paläontologe und Evolutionsbiologe Stephen Jay Gould die Vorstellung angegriffen, die Evolution stelle einen deterministischen Prozess dar, der in der Entstehung des Menschen gipfele. Die überwältigen-

1.3 Fortschrittsmythen

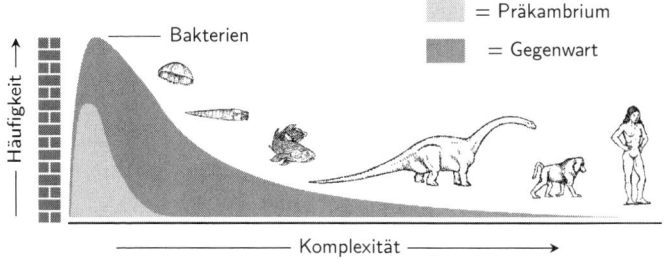

Abb. 5: Die Häufigkeit von Lebewesen verschiedener Komplexität in der Erdfrühzeit (bis vor 540 Millionen Jahren, oben) und in der jüngeren Geschichte (unten): »Der Fortschritt bestimmt nicht den Evolutionsprozess (und ist nicht einmal seine primäre Stoßrichtung). Aus chemischen und physikalischen Gründen entsteht das Leben an der ›linken Wand‹ seiner einfachsten denkbaren und erhaltenswerten Komplexität. Diese Art von Leben (bakteriell) ist am häufigsten und erfolgreichsten geblieben. Einige wenige Lebewesen bewegen sich gelegentlich nach rechts und verlängern so den rechten Schwanz in der Komplexitätsverteilung. Viele wandern immer nach links, aber sie werden in dem bereits besetzten Raum absorbiert. Man beachte, dass der bakterielle Bereich seine Position nie verändert hat, sondern nur in die Höhe gewachsen ist.« – (Gould 1994).

de Mehrheit der Lebewesen sind einfache Bakterien. Das Auftauchen komplexerer Lebewesen ist kein echter Entwicklungstrend, sondern eine bloße Folge der banalen physikalischen Tatsache, dass die Bakterien an Komplexität nicht unterboten werden können, alle Lebewesen, die keine Bakterien sind, mithin zwangsläufig eine anspruchsvollere Struktur aufweisen müssen. Anderweitig laufen sie gegen eine ›Mauer minimaler Komplexität‹ (Abb. 5). Auch entwickeln sich diese Lebewesen nicht systematisch hin zu größerer Komplexität. Alle Entwicklungsrichtungen stehen ihnen offen, auch die zu geringerer Komplexität, nur dass die Organismen in diesem Fall von dem Berg an Mikroorganismen schlichtweg absorbiert werden und nur im entgegengesetzten Fall als hochentwickelte Lebewesen aus dem Naturgemälde herausstechen. Solche komplexen Lebewesen existieren durchaus, aber der Eindruck, dass die Evolution als eine Fortschrittsgeschichte statthabe, verdankt sich einer optischen Täuschung. Wir sind nicht die Krone der Schöpfung, sondern die Außenseiter, während das Reich der Bakterien triumphiert.

Goulds Kritik rührt an viele unhinterfragte Gewissheiten. Zugleich enthält sie ein wichtiges Zugeständnis: Gould bestreitet zwar, dass es in der Natur einen Fortschritt als gerichteten Trend gebe, aber er weiß, wie sich der Fortschritt bemisst, nämlich auf der Skala der

Komplexität. Dies gibt uns ein wichtiges Kriterium an die Hand. Um von einem Fortschritt in der Bilanz sprechen zu können, muss ein Zuwachs an Komplexität vorliegen, und um von Fortschritt als einem materiellen Prozess sprechen zu können, muss dieser kumulativ sein, also in jeder Stufe auf der vorangegangenen aufbauen. Für die belebte Natur ist dies zumindest als allgemeines Gesetz laut Gould nicht der Fall. Für Kultur und Technik werden wir dieser Frage genauer nachgehen müssen.

Allein, auch dort, wo man es mit einer kumulativen Entwicklung zu tun hat, die höhere Grade an Komplexität erzeugt und in diesem Sinne einen Fortschritt darstellt, stellen sich noch einige Fragen, die für die Beschreibung, Erklärung und Bewertung relevant sind. Erstens kann man, wie wir sehen werden, auch da, wo man es höchstwahrscheinlich mit einem kumulativen Geschehen zu tun hat, nicht einfach von einem linearen Prozess ausgehen. Die Entwicklung kann komplizierte Wege gehen und kennt auch Umwege, was für eine adäquate Beschreibung des Fortschrittsgeschehens relevant ist.[1]

Eine zweite Frage betrifft die Erklärung und Bewertung. Wie bereits bemerkt, verdrängt die positive Bewertung im Fortschrittsdiskurs oft die Frage nach der Erklärung, sei es, dass sie wirklich für überflüssig gehalten wird, sei es, dass unterstellt wird, der Fortschritt sei schon dadurch erklärt, dass seine Vorteile für die zeitgenössischen Akteure evident sind. Natürlich wäre letzteres lediglich eine Erklärung für die Akzeptanz und kulturelle Diffusion eines Fortschritts, nicht aber für sein Auftreten. In der englischen Literatur ist es üblich, zwischen ›Invention‹ als dem Auftreten der technischen Neuerung und der ›Innovation‹ als ihrer Verallgemeinerung und ihrem Übergehen in den tradierten Bestand einer Kultur zu unterscheiden.[2]

Aber nicht nur benötigt man einen gesonderten Mechanismus zur Erklärung der Invention, auch die Innovation kann andere Wege nehmen als den der stürmischen Begrüßung durch die überzeugten Zeitgenossen. Ein Lehrstück bietet in dieser Hinsicht die Art und Weise, wie der amerikanische Anthropologe Jared Diamond die Bewertung der neolithischen Revolution gegen den Strich kämmte. Als neolithische Revolution bezeichnet man das Aufkommen der produzierenden Wirtschaftsweise, welche vor 12.000 Jahren im Nahen Osten die aneignende Wirtschaftsweise der Gesellschaften von Jägern und

---

[1] Lombard 2016, Haidle und Schlaudt 2021a. [2] Renfrew 1978, Hovers 2012.

Sammlern abzulösen beginnt. Ihre Kennzeichen sind Sesshaftigkeit, Domestizierung von Pflanzen und Tieren und die Herstellung von Keramik. Wenn es auch umstritten ist, ob der historische Übergang wirklich ›revolutionär‹, also abrupt geschah, oder sich doch vielmehr über einige Jahrtausende hinzog,[1] so sind die Folgen unumstritten: Relativ schnell entwickeln sich die ersten Hochkulturen mit Schrift, Recht, komplexen Verwaltungsstrukturen, Religion und Dichtung. Eine Erfolgsgeschichte, sollte man denken. Jared Diamond zieht eine andere Bilanz: Mangelernährung, Krieg und Unterdrückung seien die eigentliche Frucht der neolithischen Revolution, befand er in einer Analyse, die zu ihrer Zeit als Provokation gemeint sein konnte, sich aber doch durchgesetzt hat.[2] Jäger und Sammler arbeiten weniger, genießen gleichwohl eine gesündere und ausgewogenere Ernährung und leben in einer egalitären Gesellschaft, die wenig gewalttätige Konflikte kennt. Unter den Bedingungen von Sesshaftigkeit und Ackerbau konnte zwar in Hinsicht auf die Kalorien die Ernährungssicherheit gewährleistet werden, aber die Nahrung wurde einseitiger, der produzierte Überschuss induzierte gesellschaftliche Ungleichheit und hierarchische Gesellschaftsorganisation, und das zur knappen Ressource gewordene Ackerland weckte Begehrlichkeiten, die sich mit kriegerischer Gewalt durchzusetzen versuchten.

Einiges deutet darauf hin, dass einige Völker von Jägern und Sammlern dankend auf diese Segnungen verzichteten und bei ihrem Modell blieben.[3] Und warum hat sich die neolithische Revolution durchgesetzt, wenn ihr die strahlende Überzeugungskraft fehlte? Die Antwort ist banal und ernüchternd. Sesshafte Bauern haben eine höhere Geburtenrate, weil die Kalorienzufuhr gesichert ist und Frauen in sesshaften Kulturen in kürzeren Abständen Kinder bekommen können. Ihre Gesellschaften wachsen an und verdrängen die Jäger und Sammler, denen schlussendlich nur die für den Ackerbau ungeeigneten Gebiete an den Rändern der Wüsten und des Polarkreises verblieben. Es ist mithin durchaus möglich, dass die Menschheit sehr früh schon eine falsche Wahl getroffen hat, welche sich aufgrund eines fatalen Erfolges durchsetzen konnte. Und es gibt einen weiteren Mechanismus hinter diesem Erfolg, den man erwähnen sollte, und der, von den Kulturwissenschaften offenbar

---

[1] Graeber und Wengrow 2021.   [2] Diamond 1993, S. 190.   [3] Sahlins 1972, S. 27.

1. Technik als die erste Natur des Menschen

DAS VERGESSEN KANN DIE ILLUSION EINES FORTSCHRITTS ERZEUGEN.
– Literarische Hinweise –

In einer anmutigen Szene des Kinderbuchklassikers *Mary Poppins* der australischen Schriftstellerin Pamela Lyndon Travers aus dem Jahr 1934 muss die Titelfigur den mit dem Sonnenlicht, dem Wind und einem Vogel ins Gespräch vertieften Zwillingen Barbara und John eröffnen, dass sie die Fähigkeit, mit den Wesen der Natur zu sprechen, mit ihrem ersten Geburtstag verlieren werden – ohne sich daran erinnern zu können, dass es je anders war (Travers 1987, S. 131):

> Barbara fing leise an zu weinen. Auch John kamen die Tränen.
>
> »Nun, da ist nichts zu ändern. Das ist der Lauf der Welt«, sagte Mary Poppins voller Mitgefühl.

Nur Mary Poppins ist von dieser Regel ausgenommen, und dieser Kunstgriff erlaubt es der Autorin, die Leser sich genau diese Frage stellen zu lassen, was sie wohl in den großen Fortschritten ihres eigenen Lebens alles verloren haben.

Ohne den Umweg des Phantastischen und näher an dem uns interessierenden Problem der Kulturgeschichte, verwendete der französische Ethnologe und Schriftsteller Victor Segalen in dem 1907 veröffentlichten Roman *Les Immémoriaux* über das Verschwinden der Maori-Kultur auf Tahiti einen ähnlichen Kunstgriff. Der Roman, dem man weder Exotismus noch ›Othering‹ vorwerfen kann, da er mit viel Feinsinn und Ironie ständig darum bemüht ist, seine europäischen Leser durch die Augen der Maori auf sich selbst blicken und somit sich selbst als die ›Anderen‹ wahrnehmen zu lassen, beginnt vielsagend mit einer Erinnerungslücke: Der Priesterschüler

1.3 Fortschrittsmythen

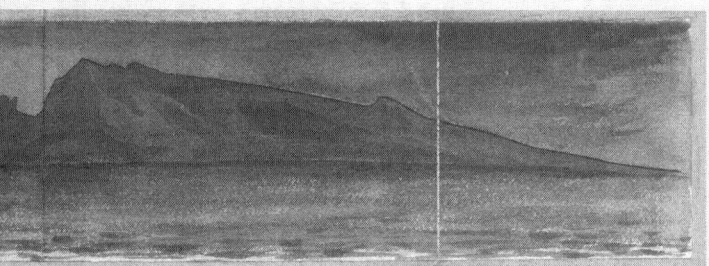

Térii vergisst einen Vers in der Rezitation der heiligen Ahnenreihe. Die Verwirrung mag – wir schreiben das Jahr 1797 – bereits der jüngsten Ankunft englischer Missionare geschuldet sein. Aber der Lapsus ist schwerwiegend. In einer schriftlosen Kultur spielt die exakte, rituelle Rezitation eine wesentliche Rolle in der Erinnerungspflege. Térii verlässt mit seinem Lehrer Paofaï die Insel auf der Suche nach einer Schrift, dank welcher sie ihre Göttergeschichten fixieren und somit der Bibel medial gleichberechtigt entgegenstellen könnten. Als Térii zwanzig Jahre später alleine zurückkehrt, hat sich die Situation umgekehrt: die protestantischen Missionare haben die Inselbewohner bekehrt, die offenbar keine Erinnerung an ihre vormalige Kultur und ihr vormaliges Glück zurückbehalten haben und nun mit ostentativer Empörung auf Tériis heidnische Lebenslust reagieren. Nun sind sie die Erinnerungslosen, nicht mehr Térii, der in diesem Moment als einzige Ausnahme eines kollektiven Vergessens funktional dieselbe Rolle spielt wie Mary Poppins in ihrer Geschichte. Aber auch Térii arrangiert sich mit den Missionaren und gibt sich und seine Kultur auf. Panofaï kehrt mit einer geheimnisvollen Schrift von den Osterinseln zurück, die aber niemand lesen kann. –

Die deutsche Übersetzung des Romans trägt den Titel »Die Unvordenklichen«, aber die französische Leserschaft begreift aufgrund der Etymologie den Doppelsinn des Wortes »*Les Immémoriaux*«, welches hier auch »Die Erinnerungslosen« bedeuten kann. Aber wiederum hält uns Segalen im Gewand des Exotischen den Spiegel vor: die Erinnerungslosen sind nicht nur die anderen, sondern auch wir selbst, denn sind wir nicht in einer permanenten Selbstkolonisierung durch den technischen Fortschritt befasst? Und wer erinnert sich an das verlorene Glück?

(Abbildung: Ansicht von Tahiti, Aquarell von Victor Segalen.)

weitgehend unbemerkt, doch in der erzählenden Literatur behandelt wurde: das Vergessen. Vielleicht vergessen die Menschen einfach den Preis, welchen sie für den Fortschritt zu bezahlen haben? Beispiele aus der Kolonialgeschichte legen nahe, dass die kolonisierende Kultur die Erinnerung an die Vergangenheit sehr effektiv auszulöschen vermag (↑ Box S. 20). Den vergessenen Teil muss man seinem Schicksal entreißen. Wie Baudouin de Bodinat notierte: »Um den Fortschritt zu beurteilen, reicht es nicht zu wissen, was er uns einbringt, sondern es muss auch berücksichtigt werden, was er uns nimmt.«[1]

Zu dieser Neubewertung der neolithischen Revolution gesellt sich eine ähnliche Beobachtung des Umwelthistorikers Rolf Peter Sieferle über die auf dieses Ereignis folgende Epoche technischer Entwicklung in den Agrargesellschaften, die zwar von heutiger Warte aus betrachtet fast statisch anmuten, aber im Vergleich zur Altsteinzeit ein rasantes Entwicklungstempo aufweisen. Ein Großteil der technischen Entwicklung erkläre sich indes daraus, so Sieferle, »daß die agrarische Produktionsweise immer wieder Probleme erzeugt, zu deren Lösung sie Innovationen erzeugen muss«.[2] Ein notorisches Problem des Ackerbaus ist etwa die kontinuierliche Bodenverschlechterung, welcher die Bauern durch viele verschiedene Techniken vorzubeugen versuchen. Die Entwicklung solcher Methoden stellt einen technischen Fortschritt dar, der für den Menschen keine positive Bilanz haben kann, da er nur negative Auswirkungen anderer Technologien kompensiert. Zugleich erkennt man in dieser Struktur einen fatalen Entwicklungsmechanismus. Hat man einmal den Weg der technischen Neuerung eingeschlagen, zieht diese zwangsläufig weitere Neuerungen nach sich, die aber immer nur die Funktion haben, die drohende Katastrophe abzuwenden, welche sie unterdessen selbst alimentieren.

Wenn solche selbstverstärkenden Mechanismen existieren, wäre die beunruhigende Konsequenz nicht nur, dass auch Hochkulturen sehr viel vulnerabler sind, als wir es glauben wollen, sondern auch, dass es keine stabile Gesellschaft mit entwickelter Technologie geben kann. Die Menschheit hätte lediglich die Wahl gehabt zwischen Stabilität auf dem niedrigen Entwicklungsniveau der Jäger-und-Sammler-Gesellschaften oder einem sich beschleunigenden

[1] Bodinat 2008, S. 73. [2] Sieferle 1997, S. 128.

Wettrennen gegen sich selbst. Die Hoffnung, dass sich unsere Gesellschaft auf einem hohen Entwicklungsniveau plötzlich fängt und stabilisiert, wäre dann naiv.

In der Summe ergeben sich für unsere Untersuchung einige Vorsichtsmaßnahmen, die wir im Hinterkopf behalten müssen, wenn wir es mit dem technischen Fortschritt zu tun haben. Erstens müssen wir versuchen zu bestimmen, was wir mit Fortschritt in rein deskriptiver Hinsicht überhaupt meinen. Es lassen sich durchaus einige Parameter wie z.B. der der Komplexität identifizieren, die es erlauben, in einem objektiven Sinne von einer Weiterentwicklung auf der so bezeichneten Achse zu sprechen und die Frage nach ihrer Bewertung vorerst auszuklammern. Aber auch das Auftauchen von höheren Entwicklungsformen auf diesen Achsen ist mit Vorsicht zu genießen, da es nicht automatisch auf eine gerichtete Entwicklung hinweist. Zweitens ist immer die Frage nach der Erklärung im Hinterkopf zu behalten. Fortschritt ist nicht selbsterklärend. Auch wenn er positiv zu bewerten ist, erklärt dies im Allgemeinen nicht, warum es ihn gibt. Und damit kündigt sich die dritte und schwierigste Frage an, nämlich die nach einer Bilanzierung technischer Entwicklungen vom Standpunkt des – wagen wir es zu sagen? – menschlichen Glücks. Ist der Fortschritt überhaupt wünschenswert? Das Ziel ist es, uns an diese Frage über das Studium der technischen Entwicklung und der ihr zugrundeliegenden Mechanismen heranzutasten. Auf diesem Weg werden wir viele Hinweise auflesen, die oft widersprüchlich sind und entgegengesetzte Schlussfolgerungen nahelegen. Erst am Ende können wir versuchen, sie zu einem kohärenten Bild zusammenzusetzen.

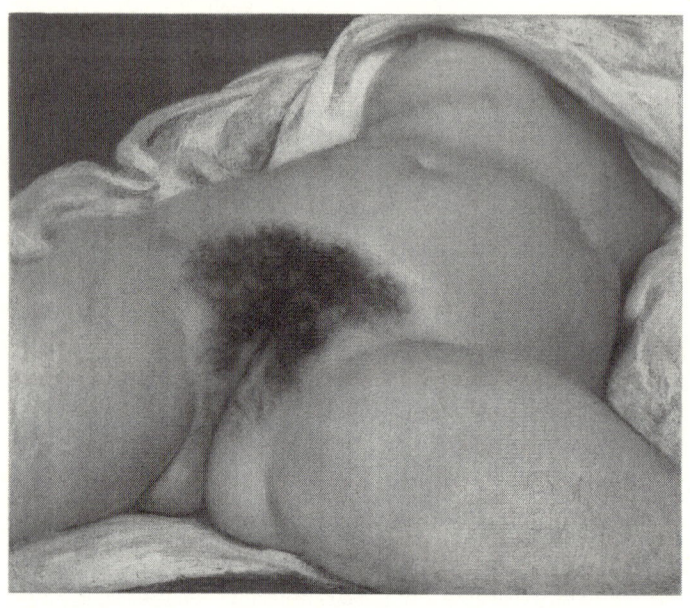

Abb. 6: Gustave Courbet, *Der Ursprung der Welt*, Öl auf Leinwand, 1866.

2 Äußere Ökologie des technischen Menschen

2.1 Der Ursprung von Allem

Man kann zum Glück einige Fragen beantworten, ohne die Antworten auf alle Fragen kennen zu müssen, und um eine Geschichte zu erzählen, muss man nicht immer an den ersten Anfang zurückgehen. Den Ursprung der lebendigen Materie und die Evolution komplexer Lebewesen können wir zu den Zwecken einer Einführung in die Technikphilosophie im Dunkeln belassen. Einzig ein paar grundlegende Funktionsprinzipien des Lebens interessieren uns hier, insofern sie in der späteren Evolution durch Technologien affiziert und modifiziert werden.

2.1.1 Leben im All, sterben daselbst

Ein lebender Organismus stellt ein Paradox dar: Er besteht aus einem äußerst fragilen und empfindlichen Material, aber vermag über lange Zeiten den unterschiedlichsten Einflüssen einer ruppigen Umwelt zu trotzen. Würden wir ein Artefakt schaffen sollen, dass diesen Ansprüchen an Dauerhaftigkeit genügt, würden wir zu Stein oder Metall als Rohstoff greifen und ein Objekt hervorbringen, welches das genaue Gegenteil eines Organismus ist: tot. Wären wir auf die empfindliche organische Materie angewiesen, müssten wir sie über Hilfsapparate stabilisieren. Wir könnten sie zum Beispiel einfrieren, und die Kühltruhe mit einem Dieselaggregat betreiben. Betanken würden wir dieses mit Treibstoff, der aus Erdöl gewonnen wird, zu dessen Förderung wir einen Bohrturm errichten müssen, der in einer fernen Gegend steht, die sich bald politisch nicht mehr kontrollieren lässt, weshalb wir eine Armee entsenden – usw. usf. Wir erkennen hier leicht das wenige Seiten zuvor beschriebene Schema einer nutzlosen, technischen Eskalationsspirale, dem unsere Gesellschaft in der Tat zu folgen scheint. Das Erfolgsgeheimnis der Natur besteht indes in dem genau entgegengesetzten Prinzip: die Natur löst die Probleme nicht durch äußerliche Zusatzapparate, die dann wieder neue Probleme schaffen, sondern findet die Lösung im Material des Problems selbst. Für den Organismus heißt dies, dass er nicht trotz, sondern aufgrund seiner Empfindlichkeit in der Umwelt bestehen kann. Dies ist der Sinn der beim ersten Lesen geheimnisvollen Worte, in welchen der Physiologe Eduard Pflüger 1877 das »teleologische Causalgesetz« aussprach: »Die Ursache jeden Bedürfnisses eines lebendigen Wesens ist zugleich die Ursache der Befriedigung des Bedürfnisses.«[1]

Wie bequem wäre es, wenn sich jedes Bedürfnis selbst stillen würde! Aber im lebenden Organismus ist es ja fast so, wie Pflüger scharfsinnig bemerkte. Bei übermäßigem Lichteinfall zieht sich die Pupille zusammen und reguliert somit den Sehprozess. Aber die Pupille tut dies nicht auf Veranlassung einer fremden Instanz. »Also muss die *Reizung* des Sehnerven selbst die Weite des Sehlochs reguliren«, schloss Pflüger, und beschrieb damit, was wir heute nach Walter B. Cannon Homöostase nennen, das Vermögen der automatischen Selbstregulierung, welche, so Cannon, die »Weisheit des Körpers« ausmacht.[2] Hier berühren wir eine fundamentale Eigenschaft des Lebendigen. Ein Stein heizt sich in der Sonne auf und kühlt des Nachts wieder ab. Ein Organismus verhält sich anders. Die Wärme stößt Prozesse an, durch welche der Körper seiner Erhitzung entgegenwirkt, und die Kälte solche, die sein Auskühlen verhindern, womit es der Körper schafft, gegen schwankende Umweltbedingungen eine konstante Körpertemperatur zu behaupten. Im Körper überlagern sich etliche solcher Regelkreisläufe, die neben der Körpertemperatur viele andere Parameter regulieren. Manche dieser Mechanismen involvieren auch Schichten unseres Bewusstseins und der Gefühle. Nahrungsmangel induziert nicht unmittelbar Nahrungsaufnahme, sondern treibt uns über das Hungergefühl an, die Nahrung erst zu beschaffen. In diesem Sinne liegt im Problem die Ursache seiner Lösung.

Die Homöostase erklärt nicht nur das Wunder stabiler Formen des Lebens aus empfindlicher Materie, sondern zeitigt damit auch ein Ereignis, das für uns (wir werden später darauf zurückkommen) nahezu eine metaphysische Bedeutung hat: die Scheidung von Innen und Außen. Pflügers französischer Kollege Claude Bernard hatte dies schon 1865 ausgesprochen. Durch die Stabilisierung des Organismus trennt sich ein »inneres Milieu« (*milieu intérieur*) von einem »umgebenden« oder »äußeren kosmischen Milieu« (*milieu ambiant, milieu cosmique extérieur*).[3] Damit sehen wir erstmalig in der Natur – als dem, ökologisch gedacht, Zusammenhang der Zusammenhänge

---

[1] Pflüger 1877, S. 76. [2] Cannon 1932. [3] Bernard 1865, S. 105 ff.

2.1 Der Ursprung von Allem

– eine Trennung auftauchen, durch welche sich der Organismus als teil-autonome Entität von dem Meer der Zusammenhänge abhebt. Die Parameter der Umwelt bestimmen zwar, an welchen Orten der Organismus existieren kann, aber sie greifen nicht mehr in sein Inneres durch.[1] Es ist dies eine Urtrennung. Mit der Scheidung von Innen und Außen ist insbesondere schon die Region eines ›Selbst‹ umrissen, welches einst den modernen Menschen ausmachen wird, der nach ihrem Vorbild weitere Trennungen einrichten wird: ich und du, mein und dein, öffentlich und privat, Kultur und Natur usw. (↓ 3.3.1 und 3.3.3). Die Ausscheidung von Exkrementen und Körperflüssigkeiten ist als Transgression eben dieser Urtrennung für die Kulturen ein heikler Punkt und provoziert starke kulturell kodierte Reaktionen und normative Einhegungen.[2]

Die Fähigkeit zur Homöostase eignet indes einem Organismus, welcher bereits aus organisierter Materie besteht. Die Erklärung zumindest der prinzipiellen Funktionsweise des Lebendigen ist mit der Homöostase also noch nicht an ihrem Ende angekommen, sondern es muss noch beantwortet werden, wie sich ein zur Selbstregulierung fähiges System bilden und erhalten kann. Das fehlende Element finden wir im Stoffwechsel oder Metabolismus. Der Organismus zeichnet sich durch eine nur relative, nicht aber vollständige Autonomie gegenüber seiner Umwelt aus. An dieser Stelle zeigt sich der Unterschied. Der Organismus vermag einige seiner Systemparameter zu regulieren und gegenüber Umwelteinflüssen konstant zu halten, indem er beständig mit der Umwelt Materie austauscht. Dazu hat der Organismus Öffnungen zum Ein- und Ausströmen von Materie, die bei primitiveren Lebewesen wie zum Beispiel Seeanemonen auch identisch sein können.[3] Aber was bewirkt der Stoffwechsel überhaupt? Im Alltag sprechen wir von unserem Bedürfnis nach Nährstoffen und Energie so, als ob wir diese aufnehmen und in unserem Körper zur Aufrechterhaltung des Lebens vernichteten. Aber dies ist ja nicht der Fall. Da sich Organismen nicht immer weiter aufheizen, aber Energie nicht verschwinden kann, scheiden sie offenbar so viel Energie aus, wie sie aufnehmen, und solange sie nicht an Gewicht zunehmen, gilt dies auch für die Materie. Wozu dann die ganze Übung?

Um diese Frage beantworten zu können, ist eine zusätzliche

---

[1] Vernadsky 1998, S. 98.   [2] Fayet 2003, S. 56.   [3] Martindale und Hejnol 2009.

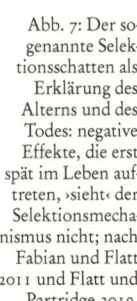
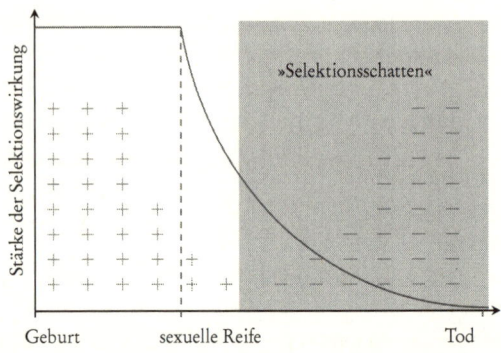

Abb. 7: Der sogenannte Selektionsschatten als Erklärung des Alterns und des Todes: negative Effekte, die erst spät im Leben auftreten, ›sieht‹ der Selektionsmechanismus nicht; nach Fabian und Flatt 2011 und Flatt und Partridge 2018.

begriffliche Anstrengung nötig, und es war der Physiker Erwin Schrödinger, der 1944 in seiner Dubliner Vorlesung *What is life?* die Antwort gab: Aktivität besteht in der Umwandlung von Energie, im Körper vor allem von chemischer Energie, in Bewegung und Wärme, und dazu benötigt der Organismus ›wertvolle‹ Energie, die er sich leicht erschließen kann und die sich leicht umwandeln lässt, und selbige gibt er als wertlosere Energie, vor allem in Form von Wärmestrahlung, ab. Der Parameter, der den Unterschied misst, ist die sogenannte Entropie, die auch als ein Maß der Ordnung oder Struktur interpretiert wird. In diesem Sinne lässt sich sagen, dass Organismen Strukturparasiten sind. Sie entziehen ihrer Umwelt wertvolle Energie und geben wertlose Energie an sie ab, und auf diese Weise kann der Organismus seine Struktur gegen die allgemeine thermodynamische Tendenz des Universums zum Wärmeausgleich, Stillstand und der Erosion von Struktur behaupten. Der Organismus schafft eine Insel von Struktur, indem er entsprechend ›Unordnung‹ an seine Umwelt abgibt.[1] Hier begegnet uns zum ersten Mal der Müll, als das Andere, welches der Organismus ausstoßen muss, um er selbst sein zu können. Aber dies ist noch die kosmische oder naturhistorische Bestimmung des Mülls, der sich noch nicht einer Kulturgeschichte einschreibt.

Bevor wir den nächsten Schritt unternehmen, halten wir kurz inne, um eine letzte Frage aus der Physik des Lebendigen zu diskutieren. Schrödinger erklärte uns, wie Organismen entgegen

---

[1] Schrödinger 1967, Kap. 6.

einer kosmischen Tendenz ihre Struktur aufrechterhalten können. Aber ist seine Erklärung nicht zu gut? Wenn es so funktionierte, müsste dieser Prozess niemals an ein Ende gelangen. Sind wir eingangs davon ausgegangen, dass das Phänomen des Lebens eine Erklärung erheischt, kehrt sich nun die Situation um, und wir verstehen nicht mehr, warum Organismen überhaupt altern und sterben. Diese Frage ist durchaus von technikphilosophischem Belang, da der heutige Transhumanismus auch mit Visionen von technischer Überwindung des Todes liebäugelt, zu deren Beurteilung wir wissen müssen, welche biologische Funktion das Altern und der Tod haben könnten. Diese Frage wird in der Biologie tatsächlich diskutiert, und die plausibelste Hypothese will es, dass der Tod, auch wenn er in einer sich vermehrenden Gattung von offenkundigem ökologischen Nutzen ist, tatsächlich keine evolutionäre Funktion hat, sondern eine ›maladaption‹ darstellt, eine Fehlanpassung oder negative Nebenwirkung anderer Anpassungen. Über den adaptiven Wert von Merkmalen entscheidet sich evolutionär nämlich nur in der Lebensphase von der Geburt bis zum reproduktionsfähigen Alter. Alles, was sich in dieser Phase als zuträglich erweist, kann Eingang in den Genpool finden. Die Lebensspanne jenseits der Reproduktion liegt für den Mechanismus der darwinschen Evolution allerdings im Dunkeln. Man spricht von einem ›Selektionsschatten‹ (Abb. 7). Aufgrund dieser Beschränkung der evolutionären Linse ist es möglich, dass eine Spezies Merkmale akkumuliert, die für den jungen Organismus von adaptivem Wert sind, aber im Laufe des Lebens negative Auswirkungen haben. Das Lebewesen altert und stirbt also nicht aufgrund einer evolutionären Programmierung, sondern wird schlicht von den negativen Langzeitfolgen seiner evolutionären *fitness* allmählich verschlissen. Der Tod hätte demnach keinen evolutionären ›Sinn‹, sondern wäre eine unerwünschte Nebenfolge. Bei dieser Diagnose muss man natürlich beachten, dass alle Lebewesen in einer Welt voller Gefahren leben – eingebettet in Jäger-Beute-Hierarchien –, sodass die Individuen einer Population ohnehin kein hohes Alter erreichen. Das Problem des Todes durch natürliches Altern stellt sich erst, wenn sich eine Spezies der Gefahren ihrer Umwelt weitgehend zu entheben weiß, wie es die Menschheit eben getan hat.

2.1.2 Eines, sein Anderes, und Viele

Bisher haben wir den Organismus auf einer hohen Abstraktionsstufe studiert, ihn nämlich pauschal einer Umwelt entgegengesetzt, von welcher er sich abgrenzt, gerade indem er mit ihr beständig Materie und Energie austauscht und Entropie in sie ablädt. In der Sprache der Physik können wir den Organismus auf dieser Ebene als eine dissipative Struktur beschreiben, also ein materiell und energetisch offenes System, welches sich durch die stete Entledigung von Entropie in einem thermodynamischen Ungleichgewichtszustand hält, wobei ›Gleichgewicht‹ nichts anderes hieße, als dass seine Aktivität durch thermischen und energetischen Ausgleich mit der Umwelt zum Erliegen kommt. Im nächsten Schritt konkretisieren wir das Bild, indem wir der konkreten Gestalt der Umwelt in höherem Maße Rechnung tragen. Systemtheoretische und evolutionäre Perspektive ergänzen sich dabei beständig.

Die erste grundsätzliche Ergänzung besteht in der Vielheit der Organismen, die jeweils zur Umwelt eines jeden von ihnen gehören, und die auf der Stelle folgende zweite Ergänzung in der Tatsache, dass die Organismen in energetischer Hinsicht eine Hierarchie bilden. Die basalste Stufe bilden jene Lebewesen, die direkt das einfallende Sonnenlicht verwerten können, um vorhandene Materie in die eigene Struktur zu integrieren. Es sind dies die Photosynthese betreibenden Pflanzen. Wie der Erdsystemtheoretiker Axel Kleidon bemerkt, kehren die Pflanzen das von Schrödinger erläuterte Funktionsschema der lebendigen Zelle teilweise um (Abb. 8), indem sie hochentropische Materie aufnehmen – vor allem Wasser aus dem Boden und CO_2 aus der Umgebungsluft – und in niederentropische Biomasse verwandeln. Angetrieben wird dieser Prozess durch einen übergeordneten, aber entropisch entgegengerichteten Energiestrom, der die gesamte Entropiebilanz wieder ins Lot bringt: die Pflanze nimmt niederentropische Sonnenenergie auf und gibt, was sie nicht als chemische Energie (z. B. Zucker) speichert, in hochentropischer Form an die Umwelt ab.

Durch die Produktion von pflanzlicher Materie mit gespeicherter chemischer Energie wird diese ›phototrophe‹ Schicht der Organismen aber selbst zu einem möglichen Anknüpfungspunkt für den Stoffwechsel einer zweiten, darüber gelagerten Schicht, die sich ›heterotroph‹ von den Pflanzen ernährt, also das niederentropische or-

2.1 Der Ursprung von Allem

a. Living cell

b. Phototrophic organism

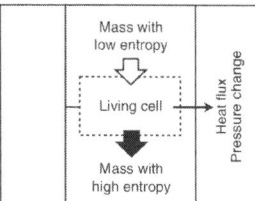
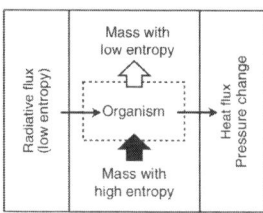

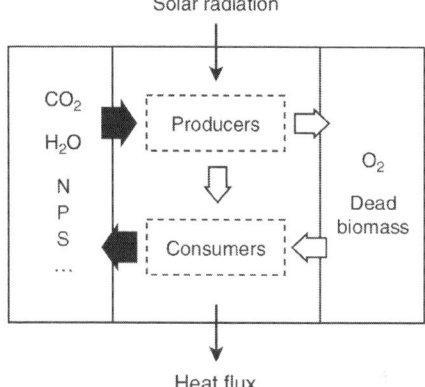

Abb. 8: Die Arbeitsweise der lebenden Zelle (oben links) und von phototrophen Organismen (oben rechts) und ihre Verschaltung in der Biosphäre (unten), aus Kleidon 2016, S. 241 und S. 246.

ganische Material als Nahrung aufnimmt und als hochentropischen Kot wieder ausscheidet, wobei diese Ausscheidung ihrerseits für das Wachstum unerlässliche Stoffe wie z.B. Stickstoff und Phosphor an die Pflanzen zurückgibt. Pflanzen und Pflanzenfresser werden als Produzenten und Konsumenten von pflanzlichen Nährstoffen invers verschaltet, und es etabliert sich so ein geschlossener Stoffkreislauf, der durch einen von der Sonne befeuerten Energiedurchstrom unterhalten wird. Wir begegnen hier erstmalig dem Schema des Ökosystems.[1] Die energetische Schichtung von Organismen lässt sich in komplexeren Ökosystemen iterieren, indem die herbivoren Organis-

---

[1] Odum 1969.

men selbst wieder zur Nahrungsquelle von carnivoren Raubtieren werden. Auch diese Lebewesen ernähren sich in letzter Instanz vom Sonnenlicht, nur dass sie es zweimal vorverdauen oder aufbereiten lassen, bis es schließlich in Form von tierischen Proteinen und Fetten vorliegt – und selbiges gilt, wie wir vorgreifend sagen können, auch für eine auf fossile Kohlenwasserstoffe (Kohle, Erdöl und -gas) gegründete Zivilisation. »Wir sind alle Kinder der Sonne«, stellte schon Vladimir Vernadsky fest.[1]

Die inverse Verschaltung von Produzenten und Konsumenten organischer Materie hat – wie der Chemiker und Mathematiker Alfred Lotka, dessen energetische Analyse des Lebens und der Evolution zu einem wichtigen Anknüpfungspunkt der späteren Systemtheorie wurde, bereits in den 1920er Jahren bemerkte – eine interessante Konsequenz, die auch für die Bewertung technologischer Eingriffe in die Natur relevant ist. Die Pflanzen, welche die Tendenz haben, sich auszubreiten, um über eine immer größere Fläche Sonnenlicht aufzufangen und in ihrer Struktur zu speichern, und die pflanzenfressenden Tiere, die die organische Materie verzehren und dabei die in ihr enthaltene chemische Energie degradieren, scheinen einander entgegen zu arbeiten und wie das Sparen und das Verbrauchen im Widerstreit zu liegen. Nimmt man aber einen anderen Blickwinkel ein, lassen sich beide Aktivitäten als ein Zusammenwirken in Hinsicht auf ein und denselben Effekt verstehen. Wenn immer mehr Sonnenenergie (von den Pflanzen) eingefangen und sodann (von den Tieren) hochentropisch wieder freigesetzt wird, steigt die Menge der in der Zeit prozessierten Energie, was bedeutet, dass der Energie*durchfluss* des Systems maximiert wird.[2] Der Energiefluss ist also die entscheidende Variable, und Lotka schloss aus solchen Beobachtungen, dass es in der Evolution nicht nur eine Tendenz zur Maximierung dieser Variable gibt, sondern es sich dabei um den entscheidenden Parameter handelt, der schlussendlich auch die Richtung des evolutionären Fortschritts definiert. Wie Axel Kleidon im Zuge einer Aktualisierung von Lotkas Ansatz formulierte, ist die Präsenz von Konsumenten (hier: Herbivore) in einem Ökosystem kein dämpfender Faktor, sondern im Gegenteil nichts anderes als eine evolutionäre Strategie, die Produktivität eines Ökosystems zu erhöhen.[3]

[1] Vernadsky 1998, S. 44.   [2] Lotka 1945, S. 184 f.   [3] Kleidon 2016, S. 249.

Damit haben wir erstmalig die Verschachtelung von Organismen in einem Ökosystem kennengelernt. Auf der *scala naturæ* können wir freilich noch einige Sprossen weitersteigen, und zwar in beide Richtungen, auf wie ab. Wählen wir zuerst die Richtung abwärts. Menschen und andere hochentwickelte Tiere müssen nicht erst in ihrem Ökosystem um sich sehen, um auf andere Lebewesen zu treffen. Der menschliche Körper selbst ist von einem dichten Teppich von Mikroorganismen überwuchert, welche ihn auch von Innen, in seinem Verdauungssystem besiedeln. Diese Mikroorganismen üben an ihrem Platz für uns überlebenswichtige Funktionen aus, indem sie die Haut schützen und eine unerlässliche Rolle dabei spielen, in der Verdauung die Nährstoffe der Nahrung zu erschließen. Umgekehrt haben sich diese Organismen im Laufe der Jahrhunderttausende und -millionen an den Tierkörper als ihre ideale und nunmehr unabkömmliche Umwelt angepasst. Manche Forscher sind der Meinung, dass die Verbindung so innig ist, dass man es nicht mehr mit einer bloßen Symbiose zu tun hat, sondern das Wirtstier mitsamt seinem Mikrobiom zusammen als sogenannter Holobiont die relevante evolutionäre Einheit darstellt, da der darwinsche Selektionsmechanismus nicht mehr das eine vom anderen trennen und separat selektieren kann, sondern beide als eine Entität wahrnimmt.[1] Erst zusammen sind sie eines: »*to be a one at all, you must be a many – and it's not a metaphor*«.[2]

Diese Zusammenhänge sind nicht nur naturphilosophisch und epistemologisch relevant – da hier der Begriff des Individuums problematisiert wird –, sondern auch technik- und kulturphilosophisch, da wir es mit einer Schicht unseres Existenzmodus zu tun haben, die durchaus in den Wirkkreis kulturtechnischer Praktiken fällt. In den Bevölkerungen der entwickelten Industrienationen zeichnet sich ein ernährungsbedingter Rückgang der mikrobiellen Vielfalt der Darmflora ab.[3] Unser inwendiges Dasein entzieht sich nicht dem allgemeinen Trend zur Auslöschung der Vielfalt – zur »Monokultur« in Vandana Shivas Wortgebrauch[4] –, wie er durch die moderne kapitalistische Entwicklung in Natur und Kultur induziert wurde. Laut Vereinten Nationen sind heute 40% der weltweit gesprochenen 7000 Sprachen vom Aussterben bedroht, und zugleich stehen wir vor dem

---

[1] Guerrero, Margulis und Berlanga 2013.   [2] Haraway 2014.   [3] Schnorr u. a. 2014, Sonnenburg u. a. 2016.   [4] Shiva 1993.

›sechsten Massensterben‹, das eine Million Spezies ausrotten könnte.[1] Wegsehen hat keinen Sinn, denn der Trend ist schon längst in unseren Eingeweiden angekommen.

Wir können noch eine Stufe weiter hinabsteigen, in die Tiefen unseres Genoms. In Zeiten, in welchen sich Regierungen im »Krieg« gegen einen Virus wähnen, überrascht es zu hören, dass etwa 8% unseres Genoms viralen Ursprungs sind, also von Viren stammen, mit welchen sich unsere Vorfahren im evolutionären Stammbaum vor bis zu 100 Millionen Jahren auseinandersetzten.[2] Retroviren, die in die Zellen des Wirtsorganismus eindringen und dort eigene DNA-Sequenzen einbringen können, die bei Infektion der Keimbahn dauerhaft in den vererbten Bestand des Genoms übergehen, spielten wahrscheinlich eine zentrale Rolle bei der Entstehung der Säugetiere aus ihren eierlegenden Vorfahren. Retroviren waren vermutlich für die Evolution der Plazenta verantwortlich, und noch heute führen DNA-Stücke eines alten Retrovirus im Fötus und der Plazenta zur Produktion eines Proteins, welches das Immunsystem des schwangeren Säugetiers schwächt, so dass es nicht den ungeborenen Nachwuchs angreift. Manche Forscher sprechen von einer »Domestizierung« der Retroviren,[3] womit die Domestizierung von Tieren und Pflanzen in der neolithischen Revolution zu einer bloßen äußeren Wiederholung eines Geschehens wird, welches in der Evolution unseres tiefsten Inneren bereits eine wesentliche Rolle spielte. Tief in uns lauert der Andere, gegen den wir Krieg führen – und ermöglicht erst das Leben und die Fortpflanzung hochentwickelter Säugetiere, wie wir eines sind.

Steigen wir die Stufenleiter vom Organismus aus hinauf, stoßen wir als erstes auf die Ökosysteme, die wir eben bereits kennengelernt haben, und die als Lebensgemeinschaften voneinander abhängiger Spezies in der Tat die Struktur der Holobionten auf einer größeren Skala reproduzieren. Auch Ökosysteme sind dissipative Strukturen, also offene Systeme, die mit ihrer Umwelt zumindest Energie und Materie austauschen und somit wiederum von einer Einbettung in ein größeres System abhängen. Ein berühmtes Beispiel ist der Regenwald im Amazonasbecken, der jährlich mit Staub aus der Sahara, den Winde über den Atlantik wehen, regelrecht gedüngt wird (Abb. 9).[4] Der Amazonas ist also nicht autark und selbsterhaltend.

---

[1] Ceballos u. a. 2015. [2] Chuong 2013, Heidmann u. a. 2017. [3] Dupressoir, Lavialle und Heidmann 2012. [4] Yu u. a. 2015.

2.1 Der Ursprung von Allem

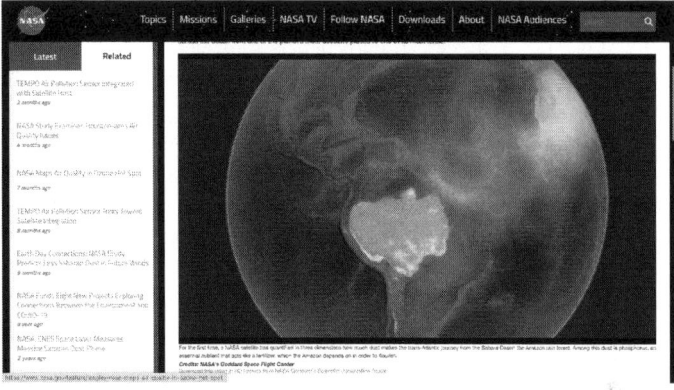

Abb. 9: Mehr als zwanzigtausend Tonnen Sand aus der Sahara werden jedes Jahr vom Wind über den Atlantik getragen und düngen das Amazonasbecken (hell hervorgehoben) mit Phosphaten und anderen Stoffen, wie die NASA in einer Computeranimation darstellt.

Indes bilden sich auf der Grundlage seines Stoffwechsels genau wie beim Organismus Mechanismen der Selbststabilisierung heraus, die ihm zwar keine Autarkie, aber eine relative Unabhängigkeit von bestimmten Parametern verleihen. Bekannt ist, dass der Regenwald durch die Freisetzung von Aerosolen die Wolkenbildung stimuliert, so dass das über die Blätter verdunstete Wasser wieder abregnet und in den Wald eingebracht wird. Das Ökosystem schafft es, einige Stoffkreisläufe zu schließen. Die Selbststabilisierungsmechanismen sind allerdings von der Größe des Systems abhängig. Wird dem Regenwald durch Abholzung zu sehr zugesetzt und schrumpft er unter einen bestimmten Schwellenwert, wird der Mechanismus versagen und der Regenwald in einen anderen Gleichgewichtszustand kippen, nämlich versteppen.[1]

Diese sensiblen Punkte, an welchen ein ›negativer‹, also stabilisierender Feedbackmechanismus in sein Gegenteil umschlägt und die Konsequenzen einer letzten geringen Einwirkung dramatisch verstärkt, sind die aus der Klimadiskussion bekannten Kipppunkte (*tipping points*).[2] Sie weisen uns den Weg zur letzten Sprosse der Leiter, nämlich der Biosphäre und dem Erdsystem. Alle Ökosysteme schließen sich global zwangsläufig zu einem einzigen solchen System zu-

[1] Zemp u. a. 2017.   [2] Hansen 2008.

sammen. Unter der ›Biosphäre‹ versteht man einfach den gesamten Bereich unseres Planeten, in dem Leben zu finden ist, also von den letzten Schichten der Lithosphäre über die Erdoberfläche bis in eine gewisse Höhe der Atmosphäre. Diese Definition geht auf den russischen Geochemiker Vladimir Vernadsky zurück, während das Wort selbst vermutlich von dem österreichischen Geologen Eduard Suess geprägt wurde.[1]

Vernadskys Erkenntnisinteresse galt dem Einfluss des Lebens als Ganzem auf die Gestalt des Planeten, welchen die Lebewesen nicht bewohnen, ohne ihre Spuren zu hinterlassen. Dabei sprechen wir nicht von ein paar verstreuten Fossilien im Erdreich, sondern von charakteristischen Eigenheiten unseres Planeten. Die heutige Atmosphäre – arm an CO_2, aber reich an Sauerstoff – ist ein Produkt des Lebens. Enorme Mengen von Kohlenstoff aus der Uratmosphäre sind im Kalkstein gebunden, der zum größten Teil biogenen Ursprungs ist und sich zu ganzen Gebirgszügen auftürmt. Vernadsky selbst hatte ein besonderes Augenmerk auf Rohstoffe, die in den beiden Weltkriegen von strategischer Bedeutung waren. Kohle und Erdöl sind natürlich direkte Zersetzungsprodukte von Biomasse, nämlich kleinsten Meereslebewesen und Pflanzen. Aber auch Konzentrationen von Eisenoxid im Gestein können einen biogenen Ursprung haben, sich nämlich der Aktivität von Bakterien verdanken (Abb. 10). Während moderne Ökonomen zu vergessen neigen, dass die Wirtschaft überhaupt einen materiell fundierten Prozess darstellt, sehen wir hier, dass wir es zudem nicht mit Materie überhaupt zu tun haben, sondern mit biogenen Stoffen. Das Leben selbst hat die Grundlage für die Entstehung der heutigen Technosphäre gelegt, mit Eisenerz und Steinkohle als Basis der ersten, und Erdöl als Kernelement der sogenannten zweiten industriellen Revolution.

Aber greifen wir nicht zu weit vor. Erst einmal sehen wir, wie im Laufe von hunderten Millionen, gar Milliarden Jahren das Leben gestaltend in das Aussehen des Planeten eingreift. Vernadsky bemerkt indes, dass diese Veränderungen nicht einfach Nebenfolgen darstellen, die das sich entwickelnde Leben an seinen Rändern aufhäuft. Das Beispiel der Atmosphäre zeigt vielmehr, dass durch den Einfluss der organischen Aktivität die Parameter des Erdsystems so

---

[1] Vernadsky 1998 und Suess 1875.

2.1 Der Ursprung von Allem

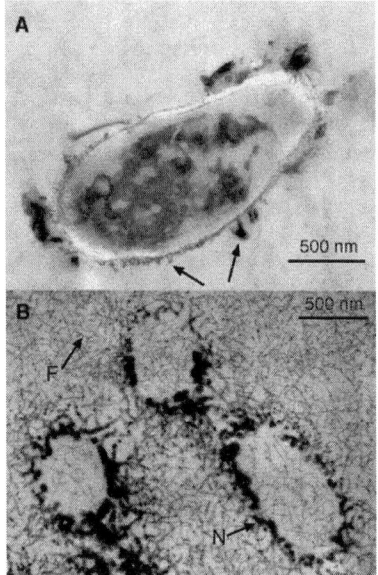

Abb. 10: Eisenreiche Ablagerungen an den Zellwänden versteinerter Bakterien belegen den biogenen Ursprung mancher Mineralien und Erze (aus Fortin und Langley 2005).

adjustiert werden, dass sie wiederum dem Leben zuträglich sind. Der Lebensprozess verwandelt die umgebende Materie in ein »Medium seiner selbst«, wie Vernadsky sagt.[1] Hier hört die Biosphäre auf, ein bloßer geographischer Bereich zu sein. Sie nimmt die Gestalt eines Systems an. Vernadsky spricht von einem »Mechanismus der Biosphäre«.[2] Charakteristisch für dieses System der Biosphäre sind zum einen die großen, geschlossenen Stoffkreisläufe, die wir schon auf kleinerer Skala von den Ökosystemen kennen: Stickstoff, Kohlenstoff, Sauerstoff, Wasser und Phosphor zirkulieren in globalen biogeochemischen Kreisläufen durch die Elemente der Biosphäre – Boden, Ozeane und Atmosphäre.[3] Vor allem aber zeigt das System, welches ja vom Leben in einer Weise beeinflusst wird, die dem eigenen Fortbestand zuträglich ist, Eigenschaften, die wir schon vom lebenden Organismus kennen, nämlich Selbststabilisierung durch Selbstregulationsmechanismen, und zwar in einer Umwelt, die durchaus nicht konstant ist, da die Sonne im Verlaufe der Erdgeschichte signifikant wärmer geworden ist. Aufgrund dieser

[1] Vernadsky 1998, S. 76, S. 105 und S. 120.   [2] ebd., S. 129.   [3] Hutchinson 1970.

Beobachtungen formulierten James Lovelock und Lynn Margulis die Gaia-Hypothese, wonach die Gesamtheit des Lebens auf der Erde selbst als ein gigantisches, etwa dreieinhalb Milliarden Jahre altes, lebendiges Individuum anzusehen ist.[1] Lovelock beschrieb sie im technischen Vokabular als »ein biologisch-kybernetisches System, welches in der Lage ist, den Planeten per Homöostase so zu regulieren, dass die heutige Biosphäre die optimalen, ihr günstigen physischen und chemischen Bedingungen vorfindet«.[2]

Wie alle Lebewesen ist auch Gaia ein offenes System, welches einen Metabolismus betreiben muss, um die eigene Struktur aufrechtzuerhalten. Der materielle Austausch mit ihrer Umwelt – dem Universum – spielt für Gaia keine systematische Rolle. Zwar stürzen jährlich etwa 40.000 Tonnen extraterrestrischen Materials auf die Erdoberfläche ein, und zugleich verliert die Atmosphäre hunderte Tonnen von Gasen ins All[3]; aber dieser Materieaustausch spielt keine konstitutive Rolle für die Mechanismen des Erdsystems. Aber Gaia lebt von einem steten Energiedurchfluss, nämlich dem Einströmen niederentropischen Sonnenlichts und dem Abstrahlen derselben Energiemenge in Form hochentropischer Wärmestrahlung, wodurch sich der Planet beständig seines Entropieüberschusses in das Weltall entledigen kann. So zeigt sich Gaia in der Tat als gewaltiger Organismus, und die Art von Lebewesen, welches Gaia ist, und welche Rolle insbesondere wir darin spielen, kennen wir bereits: Auch Gaia ist, wie manche Autoren vorschlagen, ein Holobiont, und wir sind in dieser Entsprechung das Mikrobiom, welches sie von Innen besiedelt.[4] Dieser Vergleich darf aber nicht über die besondere Herausforderung hinwegtäuschen, den inneren Wirkmechanismus von Gaias Homöostase zu verstehen, denn die einzigen Zahnräder, die die langfristige Selbstregulierung auf der Makroebene von Gaia in Gang bringen können, sind die der darwinschen Selektion, welche indes auf der Mikroebene des Bioms und auf der Zeitskala von Generationen wirkt. Das Geheimnis muss mithin darin bestehen, dass die Biosphäre bei Veränderungen der Sonnenaktivität durch den modifizierten Selektionsdruck gerade so reagiert, dass sie durch Veränderung ihrer Gestalt und Zusammensetzung die für die Existenz des Lebens wichtigen Parameter konstant zu halten vermag.[5]

---

[1] Lovelock und Margulis 1974. [2] Lovelock 1972, S. 579. [3] Peucker-Ehrenbrink und Schmitz 2001, Catling und Zahnle 2009 [4] Castell, Lüttge und Matyssek 2019.
[5] Lenton 1998.

DIE TECHNOSPHÄRE – EIN SUPER-ORGANISMUS?

Dies legt der Geologe Peter Haff nahe, wenn er der Technosphäre relative Autonomie und eine Art Selbsterhaltungstrieb zuschreibt:

»Wir verwerfen die scheinbar selbstverständliche Annahme, dass es sich bei der Technosphäre in erster Linie um ein vom Menschen geschaffenes und kontrolliertes System handelt, und entwickeln stattdessen die Idee, dass die Funktionsweise der modernen Menschheit ein Produkt eines Systems ist, das sich unserer Kontrolle entzieht und vielmehr dem menschlichen Verhalten seine eigenen Ansprüche aufzwingt. Die Technosphäre ist ein System, für das der Mensch ein wesentlicher, aber nichtsdestotrotz untergeordneter Teil ist. Man kann also sagen, dass die Technosphäre autonom ist. Das bedeutet nicht, dass der Mensch keinen Einfluss auf ihr Verhalten nehmen kann, sondern dass die Technosphäre dazu neigen wird, sich Versuchen zu widersetzen, ihre Funktion zu beeinträchtigen. [...] Eine konzise Beschreibung der Technosphäre lautet, dass es sich um eine globale Maschinerie handelt, die nach (meist) fossilen Energieressourcen sucht, diese extrahiert und nutzt, um ihre eigene Existenz sowie die ihrer wesentlichen Teile, einschließlich der menschlichen Bevölkerung, zu sichern. [...] In der technologischen Welt des Anthropozäns sind die meisten Menschen den Regeln großer Systeme unterworfen, die sie nicht kontrollieren können – Unternehmen, Staaten, Verkehrsnetze, die Technosphäre – und sind im Grunde deren Gefangene. Dieser Zustand der menschlichen Angelegenheiten ist nicht als Metapher oder Analogie gemeint, sondern als physische Notwendigkeit, als Realität.« (Haff 2014)

Mit diesen Beobachtungen über die letzte Sprosse der *scala naturæ* haben wir nun auch alle Elemente beieinander, um die exakte Definition des Anthropozäns als der Epoche, in der wir heute leben – und welche wir durch unsere eigene Aktivität eingeleitet haben – zu verstehen. Die erdgeschichtliche Epoche des Anthropozäns, in welcher die Menschheit selbst zu einer geologischen Kraft wird, ist nicht einfach durch ein quantitatives Verhältnis bestimmt, wie etwa das Gewichtsverhältnis von Technosphäre und organischem Leben, wie wir es eingangs zitiert haben. Entscheidend ist vielmehr, dass die Dynamik des Erdsystems, seiner Feedbackschleifen und Stoffkreisläufe vom Menschen modifiziert wird, wie dies heute tatsächlich der Fall ist.[1] Das Novum besteht unterdessen offenkundig nicht darin, dass das Leben als Ganzes den Planeten und die Mechanik des Erdsystems affiziert. Aber dass eine einzelne Spezies einen solchen Einfluss ausübt, ist aus den vorigen Kapiteln der Naturgeschichte unbekannt. Begriffsbildungen wie ›ultimate ecosystem engineer‹ oder ›hyperkeystone species‹ sollen dieser Tatsache Rechnung tragen.[2] Als weitere Besonderheit kommt hinzu, dass der Mensch diese Rolle nicht aufgrund seines instinktiven, biologisch einprogrammierten Verhaltens spielt, sondern kraft kultureller Errungenschaften. Vernadsky sprach deshalb davon, dass die Biosphäre unter dem durch das menschliche Bewusstsein – und sagen wir allgemeiner: die menschliche Kultur – prozessierten Einfluss in einen neuen Zustand übergegangen sei, den er, abgeleitet vom altgriechischen Wort für Geist oder Verstand, als ›Noosphäre‹ bezeichnete.[3]

Aus den bisherigen Ausführungen lassen sich darüber hinaus aber auch schon einige grundsätzliche Lehren für ein Denken ziehen, welches auch unter den Bedingungen des Anthropozäns für Orientierung sorgen kann. Die beiden wichtigsten Schlagwörter lauten ›relative Autonomie‹ und ›Nichtlinearität‹. Mit ›relativer Autonomie‹ ist gemeint, dass man die im europäischen Denken dominante Vorstellung von Autonomie – des Geistes gegenüber dem Körper, der Kultur gegenüber der Natur, des Individuums gegenüber der Gesellschaft, der Wirtschaft gegenüber der Natur, des Organismus gegenüber seiner Umwelt – aufgeben und die bestehenden Abhängigkeiten anerkennen muss. Umgekehrt bedeutet dies nicht, dass sich nicht innerhalb der Abhängigkeiten Binnenbereiche herausbilden können, die aufgrund von Selbststabilisierungsmechanismen eben eine relative Autonomie aufweisen, also weder vollkommen autonom sind, noch in ihren Abhängigkeiten aufgehen. Wie bereits Cannon betonte, ›befreit‹ die Selbstregulierung den Organismus für neue, höhere Funktionen.[4] Die Freiheit entsteht aber nicht aus dem Nichts. Bezahlt werden müssen solche Autonomiegewinne durch neue Abhängigkeiten auf einer Metaebene.[5] Man kann dies mit dem Akkubetrieb

---

[1] Crutzen 2002.   [2] Smith 2007, Worm und Paine 2016.   [3] Vernadsky 1998.
[4] Cannon 1932, S. 484 f., vgl. Mumford 1970, S. 398 f.   [5] Sieferle 1997, S. 202-203.

von elektronischen Geräten vergleichen. Für den Augenblick befreit er von der direkten Abhängigkeit vom Stromnetz. Tatsächlich aber verzögert man diese Abhängigkeit nur und muss in der Produktion von tragbaren Stromspeichern eine neue Infrastruktur mit neuen Abhängigkeiten und neuen ökologischen Kosten in Kauf nehmen. In der Gesamtbilanz mag es sich um ein Nullsummenspiel oder sogar, unter Berücksichtigung der ökologischen Folgen, um ein Verlustgeschäft handeln. Der positive Effekt, um den es dabei geht, ist in jedem Fall eine *zeitliche Verzögerung* hinsichtlich einer primären Abhängigkeit (↓ Box S. 42).

›Nichtlinearität‹ bezeichnet die Tatsache, dass die für die relative Autonomie verantwortlichen Selbststabilisierungsmechanismen nur bis zu einem gewissen Punkt belastbar sind, aber darüber hinaus zusammenbrechen. Diese Verfasstheit stimmt oft nicht mit der Alltagserfahrung überein, welche lehrt, dass es ›noch immer gut gegangen ist‹. Im Anthropozän wird die gegenteilige Erfahrung erdrückend, und wir müssen uns, um uns in dieser Umwelt zurechtzufinden, entsprechend in ein ›nicht-euklidisches‹ Denken einüben, welches mit den inhärenten Belastbarkeitsgrenzen der in uns enthaltenen, uns umgebenden und uns enthaltenden natürlichen Systeme rechnet.[1]

2.1.3 Die kulturelle Nische

Nach diesem Schnelldurchgang durch Biologie, Ökologie und Erdsystemtheorie sind wir bereit, das Tor zur Kultur aufzustoßen, als deren Spezialfall uns dann die technischen Artefakte interessieren werden. Die Kultur erhält in evolutionstheoretischer Perspektive eine verblüffend einfache Definition, da man nicht versuchen muss, sie über ihre Inhalte zu bestimmen, sondern ein anderes Merkmal relevant wird: der Transmissionsmechanismus. Lebewesen erhalten von der vorangehenden Generation eine genetische Erbschaft, die durch den Mechanismus der darwinschen Selektion ihren adaptiven Wert bewiesen hat. In den Populationen mancher Tierarten taucht nun ein naturgeschichtliches Novum auf: die Sprösslinge übernehmen von ihren Artgenossen Verhaltensweisen, die ihnen nicht in Form von einprogrammierten Instinkten als Teil ihrer genetischen Erbschaft mit auf

[1] Schlaudt 2022b.

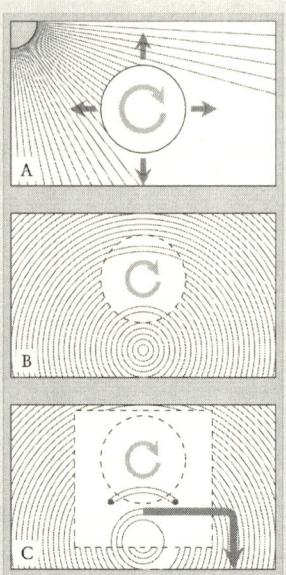

RELATIVE AUTONOMIE

A: Die Erde im Strahlungsgleichgewicht. Dank dem solaren Energiedurchfluss entsteht ein selbstregulierendes Erdsystem.
B: Organismen sind energetisch und materiell offene Systeme, die sich aufgrund ihres Metabolismus (durchlaufende Linien) gegen Einflüsse aus der Umwelt stabilisieren können. Es entsteht ein Bereich relativer Autonomie. Global tragen die Organismen zur Selbstregulierung der Biosphäre bei.
C: Technische Dispositive reduzieren die unmittelbare Abhängigkeit des Organismus von der Umwelt, schaffen aber neue Abhängigkeiten auf einem Metalevel. Der exosomatische Stoffwechsel des techno-organischen Hybrids integriert sich in der Regel nicht mehr in die Stoffkreisläufe, sondern schafft Müll. In der Technosphäre überlagern sich etliche solcher Dispositive.

den Weg gegeben wurden. Die Mechanismen hinter diesem ›erlernten Verhalten‹ sind mannigfaltig und werden uns später noch beschäftigen. Für den Augenblick reicht es zu bemerken, dass sich hier neben der genetischen Vererbung ein weiterer Tradierungskanal in der Naturgeschichte auftut, der – in relativer Autonomie – nach seinen eigenen Regeln funktioniert.

Wenn wir die Ausführungen der letzten Abschnitte Revue passieren lassen, werden wir bemerken, dass diese naturgeschichtliche Revolution in Wirklichkeit keinen Präzedenzfall darstellt. Stein des Anstoßes für die Theorien von Biosphäre und Gaia war ja gerade die Tatsache, dass der Lebensprozess seine Spuren auf dem Planeten hinterlässt, und was wir vom Leben als ganzem sagten, gilt auch von einzelnen Tierarten, die durch ihre Präsenz und ihre charakteristischen Verhaltensmuster ihr Ökosystem nachhaltig modifizieren. Man spricht hier von ›Nischenkonstruktion‹ und ›Koevolution‹. Die erste Begriffsbildung hebt hervor, dass die Spezies nicht einfach eine ökologische Nische vorfinden, sondern diese Nische modifizieren und gestalten. Letztere Begriffsbildung unterstreicht, dass wir es mit einem evolutionären Geschehen zu tun haben, welches sich über lange Zeiträume erstreckt und als Geschichte einer wechselseitigen Anpassung erzählt werden muss. So wie die Vorstellung eines Organismus ohne Umwelt eine falsche Abstraktion darstellte (↑ S. 12), so gilt dies auch noch von der Idee, Organismen würden sich ›der Umwelt‹ anpassen. Die Umwelt stellt im Spiel der Evolution selbst keine fixe Variable dar. Regenwürmer sind zwar für das Leben im Erdboden perfekt angepasst, aber man meint dabei einen Erdboden, der selbst in seiner Struktur durch die unermüdliche Arbeit der Regenwurmpopulationen bestimmt wird. Und der Huf des Pferdes ist zwar perfekt dem Boden der zentralasiatischen Steppen angepasst, aber dieser Boden ist von einer Vegetation geprägt, die ihrerseits der Präsenz von Pferden gewachsen ist.

Diese Beispiele der Koevolution von Organismus und Umwelt sind bekannt. Aber erst auf den zweiten Blick entpuppen sie sich als ein Fall von außergenetischer Tradierung.[1] Der Nachwuchs erhält nicht nur die genetische Erbschaft, sondern wird in eine Umwelt geboren, die ihrerseits durch die Ahnen geprägt wurde. Man spricht von einem ›ökologischen Erbe‹. In Analogie zu dieser ökologischen Nischenkonstruktion kann man die Evolution von Kultur durch einen originär kulturellen Tradierungsmechanismus auch als ›kulturelle Nischenkonstruktion‹ begreifen. Biologie, Ökologie und Kultur stellen die dreifache Erbschaft dar, die jedem Individuum mit auf den Weg gegeben wird. Man spricht von ›triple inheritance‹.[2] Aber erinnern wir uns, dass die höherentwickelten Organismen nicht nur in einer äußeren Umwelt leben, sondern – als Holobionten – auch eine innere Umwelt haben, welche aus Organismen anderer Spezies besteht, nämlich ihr Mikrobiom. Auch das Mikrobiom muss nicht von jeder Generation wieder von Null auf neu akkumuliert werden, sondern wird dem Nachwuchs vererbt. Beim Menschen ist vor allem an

---

[1] Odling-Smee, Laland und Feldman 1996. Odling-Smee 2007.

[2] Laland, Odling-Smee und Feldman 2000,

	Das vierfache Erbe			
Entität:	Gene	Umwelt	Kultur	Mikrobiom
	genetisches Erbe	ökologisches Erbe	kulturelles Erbe	}
Tradierungsmechanismus:	Fortpflanzung und Gentransfer	(vorfindlich)	kulturelle Tradierung (Lernen und Lehren)	Kontakt und Nahrung
Entwicklung:	biologische Evolution	ökologische Nischenkonstruktion	kulturelle Nischenkonstruktion	}

Tab. 1: Übersicht über die Vererbungsmechanismen.

die Berührung mit dem die Schleimhäute besiedelnden Mikrobiom im Geburtskanal und an das Stillen zu denken. Bei anderen Tieren kommt z.B. die Koprophagie hinzu, also der Verzehr des mütterlichen Kots als vorverdauter Nahrung.[1]

Es ist eine interessante Frage, wie sich die Vererbung des Mikrobioms in das Schema der dreifachen Erbschaft einfügt, denn die Antwort hängt unter anderem davon ab, ob man den Holobionten (evolutionstheoretisch) als ein Individuum oder doch als eine Lebensgemeinschaft von Organismen verschiedener Spezies betrachtet.[2] Im ersten Fall ist das Mikrobiom ein Teil des Körpers und sein Genom Teil eines gemeinsamen Hologenoms, welches biologisch vererbt wird. Das Bild verkompliziert sich, da das Mikrobiom – im Gegensatz zu den ›eigenen‹ Genen – kulturellen Veränderungen unterworfen ist, die erworben sind (man entsinne sich der Verarmung des Mikrobioms in der industrialisierten Welt), aber trotzdem vererbt werden. Diese Probleme lösen sich auf, wenn man den Holobionten traditioneller als eine Lebensgemeinschaft betrachtet. In dieser Perspektive ist das Mikrobiom ein Stück ›äußerer‹ Umwelt, welches wir in uns tragen, und lässt sich mithin dem ökologischen Erbe zuschlagen.

Die Rede von einem dreifachen Erbe sollte indes nicht zu der falschen Vorstellung verleiten, dass die verschiedenen Tradierungskanäle unbeeinflusst nebeneinanderher verlaufen und sich im jewei-

---

[1] Roughgarden u. a. 2017.   [2] Skillings 2016.

ligen Endprodukt einfach aufsummieren. Erinnerlich finden etliche Wechselwirkungen statt, die über die langen Zeiträume der Evolution die Entwicklung stark beeinflussen. Die Koevolution von Genen und Umwelt haben wir bereits genannt, und ihr gesellt sich selbstverständlich eine Koevolution von Genen und Kultur – sprich: Technik – zu. Diese ist es, die wir uns als nächstes genauer ansehen wollen, bevor wir abschließend einen Blick auf die inneren Mechanismen der kulturellen Evolution werfen werden.

2.2 Koevolution von Mensch und Technik

Bevor wir zu verstehen versuchen, wo die Technik überhaupt herkommt und wie sie sich fortentwickelt, werfen wir einen Blick auf das große Gemälde der Koevolution von Menschheit und Technik, denn es ist tatsächlich die Bedeutung der hier dargestellten Szene des Technozäns, welche es rechtfertigt und geradezu verlangt, sich den erstgenannten Fragen zuzuwenden. Wir beschränken uns in einem ersten Schritt auf die körperlichen Merkmale des Menschen. Der geistigen Seite ist ein eigenes, ausführliches Kapitel gewidmet (↓ Kap. 3, S. 105).

2.2.1 Der unorganische Leib des Menschen

Bisher hat uns die energetische Perspektive als basalste Analyseebene gute Dienste geleistet. Was bedeuten Technik und Werkzeuggebrauch also in dieser Hinsicht? Wie integrieren sie sich in das energetische Bild? Betrachten wir beispielsweise den Gebrauch des Feuers, der im Folgenden eine wichtige Rolle spielen wird. Wenn man Holz verbrennt, setzt man die in dem organischen Material gespeicherte chemische Energie in Form von Licht und Wärme frei. Sonnenlicht, welches über Jahre hinweg von der Pflanze absorbiert wurde, wird binnen weniger Minuten aus seinem chemischen Gefängnis entlassen und verausgabt sich als Flamme. Dieses Feuer ist ein Werkzeug – sicher, ein subtiles und nicht leicht handzuhabendes, weshalb es in der Geschichte des Menschen auch erst relativ spät auftaucht, sehr viel später als die ersten Steinwerkzeuge, aber eben doch ein Werkzeug, welches eingesetzt wird, um wiederum andere Dinge der Umwelt zu modifizieren: den Schlafplatz zu wärmen, Raubtiere fernzuhalten, vor allem aber Nahrung zu garen. Bei dieser letzten Verwendung

Abb. 11: Clara Peeters, Stillleben, um 1615. – Wein, Brotteig und Käse sind Lebensmittel, die durch Fermentation gewonnen werden. Fermentation ist eine Art externalisierter Verdauung, die – anders als das Kochen – ohne zusätzliche Energiezufuhr auskommt. In der Industriegesellschaft und ihrem Idealbild vom aseptischen, in seiner Entwicklung völlig stillgestellten Lebensmittel haben bakterielle Prozesse nur als Verderben Platz. »Wir verlangen vom Philosophen, diese Chemie der Veränderung entgegen seinen Gewohnheiten wahrzunehmen: Dem Fermentierten verdanken wir die Fülle der Produkte, es bereichert das Universum, ja mehr noch, es schenkt uns die köstlichsten unter ihnen: den Wein, das Brot, den Käse« (Dagognet 1997). Das Stillleben – die ›nature morte‹ – hält den Prozess nur künstlerisch auf, zeigt die Lebensmittel aber gerade im Werden als ihrem eigentlichen Daseinsmodus.

des Feuers ist ein Detail entscheidend, um die neue historische Form des Stoffwechsels zu verstehen: Das Feuer ist keine direkte Energiequelle des Menschen, denn im Verzehr gegarter Nahrung nehmen wir ja nicht die chemische Energie des Brennholzes auf. Der neue Energiestrom läuft vielmehr vollständig außerhalb des Körpers und kann bei Berührung sogar eine Gefahr darstellen. Aber er wird benutzt, um die Nahrung selbst vorzubehandeln und die in ihr enthaltenen Nährstoffe für den Körper zugänglich zu machen.

Warum ist das wichtig? Nun, man sieht hier, dass sich die Technik in die von Lotka benannte evolutionäre (und somit ›natürliche‹) Trajektorie einer Maximierung des Energiedurchflusses einschreibt. Dieser sind erst einmal nicht nur durch die knappen Ressourcen, sondern auch durch die Kapazitäten unseres Körpers Grenzen gesetzt.

Im Gebrauch des Feuers findet diese Tendenz aber eine *externe* Fortsetzung, der ihrerseits kaum noch Grenzen gesetzt sind, da die inzwischen gewaltigen Energiemengen, die wir in den Verrichtungen unseres Alltags mobilisieren, vom empfindlichen Gewebe unseres Körpers sorgfältig getrennt fließen.

Das Bild nimmt eine noch dramatischere Färbung an, wenn wir nicht nur die Energieströme verfolgen, sondern sie auch funktional analysieren, also fragen, wozu zum Beispiel das Kochen der Nahrung dient. Im Kochen wiederholen wir einen Trick, den wir aus dem Tierreich schon kennen und gerade eben (als Transmissionsmechanismus des Bioms) nebenbei erwähnt haben, nämlich Nahrung vorzuverdauen. Manche Tierarten verzehren den Kot anderer Tierarten, der noch genug Nährstoffe enthält, oder den eigenen Kot, um die Nahrungsmittel beim zweiten Durchgang durch den Darm vollständig aufzuschließen, andere stellen dem Nachwuchs vorverdaute Nahrung zur Verfügung, indem sie diese wieder hervorwürgen oder ausscheiden. In der Küche machen wir nichts anderes. Bei der Fermentation – also zum Beispiel der Zubereitung von Sauerkraut oder saurem Einlegen von anderem Gemüse, der anaeroben Vergärung in der Herstellung von Wein und der aeroben Weiterverarbeitung zu Essig, aber auch der Herstellung von Sauerteig und Rohwurst – stützen wir uns sogar in direkter Analogie zum Verdauungssystem auf bakterielle Prozesse. Im Kochtopf springt endlich die Wärmezufuhr ein, die aber funktional dieselbe Rolle spielt: Kochtopf wie Sauerkrautfass sind ausgelagerte Mägen (Abb. 11). Aus dieser Perspektive besehen zeigt sich, dass Technologien Teile des Metabolismus externalisieren. Neben den ›Bio-Metabolismus‹ tritt ein ›Techno-Metabolismus‹. Man spricht auch von einem ›exosomatischen‹ im Gegensatz zum ›endosomatischen‹ Stoffwechsel, welcher Körperfunktionen in die Umgebung hinaus verlagert.[1] Marx sprach in diesem Sinne von der Umwelt als dem »unorganischen Leib des Menschen«.[2]

In diesem Gebrauch der Technik ändern sich die Spielregeln des Lebens grundsätzlich. Eine Konsequenz liegt in dem Auftauchen einer Kultur, die ihre eigene Gesetzlichkeit jenseits von biologischer Evolution mit sich bringt, oder wie es der Ökonom Juan Martinez-Alier ausdrückt: »Der Unterschied zwischen dem Bio- und dem

---

[1] Lotka 1945, S. 192.   [2] Marx und Engels 1975, I.2 S. 368.

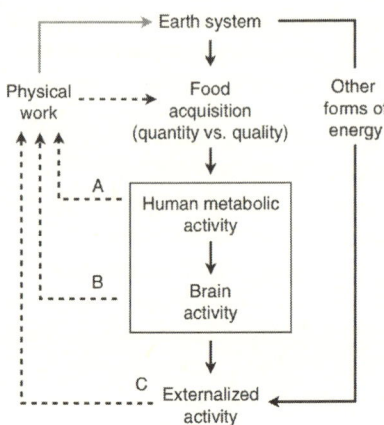

Abb. 12: Der menschliche Metabolismus mitsamt der externalisierten Aktivität im Erdsystem (aus Kleidon 2016). Entscheidend ist die Rückwirkung des Organismus auf die Nahrungszufuhr in den drei Formen A, B und C: Der Nahrungszufluss unterhält nicht einfach die körperliche und neuronale Aktivität, sondern diese wirken auf ihn modifizierend zurück, zuletzt auch in exosomatischer Form (C).

Technometabolismus ist für ein Verständnis der menschlichen Ökologie entscheidend. Als eine Tierart haben wir genetische Vorgaben nur für den endosomatischen Energiekonsum, aber nicht für ihren exosomatischen Gebrauch, der aufgrund von Geschichte, Politik, Wirtschaft, Kultur und Technologie erklärt werden muss.«[1] Dies ist nichts anderes als die kulturelle Evolution, von welcher der größte Teil der folgenden Kapitel handeln wird. Aber auch wenn wir von der Frage nach den Entwicklungsprinzipien der Kultur absehen, lassen sich bereits einige grundlegende Unterschiede des exosomatischen Stoffwechsels benennen.

Ein erster wesentlicher Unterschied besteht in der veränderten Energiebilanz. Die sogenannte ›aneignende‹ (statt der ›produzierenden‹) Lebens- und Wirtschaftsweise von Jägern und Sammlern geschieht unter dem direkten Imperativ einer positiven Energiebilanz, denn das Jagen und Sammeln vermag einen nur dann zu ernähren, wenn es mehr Energie liefert, als man dabei verausgabt. Dies soll nicht bedeuten, dass diese Gesellschaften permanent ›auf Messers Schneide‹ lebten. Ganz im Gegenteil verfügten sie über mehr Freizeit und hatten, wie wir bereits sahen, eine ausgewogenere Ernährung.[2] Kommen exosomatische Techniken und Energiequellen zum Einsatz, wie dies ab der neolithischen Revolution massiv geschieht – Feuer, Arbeits-

---

[1] Martinez-Alier 2004, S. 4.   [2] Diamond 1993, Sahlins 1972.

tiere, Wasserkraft, Kohle, Atomenergie –, verändert sich das Bild, da der Imperativ der positiven Energiebilanz nur für den menschlichen Organismus gilt, aber nicht – oder nur indirekt – für die Gesamtbilanz. Kommt ein Ochse bei der Feldarbeit zum Einsatz, schichtet der Bauer die Bilanz zu seinen Gunsten um, da der Ochse nun einen Teil der Kosten deckt. Die Gesamtenergiebilanz kippt ab einem Punkt ins Negative, da mehr Kalorien in den Produktionsprozess investiert werden, als in Form von Nahrung herauskommen, aber der Bauer verbessert innerhalb des Systems seine Bilanz. Die Naturgesetze lassen sich selbstredend nicht austricksen, und der Zaubermechanismus funktioniert nur so lange, wie der Ochse seinen Energiebedarf selbst extern stillen kann, nämlich beim Grasen auf der Weide, was zum Problem wird, sobald Land knapp wird und verschiedene Formen der Landnutzung – Weide, Acker, Wald als Brennholzlieferant – in Konkurrenz geraten.[1]

Die moderne, mechanisierte, chemisierte und industrialisierte Landwirtschaft setzt nicht mehr auf den Ochsen, aber auf Rohöl, das in verarbeiteter Form als Diesel, synthetischer Dünger, Herbizide und Insektizide in enormen Mengen in die Agrarproduktion einfließt, so dass heute für jede produzierte Kalorie Nahrung ein vielfaches an Energie investiert wird.[2] Mit dieser Beobachtung eröffnet sich ein größerer Rahmen, in welchen sich die exosomatische Energienutzung einschreibt und in welchem sie beurteilt werden muss. Einerseits stellt sie wie gesehen für den Menschen – der ja nur einen Teil der Energiebilanz in Betracht zieht – einen enormen Gewinn dar, da sich die Bilanz zu seinen Gunsten neigt. Dies ist die Erfolgsgeschichte der modernen Zivilisation, wie sie uns insbesondere die Ökonomie erzählt. Es ist die Geschichte einer Emanzipation vom energetischen Imperativ. Zugleich sehen wir – und diesen Teil lassen die Ökonomen unter den Tisch fallen –, dass der Gewinn an Unabhängigkeit aber auch mit neuen Abhängigkeiten bezahlt werden muss, nämlich von der Energiequelle, womit sich eine endliche Ressource wie das Erdöl als eine schlechte Wahl erweist.[3] Aber damit endet die Bilanzierung noch nicht, denn auch die solcherart erkaufte Unabhängigkeit besteht ja nur von einem Teil der Mühen der Nahrungsbeschaffung, nicht aber der Nahrung selbst. »Die Urtatsache unserer Zivilisation«, schrieb der Chemiker

[1] Sieferle 1982.   [2] Steinhart und Steinhart 1974.   [3] Hall u. a. 2003.

Frederick Soddy 1922, »ist, dass die Menschen zwar ihre äußere Arbeit durch kraftstoff-betriebene Maschinen erleichtern können, aber ihr inneres Feuer nur mit neuem Sonnenschein unterhalten können, und auch dies nur dank der guten Dienste der Pflanzen.«[1] Dramatisch wird die Situation nun deshalb, weil die industrielle Landwirtschaft nicht nur vom Öl als endlicher Ressource abhängt, sondern zugleich durch den Einsatz von Chemie und schweren Maschinen die Grundlagen des Lebens in Gefahr bringt. Wir leben heute im Gefühl der Unabhängigkeit und übersehen nicht nur, dass wir am Tropf des Öls hängen, sondern auch, dass diese Substanz uns vergiftet.

Letztgenanntes Problem hängt natürlich an der speziellen Wahl der fossilen Ressourcen als Energiequelle und kann mit regenerativen Energiequellen vermieden werden. Doch auch dann gilt als Grundprinzip der exosomatischen Logik, dass die gewonnene Unabhängigkeit mit einer neuen Abhängigkeit auf der Metaebene bezahlt werden muss. Und noch ein weiterer Parameter ändert sich mit dem exosomatischen Metabolismus: der Müll tritt auf die historische Bühne. Wir haben den Müll bisher in seiner naturhistorischen oder kosmologischen Gestalt als Entropieausstoß von Organismen oder des Erdsystems kennengelernt, und als solcher begleitet er das Leben schon immer. Im exosomatischen Metabolismus nimmt er allerdings eine kulturhistorische Prägung an. Die Anfänge sind fast unmerklich. Zuerst nur etwas behauener Stein, Holz und Knochen, und selbst mit der neolithischen Revolution vermehren sich die eigenen Ausscheidungen lediglich um die der Tiere sowie ein paar Tonscherben. Gleichwohl ist damit der Pfad betreten, der zu der heutigen Müllkatastrophe führt. Heute gelangen Schätzungen zufolge jährlich 8 Millionen Tonnen Plastik in die Ozeane. 2050 könnte ihre akkumulierte Masse die der Fischbestände übertreffen.[2] Aber schon im antiken Rom hatte die Menge der Exkremente ein Ausmaß erreicht, welches es schwierig machte, die Fäkalien systematisch wieder auf die Felder zu bringen, weshalb schon im 6. vorchristlichen Jahrhundert eine Schwemmkanalisation eingerichtet wurde. Die *Cloaca maxima* ist heute »das älteste noch in Gebrauch befindliche Bauwerk«.[3] Mit den Fäkalien führt sie auch die für das Pflanzenwachstum wichtigen Phosphor- und Stick-

---

[1] Soddy 1922, S. 10. [2] World Economic Forum, Ellen MacArthur Foundation und McKinsey & Company 2016, Tekman u. a. 2022. [3] Grassmuck und Unverzagt 1991, S. 44.

stoffverbindungen in den Tiber ab und lässt sie unwiederbringlich verloren gehen. Der Kreislauf zum Land ist damit unterbrochen. Karl Marx sprach von einem »unheilbaren Riß« im gesellschaftlichen Metabolismus (↓ Box S. 52).[1]

2.2.2 Der kulturelle Leib des Menschen

Nachdem wir uns vom energetischen Standpunkt die Bedeutung der Technik als exosomatischem Stoffwechsel vor Augen geführt haben, können wir beginnen, die Koevolution von Mensch und Technik als einen gesetzmäßigen, evolutionären Prozess zu studieren. Wir werden uns dazu erst einen Überblick über die Tragweite der Koevolution von Mensch und Technik verschaffen, und erst in einem zweiten Schritt die Frage aufwerfen, was es überhaupt bedeutet, Kultur und Technik zum Gegenstand evolutionärer Theorien zu machen.

Am Beginn der Koevolution von Mensch und Technik steht eine Unmöglichkeit: eigentlich hat die Technik keinen Platz. Man kann dies an dem Porträt des Rentiers ablesen, mit dem der französische Archäologe André Leroi-Gourhan sein (leider nie ins Deutsche übersetztes) Erstlingswerk von 1936 über die Kulturen des Polarkreises begann. Er stellt das Rentier dort als eine »Karikatur des Hirsches« vor:

> Es hat ein Geweih, aber ein massives, nicht sehr ausladendes, mit kurzen, stumpfen Enden. Es hat die Füße eines Hirsches, aber es sind lächerliche, breite, abgeflachte Militärschuhe, die sich in einem widerspenstigen Fellgestrüpp verlieren; es hat den geschwungenen Rücken seines Vetters, aber seine Flanken strecken sich zu einem kurvenlosen Zylinder. Wenn man jedes einzelne Merkmal schonungslos untersucht, ist der Kopf zu schwer, der Hals zu kurz, die Beine zu weit gespreizt, der Widerrist nicht vorhanden, der Rücken unbestimmt, die Beine schlecht verankert.

Das Bild ändert sich indes schlagartig, wenn man das Rentier ökologisch in seinem *milieu naturel* betrachtet, also der Illusion von autonomen, von ihrem Kontext ablösbaren Entitäten widersteht:

---
[1] Marx und Engels 1975 II.15, S. 788, vgl. Foster, Clark und York 2010.

DER UNHEILBARE RISS

»Mit dem stets wachsenden Uebergewicht der städtischen Bevölkerung, die sie in großen Centren zusammenhäuft, häuft die kapitalistische Produktion einerseits die geschichtliche Bewegungskraft der Gesellschaft, stört sie andrerseits den Stoffwechsel zwischen Mensch und Erde, d. h. die Rückkehr der vom Menschen in der Form von Nahrungs- und Kleidungsmitteln vernutzten Bodenbestandtheile zum Boden, also die ewige Naturbedingung dauernder Bodenfruchtbarkeit. Sie zerstört damit zugleich die physische Gesundheit der Stadtarbeiter und das geistige Leben der Landarbeiter. Aber sie zwingt zugleich durch die Zerstörung der bloß naturwüchsig entstandnen Umstände jenes Stoffwechsels ihn systematisch als regelndes Gesetz der gesellschaftlichen Produktion und in einer der vollen menschlichen Entwicklung adäquaten Form herzustellen.«

Karl Marx, *Das Kapital*, Band 1, 1872.

(Abb.: Teilansicht der Cloaca Maxima, der antiken römischen Schwemmkanalisation, mit welcher der Riss im Stoffkreislauf zwischen Mensch und Erde beginnt. Undatierte Photographie.)

Wenn man es aber auf den Schnee setzt, in seine natürliche Umgebung, wird es stark, geschmeidig, schnell und seine ungeschlachte Masse pulsiert im Einklang mit den weichen Konturen der Landschaft. Der Hirsch hat ein zu kompliziertes Geweih, um durch das Gestrüpp der Taiga zu laufen, seine Füße sind zu klein, um ihn auf dem Schnee zu tragen, sein Körper ist zu mager, um die Kälte zu ertragen, sein Maul ist nicht dazu geeignet, in die eisigen Schichten einzutauchen, und seine leichten Läufe würden ihm keine Stabilität verleihen.[1]

Das Rentier passt perfekt in seine Umwelt, und dies ist natürlich kein Zufall: Wenn Evolution in einer sukzessiven Anpassung besteht – des Organismus an die Umwelt, im Allgemeinen aber von Umwelt und Organismus aneinander –, dann führt sie zu ›dichten‹ Ökosystemen, in welchen alle Teile lückenlos zueinander passen – und in welchen umgekehrt für die Technik gar kein Platz mehr besteht. Welche Technik könnte man dem Rentier auch anbieten, um seine Situation zu verbessern? Skier, eine Jacke, oder ein Mobiltelefon mit Navigationssystem?

Es ist also überhaupt nicht klar, wie die Technik Eingang in die Naturgeschichte des Menschen finden kann. In seinem knapp dreißig Jahre später publizierten und sehr viel bekannteren Werk *Le Geste et la parole*, »Hand und Wort«, stellte Leroi-Gourhan zwar das Problem nicht in diesen Worten, aber entwickelte darin gleichwohl einen Ansatz, den wir als Antwort auf unsere Frage lesen können. *Le Geste et la parole* war seiner Zeit weit voraus, und viele seiner Hypothesen erfahren heute im Rahmen von Theorien kultureller Evolution und den Ansätzen der kognitiven Archäologie ein fruchtbares Revival. Die uns an dieser Stelle interessierende, zentrale Aussage lautet: die Australopithecinen – als die Ahnen der Gattung *homo* – haben die Technik gleichsam »ausgeschwitzt«.[2] Natürlich ist die Technik nicht als Flüssigkeit aus unseren Poren getreten. Gleichwohl ist nicht alles an dieser Beschreibung metaphorisch. Leroi-Gourhan meint mit ihr, dass die Technik wie der Schweiß aus dem biologischen Körper heraustritt und – einmal abgesondert – ein neues Element bildet, welches einerseits dünn genug ist, um in die mikroskopischen

---

[1] Leroi-Gourhan 2019, S. 9.   [2] Leroi-Gourhan 1964, S. 132 und S. 151.

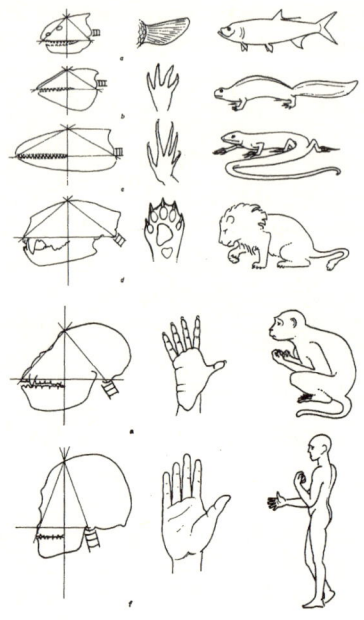

Abb. 13: Die Befreiung von Kopf, Hand und Gehirn, aus Leroi-Gourhan 1964.

Räume zwischen Organismus und Umwelt zu sickern, zugleich aber eben doch als körperäußeres Element eine eigene Entwicklungslogik induziert.

Aber der Reihe nach. Die auf den ersten Blick schwer verständliche Aussage ist in eine große Entwicklungsgeschichte eingebettet, die von den frühen Wasserlebewesen bis zum modernen Menschen reicht, und deren wichtige Etappen von Leroi-Gourhan jeweils als »Befreiungen« beschrieben werden (Abb. 13). Am Anfang steht die Befreiung des gesamten Körpers aus dem Wasser, als die ersten Reptilien das Land betreten. Da der Kopf nun nicht mehr im umgebenden Wasser ruht, muss er von einer entsprechenden Muskulatur stabilisiert werden, aber mit der Entstehung von Hals und Schultern gewinnt der Kopf zugleich an vertikaler Beweglichkeit: die Befreiung des Kopfes, die auch den Operationskreis des Tieres erweitert. Von hier aus nehmen zwei entscheidende Entwicklungen ihren Anfang.

Zum einen gibt der Rückzug der Zähne und der Kaumuskulatur im Schädel Raum frei, in welchen sich das Gehirn ausdehnen kann. Zum anderen befreit die Entwicklung der aufrechten Haltung die Hand von der Aufgabe der Fortbewegung, wodurch sie – zumal mit einem opponierbaren Daumen ausgestattet – zum Greiforgan wird, in dessen Reichweite auch bald das Werkzeug liegen wird. Dadurch entlastet die Hand ihrerseits Lippen und Mund, die nun nicht mehr hauptsächlich zum Ertasten und Ergreifen von Gegenständen der Umwelt eingesetzt werden müssen, sondern dereinst in den Dienst der Sprache treten werden. Die Technik taucht also schon ursprünglich in einer Doppelgestalt auf – von Hand und Mund oder Werkzeug und Sprache –, die den Keim für einen Dualismus enthält, der in der Weltgeschichte Karriere machen wird: geistige und körperliche Arbeit, ›freie‹ und ›praktische‹ Künste (d.h. die *artes liberales* von der Grammatik bis zur Astronomie und die *artes mechanicae* der verschiedenen Handwerke), Gelehrte und Banausen, die ›Wissensgesellschaften‹ des globalen Nordens und ihre Werkkammern im Süden.

Aber greifen wir nicht vor. An der Stelle, an der wir uns noch befinden, werden wir also Zeuge, wie der Körper die Technik regelrecht »ausschwitzt«, nämlich als Folge der biologischen Gegebenheiten möglich werden lässt. Wie ein dünner Film kann sie zwischen Körper und Umwelt kriechen. Und ist sie einmal da, ändern sich die Spielregeln dramatisch. Dank der Technik werden sich die Menschen zusehends von den Umweltbedingungen ihres Ursprungs emanzipieren und schlussendlich den gesamten Globus erobern. Noch in einem Raumanzug werden in einer lebensfeindlichen Umwelt technisch die Bedingungen menschlichen Lebens geschaffen. Vor allem aber ändern sich mit dem Auftreten der Technik die evolutionären Spielregeln, wie auch bereits Leroi-Gourhan betonte: Die Technik beeinflusst die biologische Evolution (wofür wir auf den folgenden Seiten viele Beispiele kennenlernen werden) und sie gewinnt eine evolutionäre Eigendynamik (mit der wir uns im folgenden Kapitel auseinandersetzen werden, ↓ 2.3.1).

Das von Leroi-Gourhan umrissene Bild nötigt der Anthropologie bereits ein wichtiges Zugeständnis ab. Oft ist vom Menschen als dem ›tool-using‹ oder sogar dem ›*tool-making animal*‹ die Rede (wobei das Herstellen von Werkzeug als ›sekundärer‹ Werkzeuggebrauch oder Werkzeuggebrauch zweiter Ordnung verstanden wird, nämlich

Abb. 14: Ein Delphin schützt seine Schnauze mit einem Schwamm (Mann u. a. 2012); eine Neukaledonische Krähe benutzt einen Haken (Photo von G. R. Hunt); ein Schimpanse schlägt eine Nuss mit einem Stein auf (McGrew 2010).

2.2 Koevolution von Mensch und Technik

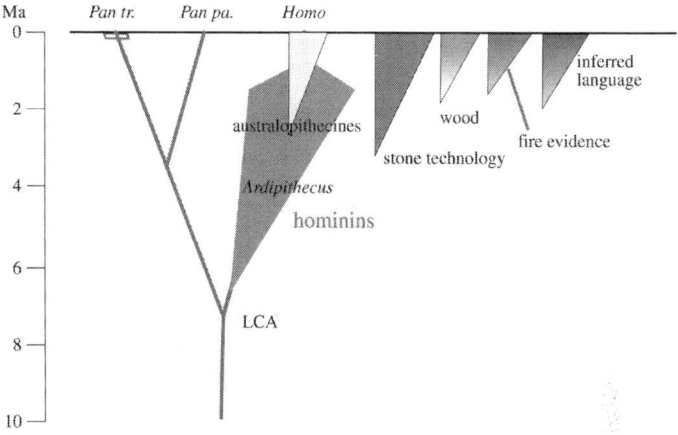

Abb. 15: Grobe zeitliche Übersicht über die Entwicklung des Menschen und die wichtigsten Techniken, nach Gowlett 2016. Zeitskala in Millionen Jahren (Ma) vor unserer Zeit. Vor knapp 8 Ma lebte der letzte gemeinsame Vorfahr (LCA) von Hominini und den anderen Menschenaffen (insb. der Schimpansen, *Pan*). Werkzeuge tauchen auf einer Zeitskala auf, die für die biologische Evolution des Menschen (der Gattung *Homo* und insbesondere des sogenannten anatomisch modernen Menschen, *Homo sapiens*) relevant ist.

als Einsatz von Werkzeugen zur Herstellung von Werkzeugen).[1] »Die Technik ist so alt wie der Mensch«, befand der Philosoph Arnold Gehlen: »Der Beweis läßt sich daran führen, daß wir umgekehrt erst aus Spuren der Werkzeugbenutzung mit Sicherheit schließen können, daß wir es mit Menschen zu tun haben.«[2] Aber dieser Schluss ist nicht korrekt. Werkzeuggebrauch ist zwar insgesamt, d. h. gemessen an der Zahl der Tierarten, ein sehr seltenes Phänomen bei wildlebenden nicht-menschlichen Tieren. Aber die beobachteten Fälle sind an Zahl und vor allem Komplexität doch sehr beeindruckend: Neu-Kaledonische Krähen stellen hölzerne Haken aus Astgabeln her, um Insekten zu angeln, Delphine schützen ihre Schnauze bei der Nahrungssuche auf dem Meeresgrund mit einem Schwamm, verschiedene Arten von Menschenaffen kommen auf ein ansehnliches Repertoire von Werkzeugverhalten, usw. usf. (Abb. 14).[3] Wichtiger noch als der beobachtete Werkzeuggebrauch bei nicht-menschlichen Tieren ist freilich die Tatsache, dass auch unsere

[1] Oakley 1957.   [2] Gehlen 1953, S. 626.   [3] Hunt und Gray 2004, Krützen u. a. 2005, Fay und Carroll 1994, Schaik u. a. 2003.

evolutionären Vorgänger Werkzeuge verwendeten und – wie wir auf den nächsten Seiten sehen werden – der Werkzeuggebrauch eine kausale Rolle in der Geschichte der Menschwerdung oder Hominisierung spielte. Aktuelle archäologische Funde zeigen, dass die ältesten Steinwerkzeuge aus der frühen Altsteinzeit über 3 Millionen Jahre alt sind.[1] Es handelt sich dabei um sogenannte ›chopper‹, also durch einseitigen Abschlag mit scharfen Kanten versehene Schlagsteine, womit wir hier bereits über sekundären Werkzeuggebrauch sprechen. Die Technik ist mithin älter als der Mensch, und, was noch darüber hinausgeht, ihr Alter liegt auf einer Skala, welches für die biologische Evolution relevant ist (Abb. 15). Der Werkzeuggebrauch hat einen Anteil an der Menschwerdung gehabt, womit wir auch die erste Formel umdrehen und von den technischen Artefakten als ›man-making tools‹ sprechen müssen.

Die Kulturgeschichte, in welche der Werkzeuggebrauch gehört, ereignet sich somit nicht auf einer kleinen Zeitskala und vor den Kulissen einer unwandelbaren Natur, unseren Körper inbegriffen. Vielmehr definiert auch die Kultur die Parameter, unter welchen die Naturgeschichte abläuft, womit beide ineinandergreifen. Die von Leroi-Gourhan beschriebene biologische Evolution war mithin zu einem gewissen Anteil nicht Bedingung des Werkzeuggebrauchs, sondern seine Folge, womit der von dem französischen Archäologen eingeschlagene Weg noch weiter verfolgt werden kann und muss, als dies ursprünglich absehbar gewesen ist.

Der entscheidende Wirkmechanismus in der Verschränkung von Kultur- und Naturgeschichte liegt dabei in der Nahrung. Ein Werkzeug entspricht immer einem Ressourcenraum, welchen es erschließt. Dies gilt natürlich bereits für den ›nackten‹ Organismus mit seinen organischen Werkzeugen, die bestimmen, welche Ressourcen dem Lebewesen zugänglich und welche ihm prinzipiell verschlossen sind. Mit dem Auftauchen des Werkzeugs ›historisiert‹ sich die Umwelt als Handlungsraum. Der Umwelthistoriker Jason W. Moore beschrieb diesen Effekt am Beispiel der Steinkohle, die zwar ›schon immer‹ im Boden lag, aber erst unter bestimmten technischen, sozialen und ökologischen Bedingungen zu einem relevanten Merkmal der menschlichen Umwelt wird, welches selbst wieder neue Entwicklungen in Gang setzt und befeuert:

[1] Harmand u. a. 2015.

> Stoffströme sind wichtig [für ein Verständnis der Kulturgeschichte]. Aber ihre historische Bedeutung lässt sich am besten durch eine relationale statt durch eine substantialistische Auffassung von Materialität verstehen. [...] Geologie ist eine grundlegende Realität; aber durch den historisch ko-produzierten Charakter der Rohstoffgewinnung wird sie zu einer historischen Tatsache [...]. Spezifische geologische Formationen können unter bestimmten historischen Umständen gleichzeitig zu Objekten menschlicher Aktivität und zu Subjekten historischen Wandels werden. (Moore 2015, S. 179)

Was Moore hier mit Blick auf die industrielle Revolution ausspricht, gilt indes bereits für die Vorgeschichte. Als unsere Ahnen, die (noch ziemlich affenähnlichen) Australopithecinen, sich aufgrund der durch die aufrechtere Haltung befreiten Hand Steine als Werkzeuge aneigneten, änderte sich schlagartig ihr Ressourcenraum.[1] Die herkömmliche pflanzliche Nahrung konnte extern mechanisch vorbehandelt werden, was die Zähne und die Kaumuskulatur entlastet. Die von Leroi-Gourhan beschriebene Rückbildung des Kauapparates könnte mithin bereits eine Folge des Werkzeuggebrauchs sein, woran sich auch der wirksame evolutionäre Mechanismus ablesen lässt: die Werkzeuge und der ihnen entsprechende Ressourcenraum verändern den sogenannten ›Selektionsdruck‹. Welche Mutationen von adaptivem Wert sind, hängt nun auch von den kulturellen Gegebenheiten ab. Auf diese Weise kann die Kultur einen Fußabdruck im Genom hinterlassen.[2] Der moderne Mensch mit seinem schlanken Körperbau und geringer Muskelmasse ist ein Produkt auch der Technik, durch die er zum Beispiel Teile der Verdauung externalisiert. Umgekehrt bedeutet dies natürlich, dass der Mensch von der Technologie abhängig wird. Erst zusammen mit einer geeigneten Technik bildet er eine funktionale Einheit, die in ihre ökologische Nische passt. Die Technik ist eine Krücke, die er nie mehr los wird.

Die Bedeutung der Steinwerkzeuge endet aber nicht mit der mechanischen Behandlung von pflanzlicher Nahrung. Auch neue Nahrungsquellen werden erschlossen, vor allem rücken die energetisch interessanten Tierprodukte auf den Speiseplan. Mit den schneidenden

---

[1] Ambrose 2001.   [2] Laland, Odling-Smee und Myles 2010.

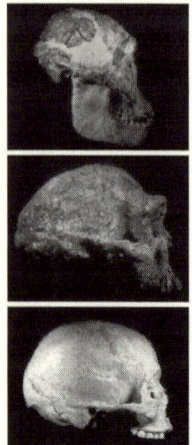
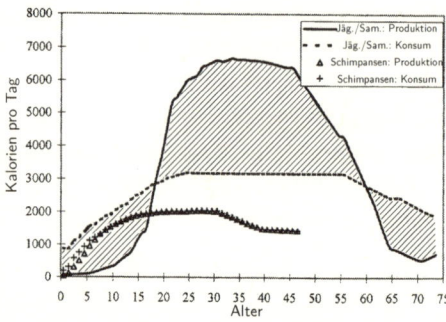

Abb. 16: Links: Die sogenannte Enzephalisierung, eine Verdreifachung des Hirnvolumens in der Entwicklung vom Australopithecus über den Homo erectus zum Homo sapiens (aus Gibbons 2007). Rechts: Männliche Mitglieder von Jäger-und-Sammler-Gesellschaften erwirtschaften einen Energieüberschuss, der von der Gemeinschaft absorbiert werden kann (nach Kaplan u. a. 2000).

Kanten der *chopper* können die frühen Menschen Fleisch von liegen gebliebenem Aas abtrennen und mit Schlagsteinen sogar Knochen aufbrechen, um an das Mark und das Hirn zu gelangen. Vielleicht vermochten die frühen Menschen sogar, als die Jagd auf größeres Wild noch ihre Möglichkeiten überstieg, Raubtiere von ihrer Beute zu vertreiben.

Einen Meilenstein in der Koevolution von Technik und menschlichem Körper stellt fraglos die Domestizierung des Feuers dar. Das Feuer findet viel später Eingang in das menschliche Arsenal (Abb. 15). Die ältesten Spuren datieren 1.5 Millionen Jahre zurück, Feuerstellen treten vor ca. 400–700.000 Jahren auf. Die Verzögerung ist kein Zufall, sondern spiegelt die Tatsache wider, dass die Handhabung des Feuers kognitiv vergleichsweise anspruchsvoll ist. Anders als ein Stein lässt es sich nicht in die Hand nehmen oder zu späterem Gebrauch beiseitelegen. Man muss es unterhalten und füttern, zugleich aber auch einhegen, was zugleich Umsicht, Planung und Vorbereitung verlangt und eine ganze Reihe anderer Techniken involviert, wie, im Falle des bereits elaborierten Feuergebrauchs, etwa die Herstellung irdener oder hölzerner Gefäße zum Transport der Glut.[1] Man darf dabei nicht von der Vorstellung ausgehen, die frühen Menschen hätten das Feuer mit einem Male entdeckt und sich ange-

---

[1] Haidle 2012, S. 241 ff.

eignet. Vielmehr kannten sie das Feuer bereits als Bestandteil ihrer Umwelt.[1] Buschfeuer beispielsweise werden regelmäßig aufgetreten sein, und wie auch andere Tiere werden die Menschen festgestellt haben, dass diese nicht bloß eine Gefahr darstellten, sondern auch positive Folgen zeitigten. Nahrungsmittel wie bestimmte Knollen konnten leichter zugänglich sein, und in frisch abgebrannten Gebieten fanden sich auch die gegarten Kadaver von Kleinwild. Auch längerfristige positive Folgen werden nicht unbemerkt geblieben sein, z. B. hinsichtlich der Wegsamkeit des Geländes und seiner Fruchtbarkeit, was sich in vielen indigenen Praktiken des gezielten Einsatzes von Feuer in der Landschaftspflege widerspiegelt (deren Unterdrückung wiederum mitverantwortlich ist für die schwerwiegenden Waldbrände der Gegenwart.)[2]

Die Aneignung und Domestizierung des Feuers stellt einen enormen Schritt dar. In dem bereits erarbeiteten Vokabular können wir sie als Übergang zu einem exosomatischen Energiehaushalt beschreiben. Der Gebrauch des Feuers hat dabei viele praktische Dimensionen: Feuer dient als Licht- und Wärmequelle, schützt vor Raubtieren und Insekten, dient zur Vorbehandlung von Werkstoffen (›Tempern‹ von Steinen zur besseren Spaltbarkeit, Härten von Holz) und ermöglicht die Herstellung ganz neuer Stoffe wie z. B. Birkenpech, mit welchem Steinspitzen an Holzspeeren befestigt wurden. In der Menschwerdung spielte das Feuer allerdings in zweierlei anderer Hinsicht eine wichtige Rolle. Den ersten Aspekt haben wir schon kennengelernt: Durch die Hitzeeinwirkung beim Garen werden die Nahrungsmittel vorbehandelt und ein Teil der Verdauung externalisiert. Der Verdauungsapparat erstreckt sich als funktionale Einheit nicht mehr bloß bis zum Mund und den Klauen, sondern umfasst nun auch die Herdstelle. Was wir noch nicht kennen, sind die evolutionären Konsequenzen dieser Entwicklung.

Hier greifen zwei Hypothesen ineinander, die in den letzten Jahren viel diskutiert wurden, nämlich die ›*cooking hypothesis*‹ und die ›*expensive tissue hypothesis*‹. Erstere wurde von dem britischen Primatologen Richard Wrangham aufgestellt und besagt, dass der enorme Energiebedarf des großen menschlichen Gehirns auf einer Rohkostbasis kaum zu decken gewesen wäre, sondern nach gegarter

---

[1] Gowlett 2016. [2] Levy 2005, Marks-Block und Tripp 2021.

Nahrung verlangte, die sich leichter verdauen lässt (Abb. 16).[1] Indes verhält es sich nicht einfach so, dass der Mensch sich aufgrund einer besseren Energiebilanz ein größeres Gehirn leisten kann. Die auf das Körpergewicht bezogene gesamte Energieeinahme ist beim modernen Menschen nicht höher als bei anderen Säugetieren. Wir haben es vielmehr mit einer energetischen Umverteilung innerhalb des menschlichen Körpers zu tun, wie die zweite Hypothese erläutert: Dem Wachstum des energiehungrigen Gehirns entspricht ein Rückgang des energetisch nicht sehr viel weniger anspruchsvollen Darmtrakts. Herz, Nieren, Leber und Muskelmasse sind im Grunde fixe Parameter, die keinen Spielraum zulassen. Aber durch die Aufnahme gegarter Nahrung konnte der Dickdarm deutlich verkürzt werden. Die freiwerdende Energie speiste das anwachsende Hirn, welches sich in den Schädelraum ausdehnte, der wiederum von dem Kauapparat freigegeben worden war.[2]

Das neue Energieregime endet indes nicht bei dem einzelnen Organismus und seiner technischen und natürlichen Umwelt, sondern greift auch in seine soziale Umwelt ein. Wie man dem Diagramm in Abbildung 16 entnehmen kann, produziert ein männliches Mitglied einer Jäger-und-Sammler-Gesellschaft als Erwachsener mehr Energie in Form von Nahrung, als er selbst benötigt (siehe die schraffierten Flächen zwischen den Produktions- und Verbrauchskurven, die im Vergleich beim Schimpansen mit einer ausgeglichenen Energiebilanz nicht existieren). Wo die überschüssige Energie bleibt, verrät das Diagramm ebenfalls: zu Beginn ihres Lebens haben Menschen in einer sehr ausgeprägten Kindheit ein Energiedefizit, welches von den Erwachsenen aufgefangen werden muss. Die besondere Bedeutung der langen Kindheit werden wir noch diskutieren (↓ 3.1.2). Hier können wir aber bereits festhalten, dass das neue Energieregime mit komplexeren Sozialstrukturen in Form einer funktionalen Differenzierung einhergeht, die sich entlang von Alters- und Geschlechtergrenzen herausbildet, insofern es Kinder und schwangere oder stillende Frauen sind, die energetisch subventioniert werden.

Daraus darf man nicht folgern, dass die Gleichungen »*man = toolmaker = hunter*« und »*woman = mother = gatherer*« ohne Rest aufgingen. Auch die Frühzeit musste oft als Projektionsfläche für Stereotype dienen, die den heutigen Köpfen entspringen.[3] Was sich aber

---

[1] Wrangham 2017.   [2] Aiello und Wheeler 1995.   [3] Beaune 2019.

durchaus abzeichnet, ist eine soziale Komplexifizierung. Und an dieser Stelle kommt schließlich auch der nächste technologische Durchbruch in Reichweite: Mit sozialen Strukturen, Werkzeugherstellung und Domestizierung des Feuers ist das Milieu benannt, in welchem mit Sicherheit auch die Sprache als symbolische Technik entstanden ist. Die genaue Kausalität ist dabei nach wie vor ungewiss, und es kursieren konkurrierende Hypothesen. Wir kennen schon die *expensive tissue*-Hypothese und die *cooking*-Hypothese über den Zusammenhang von Nahrung, Verdauungssystem und Enzephalisierung. Die *social brain*-Hypothese vermutet einen Zusammenhang von Hirnvolumen und -größe sowie Komplexität der Sozialverbände, und somit schließlich auch dem Auftauchen der Sprache, die für das Leben in komplexen Gruppen notwendig geworden sei.[1] Die *technology*-Hypothese wiederum bringt die Entstehung der Sprache mit dem Werkzeuggebrauch in Verbindung, welcher mit steigendem Entwicklungsniveau auch höhere Ansprüche an die Mechanismen der sozialen Tradierung stellt, wobei Gesten und schließlich gesprochene Sprache irgendwann als Katalysatoren der kulturellen Entwicklung gedient haben dürften.[2]

Richtung und Ramifizierung der Kausalverhältnisse sind hier bisher weitgehend unklar. Man weiß nicht, ob die wachsende Gruppengröße durch ein angewachsenes Hirnvolumen und die damit einhergehenden kognitiven Fähigkeiten ermöglicht wurde, oder aber umgekehrt komplexere Sozialstrukturen einen Evolutionsdruck zugunsten der Enzephalisierung ausübten. Anders als die evolutionäre Anthropologie kann die Technikphilosophie aber von den Einzelheiten der Kausalgeschichte absehen. Aus ihrer Perspektive kommt es nur darauf an, dass diese Faktoren – Körperbau, Hirnentwicklung, Werkzeuggebrauch, Sozialität, Sprache – in einer gemeinsamen Koevolution begriffen sind (wie man übrigens schon im 19. Jahrhundert mutmaßen konnte, ↓ Box S. 64). Eine solche Koevolution ist umso plausibler, als dass die Forschung von der Vorstellung abgerückt ist, dass es eine klare funktionale Trennung der verschiedenen Gehirnareale gebe. Auch Sprechen ist ja eine zielgerichtete motorische Tätigkeit, und es versteht sich eigentlich von selbst, dass sie dieselben Hirnareale aktiviert wie Gestik und Werkzeuggebrauch.[3]

---

[1] Dunbar 1998, Aiello und Dunbar 1993. [2] Morgan u. a. 2015, Cataldo, Migliano und Vinicius 2018. [3] Stout und Chaminade 2012.

Friedrich Engels

ANTHEIL DER ARBEIT
AN DER MENSCHWERDUNG
DES AFFEN

(1876)

»Bis der erste Kiesel durch Menschenhand zum Messer verarbeitet wurde, darüber mögen Zeiträume verflossen sein, gegen die die uns bekannte geschichtliche Zeit unbedeutend erscheint. Aber der entscheidende Schritt war getan: *die Hand war frei geworden* und konnte sich nun immer neue Geschicklichkeiten erwerben, und die damit erworbene größere Biegsamkeit vererbte und vermehrte sich von Geschlecht zu Geschlecht.

So ist die Hand nicht nur das Organ der Arbeit, *sie ist auch ihr Produkt*. Nur durch Arbeit, durch Anpassung an immer neue Verrichtungen, durch Vererbung der dadurch erworbenen besondern Ausbildung der Muskel, Bänder, und in längeren Zeiträumen auch der Knochen, und durch immer erneuerte Anwendung dieser vererbten Verfeinerung auf neue, stets verwickeltere Verrichtungen hat die Menschenhand jenen hohen Grad von Vollkommenheit erhalten, auf dem sie Rafaelsche Gemälde, Thorwaldsensche Statuen, Paganinische Musik hervorzaubern konnte.

Aber die Hand stand nicht allein. Sie war nur ein einzelnes Glied eines ganzen, höchst zusammengesetzten Organismus. Und was der Hand zugute kam, kam auch dem ganzen Körper zugute, in dessen Dienst sie arbeitete. [...]

Die mit der Ausbildung der Hand, mit der Arbeit, beginnende Herrschaft über die Natur erweiterte bei jedem neuen Fortschritt den Gesichtskreis des Menschen. An den Naturgegenständen entdeckte er fortwährend neue, bisher unbekannte Eigenschaften. Andrerseits trug die Ausbildung der Arbeit nothwendig dazu bei, die Gesellschaftsglieder näher aneinander zu schließen, indem sie die Fälle gegenseitiger Unterstützung, gemeinsamen Zusammenwirkens vermehrte und das Bewußtsein von der Nützlichkeit dieses Zusammenwirkens für jeden einzelnen klärte. Kurz, die werdenden Menschen kamen dahin, daß sie einander *etwas zu sagen hatten*. Das

Bedürfniß schuf sich sein Organ: der unentwickelte Kehlkopf des Affen bildete sich langsam aber sicher um, durch Modulation für stets gesteigerte Modulation, und die Organe des Mundes lernten allmählich einen artikulirten Buchstaben nach dem andern aussprechen. [...]

Arbeit zuerst, nach und dann mit ihr die Sprache – das sind die beiden wesentlichsten Antriebe, unter deren Einfluß das Gehirn eines Affen in das bei aller Ähnlichkeit weit größere und vollkommnere eines Menschen allmählig übergegangen ist. [...]

Durch das Zusammenwirken von Hand, Sprachorganen und Gehirn nicht allein bei jedem Einzelnen, sondern auch in der Gesellschaft, wurden die Menschen befähigt, immer verwickeltere Verrichtungen auszuführen, immer höhere Ziele sich zu stellen und zu erreichen. [...] Kurz, das Thier *benutzt* die äußere Natur bloß, und bringt Änderungen in ihr einfach durch seine Anwesenheit zustande; der Mensch macht sie durch seine Änderungen seinen Zwecken dienstbar, *beherrscht* sie. Und das ist der letzte, wesentliche Unterschied des Menschen von den übrigen Thieren, und es ist wieder die Arbeit, die diesen Unterschied bewirkt.

Schmeicheln wir uns indeß nicht zu sehr mit unsern menschlichen Siegen über die Natur. Für jeden solchen Sieg rächt sie sich an uns. Jeder hat in erster Linie zwar die Folgen, auf die wir gerechnet, aber in zweiter und dritter Linie hat er ganz andre, unvorhergesehene Wirkungen, die nur zu oft jene ersten Folgen wieder aufheben. Die Leute, die in Mesopotamien, Griechenland, Kleinasien und anderswo die Wälder ausrotteten, um urbares Land zu gewinnen, träumten nicht, daß sie damit den Grund zur jetzigen Verödung jener Länder legten, indem sie ihnen mit den Wäldern die Ansammlungscentren und Behälter der Feuchtigkeit entzogen. [...]

Alle bisherigen Produktionsweisen sind nur auf Erzielung des nächsten, unmittelbarsten Nutzeffekts der Arbeit ausgegangen. Die weiteren erst in späterer Zeit eintretenden, durch allmählige Wiederholung und Anhäufung wirksam werdenden Folgen blieben gänzlich vernachlässigt. [...] Die spanischen Pflanzer in Cuba, die die Wälder an den Abhängen niederbrannten und in der Asche Dünger genug für *eine* Generation höchst rentabler Kaffeebäume vorfanden – was lag ihnen daran, daß nachher die tropischen Regengüsse die nun schutzlose Dammerde herabschwemmten und nur nackten Fels hinterließen?«

(Marx und Engels 1975, I.26, S. 89–99)

Für uns bedeutet Koevolution nun vor allem zweierlei: Erstens reduziert sich die Geschichte der Menschwerdung nicht auf die des Gehirns. Noch heute trifft man in der Literatur bisweilen auf dieses (von Leroi-Gourhan so genannte) ›cerebralistische‹ Vorurteil, die biologische Evolution habe den Menschen mit dem Neocortex bedacht, und alle Kulturleistungen seien ein bloßer Ausfluss der sich daraus ergebenden kognitiven Fähigkeiten. Wir haben demgegenüber aber bereits gesehen, dass die Entwicklung des Gehirns auch oft in die Rolle der abhängigen Variablen rutscht und sich der Kultur bisweilen viel mehr verdankt als diese sich ihr. Im dritten Kapitel (↓ S. 105) werden wir sogar noch einen Schritt weiter gehen können und verstehen, dass nicht nur die Kultur mitnichten bloßer Ausdruck von kognitiven Fähigkeiten ist, die durch das Gehirn bestimmt werden, sondern dass nicht einmal diese kognitiven Fähigkeiten – also das, was wir den ›Geist‹ nennen – allein durch die Neurophysiologie des Menschen determiniert sind, sondern ebenfalls einen originären Schuss Kultur enthalten.

Und zweitens folgt aus der Einsicht in den koevolutionären Charakter der Menschwerdung, dass auch die Technik einen aktiven Anteil an diesem Geschehen hat. Unser Körperbau, unsere Lebensweise und – wie wir später sehen werden – unser Denken sind vom Werkzeuggebrauch beeinflusst. Diese Einsicht erlaubt es uns bereits, auf die Kritik des amerikanischen Polyhistors Lewis Mumford zu antworten, der in der Bedeutung, die die archäologische und anthropologische Forschung dem Werkzeuggebrauch einräumt, eine illegitime Rückprojektion des Lebens in der ›Megamaschine‹ unserer heutigen Zivilisation wähnte.[1] Schaut uns aus den Augen des mit Steinwerkzeug bewaffneten Australopithecinen bloß unser Spiegelbild, der moderne Mensch, in kitschiger Kostümierung entgegen? Solche Einwände sollte man nicht auf die leichte Schulter nehmen, und wir werden uns noch ausführlicher mit dem in ihm benannten grundsätzlichen Problem auseinandersetzen (↓ 3.3.3). Für den Augenblick können wir allerdings festhalten, dass dieser Vorwurf unberechtigt ist, sofern mit ihm gesagt sein soll, dass die evolutionäre Anthropologie die menschliche Kultur auf die Werkzeuge im klassischen Sinne reduziere. Sie stellt lediglich fest, dass das Werkzeug aktiv zur Entwicklungsgeschichte des Menschen beitrug und im menschlichen Genom

---

[1] Mumford 1967, S. 7.

seinen Fußabdruck hinterlassen hat – was durchaus eine bemerkenswerte Tatsache darstellt. Ebenfalls haben wir bereits gesehen, wie schwierig es ist, eine solche Entwicklung zu bilanzieren, wenn man unumwunden die vielleicht naive, aber gleichwohl entscheidende Frage stellt, was wir ›gewonnen‹ haben.

Auch wenn wir noch nicht wissen, wie wir die Gewichte in den beiden Waagschalen gegeneinander aufwiegen sollen, so können wir doch schon ganz gut bestimmen, was in ihnen zu liegen kommt. Auf der positiven Seite lässt sich nicht bloß eine Steigerung der uns zur Verfügung stehenden instrumentellen und kognitiven Mittel verbuchen, sondern auch eine Folge, die man nicht bloß als Mittel für etwas, sondern vielleicht auch als Wert an sich betrachten mag: mit der Entwicklung der Technik vom anfänglich ›ausgeschwitzten‹ dünnen Film zu einem robusten Repertoire gewannen die Menschen an Unabhängigkeit von ihrem natürlichen Milieu. Die Technik vermittelt zwischen Organismus und Umwelt, und die Passung muss nicht mehr unmittelbar zwischen diesen beiden Polen stattfinden, sondern kann – wenn man so möchte – künstlich arrangiert werden. Dies erlaubte den Menschen die Besiedelung nahezu des gesamten Globus über alle Landschaften, Naturräume und klimatischen Zonen hinweg. Damit ist ein Paradoxon, das den Vertretern einer älteren, spekulativen Anthropologie nicht entgehen konnte, zu einem Gutteil wissenschaftlich aufgelöst – die Tatsache nämlich, dass, wie Pico della Mirandola schon im 15. Jahrhundert bemerkte, der Mensch sich nicht durch eine bestimmte Gestalt, sondern eigentlich das Fehlen einer solchen von den anderen Tieren unterscheide, und ihm somit auch kein fester Ort (lies: keine feste ökologische Nische) in der Natur zugewiesen sei, sondern er sich seinen Platz selbst bestimmen könne.[1] Johann Gottfried Herder sprach später vom Menschen als dem »ersten Freigelassenen der Schöpfung«.[2]

Zugleich wissen wir aber auch schon um den Preis, den die Menschheit zu bezahlen hatte (auch wenn wir noch nicht wissen, wie schwer er auf ihrem Budget lastet). Es hatte sich ja als eine Art ökologisches Grundprinzip gezeigt, dass relative Unabhängigkeit immer mit neuen Abhängigkeiten auf einem übergeordneten Niveau bezahlt werden muss. Wrangham unterstrich diesen Aspekt in der Diskussion seiner *cooking*-Hypothese mit eindrucksvollen Worten:

---

[1] Mirandola 1990, S. 5.   [2] Herder 1785, S. 245.

> Sich für die optimalen Nutzung von gekochten Lebensmitteln angepasst zu haben, könnte ein faustischer Pakt gewesen sein, bei dem der Nutzen von hochwertigen Lebensmitteln mit dem Verlust der Fähigkeit erkauft wurde, solche Nahrung zu verdauen, mit der andere Hominiden (wie Schimpansen und Orang-Utans) problemlos überleben können. (Wrangham 2017, S. 309)

Faust war bekanntlich einen Pakt mit dem Teufel eingegangen, den er um ein Haar mit seinem Seelenheil hätte bezahlen müssen. Ob auch die Menschheit in der letzten Szene ihrer Tragödie noch einmal die Kurve kriegt? Dies mag unfruchtbare Spekulation sein. Aber in einem Punkt ist Wranghams Metapher ernstzunehmen: Ein Faustischer Pakt ist unumkehrbar. Drei Millionen Jahre der Koevolution haben in unsere Gene eingeschrieben, dass die Zukunft für immer anders sein wird als unsere Vergangenheit. – »*Bedenk' es wohl, wir werden's nicht vergessen*«, gemahnte Mephistopheles.

2.3 Die Eigendynamik der Technik

Wir haben nun ermessen können, welch große Bedeutung die Technik für den Menschen hat. In didaktischer Hinsicht war es daher gerechtfertigt, sich eine Vorstellung von der Koevolution von Natur und Kultur, Körper und Werkzeug zu verschaffen. In systematischer Hinsicht haben wir dabei freilich den zweiten Schritt vor dem ersten genommen, nämlich die Wechselwirkung zweier Entwicklungen studiert, ohne zuvor zu klären, was jede der Entwicklungen für sich bedeutet. Für die natürliche Evolution erübrigt sich dies im Zusammenhang des vorliegenden Buches. Aber wie steht es um die kulturelle Evolution? Worin besteht sie? Kann sich die Technik unabhängig vom Menschen entwickeln? Was entwickelt sich da, wohin weist die Entwicklung, und wie funktioniert sie? Diese Fragen müssen wir nun schleunigst nachholen.

2.3.1 Kultur(R)evolutionen

›Kulturelle Evolution‹ ist ein Begriff, der große Dienste leisten, ebenso leicht aber missverstanden werden kann. Zielt er darauf, die Prinzipien der darwinschen Evolution auf die Kultur anzuwenden? Soll behauptet werden, kulturelle Fähigkeiten seien lediglich Fitness-steigernde Faktoren im Lebenskampf? Oder dass die kulturellen Merkmale – Techniken, Stile, Ideen usw. – selbst in einem darwinistischen Konkurrenzkampf stünden, aus welchem nur die Besten als Gewinner hervorgehen? Offenkundig ist es geboten, erst einmal zu klären und ausdrücklich festzuhalten, was mit dem Begriff der kulturellen Evolution nicht gemeint sein soll.

Die ersten – irreführenden – Konnotationen des Begriffs der Kulturevolution waren nicht aus der Luft gegriffen. Betrachtet man die Kultur durch die Brille der Naturgeschichte, ist ein biologischer Reduktionismus nicht abwegig. Hierin gehört z. B. Richard Dawkins Theorie des ›*extended phenotype*‹, die auf der Einsicht beruht, dass der phänotypische Ausdruck mancher Gene weit über die Sphäre des Körpers und seiner Merkmale hinausreicht.[1] Wenn ein Biber einen Damm baut, Spinnen ihre Netze, Vögel ihre Nester oder Termiten ihre beindruckenden Hügel, so tun sie dies aufgrund eines ihnen evolutionär eingeschriebenen Programms, und da sich mithin in diesen tierischen Artefakten die Gene mit derselben unnachgiebigen Kausalität ausdrücken wie in den Eigenschaften des Organismus selbst, sollten sie auch gleichberechtigt auf derselben Ebene verstanden werden, nämlich als ›erweiterter Phänotyp‹. Dawkins ist indes nicht so verwegen, die menschliche Kultur mit all ihren Errungenschaften – die Romane der Weltliteratur, gotische Kathedralen, industrielle Tiermast, Schönheitschirurgie, Internetpornographie usw. usf. – als erweiterten Phänotyp, also automatisch ablaufende Genexpression verstehen zu wollen. Aber es gibt doch viele Versuche, zumindest die der Kultur unterliegenden Fähigkeiten unmittelbar evolutionär zu begründen, und zwar nicht nur für die Technik, deren praktische Bedeutung auf der Hand liegt, sondern auch für den Bereich des Ästhetischen, der sich ja zumindest seinem Selbstverständnis nach einer Unterordnung unter das Alltagsweltlich-Praktische, Gewinnbringende und Utilitaristische versperrt. Ästhetische Gefühle, so die evolutionär informierten Psychologen, seien eine darwinistisch erworbene Hilfe bei der Auswahl sicherer Habitate, künstlerische Virtuosität sei – wie die überproportionalen Federn des Pfauenmännchens – das Produkt sexueller Selektion, weil das Menschenweibchen dem Künstlertyp halt nicht widerstehen kann, *storytelling* und Narrationen seien

---

[1] Dawkins 1999.

Instrumente, welche Gruppen die Reaktion auf neue und unerwartete Situation erleichtern, usw. usf.[1]

Diese Ansätze laden zur Diskussion ein, und wie gerne würde man sich darauf einlassen. Allein, es kann uns egal sein, ob oder wieviel Wahrheit darin enthalten ist, denn diese Form der evolutionären Erklärung von Kultur hat nichts mit kultureller Evolution zu tun. Wir haben erinnerlich die Kultur funktional definiert durch die Eröffnung eines weiteren, irreduziblen Kanals der intergenerationellen Tradierung neben dem genetischen und dem ökologischen Erbe, nämlich der Tradierung durch soziales Lernen (↑ S. 43). Sobald aber ein eigenständiger Tradierungskanal eröffnet ist, wird er eine Dynamik induzieren, die ihren eigenen irreduziblen Gesetzen gehorcht. Auch wenn letzten Endes die Entstehung und Entwicklung der Kultur sich ›irgendwie‹ in das von Darwin gelieferte Naturgemälde einfügen muss – denn schließlich hat die Natur die Kultur nach evolutionären Prinzipien hervorgebracht –, und sogar wenn man die stärkere Annahme macht, dass die Kultur in letzter Instanz nicht etwa einer *maladaption* entsprang (für welche Möglichkeit, wie wir am Beispiel des Alterns schon gesehen haben, auch in einem orthodox darwinistischen Universum durchaus Platz ist), sondern ursprünglich mit einer Fitness-steigernden Anpassung verbunden war, so sorgt die Eigenlogik des Kulturellen dafür, dass dies nicht auch für jedes einzelne Element der Kultur gelten muss. Eine solche Eigenlogik des Kulturellen blendet der Schnellschuss-Darwinismus strukturell aus. Der Begriff des *extended phenotype* wird nicht einmal der Dynamik gerecht, die sich in der Natur noch vor dem Auftauchen der Kultur allein durch das Phänomen der ökologischen Nischenkonstruktion vollzieht. Denn Dawkins Ansatz, wonach sich die Gene eines Organismus auch außerhalb des Körpers, nämlich in modifizierten Merkmalen der Umwelt ausdrücken können, hält an einer einsinnigen kausalen Determinierung fest, während der Ansatz der Nischenkonstruktion eine zyklische Kausalität zulässt, die auch evolutionäre Rückwirkungen der veränderten Umwelt auf das Erbgut der Spezies umfasst.[2]

In Hinsicht auf die kulturelle Nischenkonstruktion haben wir im vorangegangenen Abschnitt hinreichend Belege für eine substantielle

---

[1] Feist 2001, Voland und Grammer 2003, Bietti, Tilston und Bangerter 2018. [2] Laland 2004.

2.3 Die Eigendynamik der Technik

Koevolution von Kultur und Natur gesehen (↑ 2.2). Nun geht es darum, die Eigenlogik der kulturellen Nischenkonstruktion zu verstehen, die eben nur vermittelt, indirekt und unter Umständen auf eine vertrackte Weise unter Einschluss widriger Effekte mit dem großen Strom der biologischen Evolution zusammenhängt. Der für die Kultur konstitutive Mechanismus der Tradierung wird als ›soziales Lernen‹ bezeichnet und umfasst eigentlich eine ganze Familie verschiedener Mechanismen. Grundlegend ist das einfache Nachahmen der Handlungen anderer Gruppenmitglieder, wobei man noch einmal zwischen Imitation und Emulation unterscheidet.[1] Jungtiere von Menschenaffen zeigen sich im Grunde verständiger als menschliche Kinder, indem sie nicht bloß imitieren, also Handlungen getreu nachahmen, sondern dem Erfolg beobachteter Verhaltensweisen Hinweise darüber entnehmen, wie sich die Umwelt beeinflussen lässt. Wenn ein Artgenosse z. B. eine Frucht öffnet, wird ein Menschenkind die notwendigen Handgriffe imitieren, während ein Affenjunges versteht, dass Früchte Dinge sind, die sich öffnen lassen (und die sich zu öffnen lohnt), woraufhin es auf seinen eigene, improvisierte Weise versuchen wird, zu demselben Resultat zu gelangen. Während die Emulation mit einer Einsicht in objektive Eigenschaften und Möglichkeiten einherzugehen und somit intelligenter zu sein scheint, ist die sture Imitation, obgleich starrsinnig und etwas zwanghaft, vielleicht der Schlüssel zum Verständnis der menschlichen Kultur, da dieser Mechanismus es bereits erlaubt, technische Errungenschaften zu tradieren – die als solche eben nicht in Möglichkeitswissen, sondern der speziellen Mittelverwendung bestehen –, womit der Grundstein zu einer Entwicklung gelegt ist, die für ein Verständnis der menschlichen Geschichte zentral ist, nämlich der kumulativen Entwicklung. In einer sich kumulativ entwickelnden Kultur können Innovationen durch die Modifikation tradierter Techniken entstehen. Die neue Generation kann weiter blicken, nicht weil sie selbst so groß ist, sondern weil sie, nach dem Ausdruck von Robert K. Merton, ›auf den Schultern von Riesen‹ steht, nämlich dem akkumulierten Wissen der vorangegangenen Generationen.

Soziales Lernen umfasst neben der einfachen Nachahmung noch andere Mechanismen. Die älteren Artgenossen können die Techni-

---

[1] Whiten u. a. 2009.

ken bewusst vormachen, den Lernerfolg kontrollieren und die Handlung durch verbale Erläuterungen ergänzen. Wir haben es dann nicht nur mit Lernen, sondern mit Lehren zu tun. Aber auch basalere Mechanismen als die Nachahmung, nämlich eine Art ›Einsickern‹ kollektiver Gewohnheiten, sind denkbar. Wir werden später darauf zurückkommen (↓ S. 115). Natürlich wirft die Möglichkeit kultureller Tradierung, sozialen Lernens und kumulativer Kultur wiederum evolutionäre Fragen auf. Wie ist die Kulturfähigkeit entstanden, und kann man kulturelle Entwicklung nach dem Modell der darwinschen Evolution verstehen? Richerson und Boyd suchen die Entstehung einer Disposition zu sozialem Lernen und Imitation vor allem durch die instabileren Umweltbedingungen im Pleistozän zu erklären, die Instinkte unzuverlässig werden ließen, aber zugleich nicht jeder Generation die Entwicklung einer neuen Strategie abverlangten, so dass die Imitation der Älteren die ökonomischste Lösung darstellte.[1] Michael Tomasello hingegen versucht die kulturelle Evolution auf die evolutionär erworbene Fähigkeit zurückzuführen, andere Gruppenmitglieder als intentionale Akteure zu verstehen, was die Möglichkeit eröffnet, ihr Verhalten als zielgerichtete Handlungen zu begreifen und zu imitieren. Das Auftreten dieser genetischen Veränderung grenzt er zeitlich lediglich auf den Zeitraum 2 Millionen bis 200.000 Jahre v. u. Z. ein.[2] In neueren Ansätzen verweisen andere Autoren gegen solche genetischen »Blitzschläge« darauf, dass die kumulative Kultur nicht auf ein einzelnes Merkmal reduziert werden könne, sondern aus einem Bündel verschiedener Fähigkeiten resultiere, die die Kultur in einem graduellen und interaktiven Prozess mit selbstverstärkenden Bestandteilen hervorbringen.[3] Die Kultur habe sich über die Mechanismen von Imitation, individueller Innovation, einfacher Weitergabe und schließlich kontrolliertem Lehren entlang einer Achse zunehmender kumulativer Wirkung, zunehmender Entwicklungsgeschwindigkeit und zunehmender Komplexität der kulturellen Techniken und ihrer Tradierung entwickelt. Da in jedem Schritt die kulturelle Umwelt, in welcher die nächsten Schritte stattfinden, mit neuen Elementen angereichert wird, ist der gesamte Prozess selbstverstärkend, wenngleich nicht gerichtet. Wir werden in den folgenden Abschnitten diese Schablone mit konkretem Inhalt füllen.

Natürlich kann man noch einen Schritt weitergehen und fragen,

[1] Richerson und Boyd 2005, Kap. 4.   [2] Tomasello 1999.   [3] Haidle 2019.

ob auch die innere Entwicklungslogik der Kultur im Rahmen der darwinschen Evolution verstanden werden kann. Immerhin hat man es mit einem Fall von Vererbung zu tun, der also dem biologischen Mechanismus analog ist, auch wenn das Gen als materieller Träger des Erbes keine direkte Entsprechung hat. Um die Analogie zu vervollständigen, hat Richard Dawkins frei heraus die Existenz solcher kultureller Gen-Äquivalente postuliert, die er »Meme« nannte.[1] Im Gegensatz zum Ansatz des *extended phenotype* sind Meme kompatibel mit einer Eigenlogik des Kulturellen.[2] Umgekehrt trägt diese Beschreibung aber auch nichts zum konkreten Verständnis dieser Eigenlogik bei.[3] Wir können sie hier getrost ignorieren und uns auf die eigentliche Aufgabe konzentrieren, die originäre Evolution der Kultur im Allgemeinen und der Technologie im Besonderen besser zu verstehen.

2.3.2 Ein verallgemeinerter ökologischer Werkzeugbegriff

Nachdem wir nun ein erstes Verständnis davon haben, was ›kulturelle Evolution‹ bedeutet – und was wir tunlichst nicht darunter verstehen sollen –, sollten wir uns als nächstes Klarheit darüber verschaffen, was wir unter Technik, an deren Evolution wir interessiert sind, verstehen wollen. Der Begriff der Kultur kann sich als zu weit erweisen, insofern er Phänomene umfasst, die sich einer instrumentellen Deutung entziehen. Für den Begriff des Werkzeugs gilt das Umgekehrte, er könnte sich als zu eng erweisen. In der Verhaltensforschung wird Werkzeuggebrauch wie folgt verstanden (um nur eine von vielen ähnlichen Formulierungen zu zitieren):

> Werkzeuggebrauch wird allgemein definiert als die Ausübung von Kontrolle über ein willentlich handhabbares externes Objekt (das Werkzeug) mit dem Ziel, die physikalischen Eigenschaften eines anderen Objekts, einer Substanz, einer Oberfläche oder eines Mediums durch eine dynamische mechanische Interaktion zu verändern. (Mann und Sargeant 2009)

Eine solche Definition ist sinnvoll, wenn es darum geht, den Werkzeuggebrauch als empirisches Phänomen qualitativ von anderen er-

---

[1] Dawkins 1976, Kap. 11.　　[2] Laland und Odling-Smee 2001.　　[3] Kronfeldner 2009.

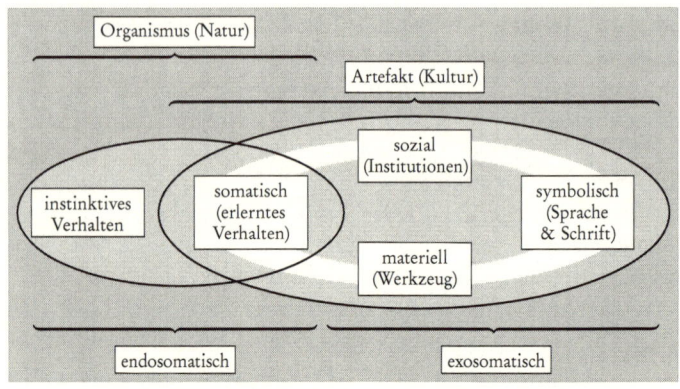

Abb. 17: Verallgemeinerter Werkzeugbegriff (Schlaudt 2022a). »Die Werkzeugtechnik ist in der Tat nur ein Bestandteil der Biotechnik als der gesamten Ausrüstung, mit welcher der Mensch sein Leben bewältigt«, insistierte auch Lewis Mumford (1967, S. 7)

lernten oder instinktiven Verhaltensweisen von Menschen und nichtmenschlichen Tieren abzuheben. Allerdings haben wir auch bereits gesehen, dass sich dieser Werkzeuggebrauch im engen Sinne in ein Ensemble weiterer Phänomene einschreibt – nämlich körperliches Verhalten, Sozialität und Sprache oder symbolisches Verhalten –, die durchaus einen instrumentellen Aspekt haben, nämlich als Mittel zu bestimmten Zwecken dienen, und somit als Dimensionen der Technik oder des technischen Verhaltens berücksichtigt werden müssen, zumal diese Dimensionen aufeinander verweisen und in der Regel nur in wechselseitiger Abstimmung, als ökologisches Ensemble, entstehen und zur Anwendung kommen können. Nicht nur impliziert die Sprache ein angesprochenes Gegenüber und somit Sozialität. Auch der Einsatz von Werkzeugen verlangt ab einem bestimmten Grad der Komplexität einen spezialisierten Verwender und somit eine soziale Differenzierung. Diesem Sachverhalt wollen wir in einem verallgemeinerten Werkzeugbegriff Rechnung tragen, der vier Dimensionen umfasst: somatische, soziale, symbolische und materielle Technik (Abb. 17).

Aus evolutionärer Perspektive betrachtet, muss der Begriff der Technik weit genug gefasst sein, um den Phänomenen gerecht zu werden. Leicht verstehen lässt er sich deshalb freilich nicht. Entsprechend sind die äußeren wie inneren begrifflichen Verhältnisse erläuterungsbedürftig. Nach Außen hin sieht man sofort, dass sich der Technikbegriff einer Einordnung in die Unterscheidung von Natur und Kultur verweigert – und zwar nicht nur, weil diese Begriffe aus evolutionärer Perspektive ohnehin keine Dichotomie bilden (sondern Kultur erinnerlich ein Gebiet der Natur mit einer relativen Autonomie und einer charakteristischen Binnenlogik darstellt), sondern auch weil die somatische Technik, also die erlernten Verhaltensweisen, es verhindert, dass wir den organischen Körper mit der Naturseite identifizieren und umgekehrt die Kulturseite nur in äußerlichen, vom Körper getrennten Artefakten lokalisieren. Dieses Verständnis von Natur und Kultur wird am besten durch die Unterscheidung zwischen endo- und exosomatischen Techniken aufgehoben, womit noch einmal der Wert dieser Begriffsbildungen erhellt. Gleichzeitig erlauben diese Begriffe uns nicht, den Bereich des Technischen sinnvoll abzugrenzen.

Was die inneren begrifflichen Verhältnisse angeht, also die Unterscheidungen verschiedener Formen des Technischen, so ist auch hier Vorsicht angezeigt. Die vier Begriffe – somatisch, sozial, symbolisch, materiell – sind als charakteristische, nicht aber sich unbedingt ausschließende Merkmale intendiert. Symbolische Technik ist immer auch materiell (das gesprochene Wort und die gezeichnete Linie) und sozial (als kommunikativer Akt), aber umgekehrt sind materielle Werkzeuge und soziale Institutionen nicht unbedingt symbolisch. Somatisches Verhalten kann symbolisch sein (Gestik und Lautsprache), aber nicht alle Symbole sind somatisch fundiert. Die vier Merkmale bezeichnen mithin Momente, die sich nicht gegenseitig ausschließen, aber sinnvoll unterschieden werden können, insofern sie sich auch nicht wechselseitig einschließen. Von ihrer evolutionären Verflechtung konnten wir uns in dem Abschnitt über die Koevolution schon einen Eindruck verschaffen, den wir in den folgenden Kapiteln stellenweise ergänzen werden.

Abschließend halten wir noch fest, dass die hier erarbeiteten und bereitgestellten Begriffe nicht dazu dienen können, in einer Menge gegebener Gegenstände und Verhaltensweisen diejenigen herauszufinden, die Techniken darstellen. Der Grund dafür ist einfach, dass es keine Technik ›an sich‹ gibt. Die Definition des Werkzeugs, von welchem wir ausgegangen sind, fasste die technischen Artefakte in der Tat als Medium und unterstellt damit einen

Organismus und eine Umwelt, zwischen denen das Werkzeug vermittelt. Um als Vermittler fungieren zu können, muss das Werkzeug aber – dies ist eine weitere implizite Annahme der Definition – zu den vermittelten Polen von Organismus und Umwelt passen. Die Passung von Organismus und Werkzeug haben wir schon berührt, als wir Leroi-Gourhans Begriff des ›Ausschwitzens‹ von Technik aus dem naturhistorischen Körper erörterten. Die befreite Hand kann endlich die Dinge ihrer Umwelt ergreifen, aber eben nur solche, die die richtige Größe und Form haben. Der Psychologe Wolfgang Köhler, der im Fortgang unserer Diskussion zusehends an Bedeutung für uns gewinnen wird, beschrieb eine ähnliche Beobachtung anlässlich seiner Experimente mit Schimpansen auf der ›Anthropoidenstation‹, welche die Preußische Akademie der Wissenschaften in den Jahren 1913–20 auf der Insel Teneriffa unterhielt. An der folgenden Stelle bringt Köhler einen Vorbehalt zum Ausdruck, wie der Gebrauch menschlicher Werkzeuge durch einen Schimpansen zu beurteilen sei, denn – so die feinsinnige Beobachtung – Schimpansen- und Menschenwerkzeuge sind nicht dasselbe:

> Die Leiter und das Brett werden [vom Schimpansen] ähnlich benutzt und leisten (wegen der greifenden Füße) nahezu dasselbe, während sie für den Menschen ganz verschiedenartig sind.

Das Zitat stammt aus der Originalpublikation in den *Abhandlungen* der Akademie von 1917. In einer durchgesehenen zweiten Publikation als Monographie wird Köhler 1921 »verschiedenartig« durch »verschiedenwertig« ersetzen.[1] Der Unterschied ist für uns wichtig. An dieser Stelle interessieren wir uns allein für die ›objektive‹ Passung, wie sie sich für einen äußeren Beobachter darstellt, und können aus dieser Perspektive mit dem Zitat von 1917 bereits festhalten, dass die Werkzeuge nur unter Berücksichtigung der körperlichen Merkmale des Werkzeugverwenders sinnvoll kategorisiert werden können. Im dritten Kapitel (↓ 3.2.1) werden wir uns fragen, wie sich diese Passung in die subjektive Wahrnehmung des Verwenders übersetzt, um die es Köhler eigentlich ging und für welche er seine Lehre des ›Funktionswerts‹ entwickelte, die uns noch ausführlich beschäftigen wird.

---

[1] Köhler 1917, S. 130, vgl. Köhler 1921, S. 119.

Zur objektiven Passung von Organismus und Werkzeug gesellt sich noch die Passung zur Umwelt, und zwar in einem doppelten Sinne, gewissermaßen rückwärts und vorwärts. Die rückwärtige Passung besteht zu den Ressourcen der Umwelt, die zur Fertigung des Werkzeugs notwendig sind. Sind sie nicht vorhanden, tritt das Werkzeug erst gar nicht in die Existenz. Die vorwärtige Passung besteht hin zu dem Ressourcenraum, den das Werkzeug in der Umwelt eröffnet. Diesen Aspekt haben wir schon berührt. Steinwerkzeug und Feuer transformieren den Nahrungsraum der Australopithecinen, und moderne Industrietechniken, insbesondere die Dampfmaschinen und die Eisenverhüttung, erschließen die Steinkohle als Ressource in demselben Maße, in welchem sie auf ihr basieren.

Das Werkzeug ist in Wahrheit also bloß ein Moment des Ganzen von Organismus-mit-Werkzeug-in-der-Umwelt (man betrachte daraufhin noch einmal Abb. 14, S. 56, vor allem das untere Bild, auf welchem alle drei Momente präsent sind). Und auch dieses Ganze ist nicht statisch zu denken, sondern weist eine historische Dynamik auf, die teils auch vom Werkzeug induziert wird. Am Ressourcenraum, der erst von dem sich entwickelnden Werkzeug erschlossen wird, ist dies leicht einzusehen, aber wir haben ja schon viele Beispiele auch für eine Koevolution von Technik und Körper kennengelernt.

2.3.3 Die Problem-Lösungs-Distanz

Nun, da wir wissen, was wir unter Technik verstehen sollen und in welchem Sinne sich von einer Evolution derselben sprechen lässt, benötigen wir drittens ein Maß, um bestimmen zu können, ob eine technische Entwicklung auf dieser Achse einem Fortschritt im Sinne eines höheren Maßes entspricht (wobei wir das Wort ›Fortschritt‹ nun allein in diesem technischen Sinne verstehen, also die Frage einer Bewertung vorerst ausklammern).

Die zeitgenössische sogenannte ›kognitive Archäologie‹ hilft uns hier weiter. Ziel dieser Disziplin ist es eigentlich, aus den vorfindlichen Artefakten Rückschlüsse über die kognitiven Fähigkeiten derjenigen zu gewinnen, die sie hergestellt haben. Um diese Frage beantworten zu können, muss man verschiedene Werkzeuge vergleichbar und kommensurabel machen. Ist eine Muschelkette komplexer als ein Speer? Ist es schwieriger, das Feuer zu domestizieren, als einen Stein

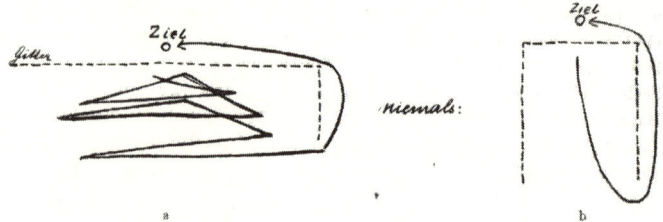

Abb. 18: Weg eines Huhns, wenn der direkte Weg zum Ziel durch ein Gitter (gestrichelte Linie) versperrt ist (Köhler 1921).

beidseitig zu bearbeiten, um einen symmetrischen Faustkeil herzustellen? Warum wurde die Nähnadel erst im Jungpaläolithikum erfunden, also nur unwesentlich vor dem Auftauchen der Kunstobjekte, die wir heute im Museum bewundern? Ohne ein entsprechendes Maß, welches einem erlaubt, verschiedene Techniken zu vergleichen und eindeutig in einer Rangliste einzuordnen, weiß man nicht einmal, wie man versuchen sollte, solche Fragen zu beantworten.

Ein weit ausgearbeiteter Vorschlag für ein solches Maß der kognitiven Komplexität findet sich in den Arbeiten der Archäologin Miriam Haidle.[1] Die Vertreterin der kognitiven Archäologie greift ihrerseits auf die wesentliche Beobachtung von Wolfgang Köhler zurück, dass sich ›intelligentes‹ Verhalten in der Fähigkeit ausdrückt, Umwege zu gehen. Zum Verständnis seines Ansatzes können wir uns den Organismus als eine einfache Reiz-Reaktions-Maschine vorstellen. Wenn in ihrem sensorischen Feld ein Objekt der Begierde auftaucht, greift oder beißt sie zu. Im Experiment versperrte Köhler allerdings den direkten Weg durch ein Gitter. Er kommentiert die in Abbildung 18 veranschaulichte Situation wie folgt:

> Ein kleines Mädchen von einem Jahr und drei Monaten, das seit wenigen Wochen allein geht, wird in eine ad hoc hergestellte Sackgasse (2 m Länge, 1½m Breite) hineingesetzt, jenseits der Absperrung vor seinen Augen ein schönes Ziel niedergelegt; es drängt erst gerade auf das Ziel zu, also gegen die Absperrung, sieht sich dann langsam um, läßt die Augen an der Sackgasse

[1] Haidle 2012, Haidle und Stolarczyk 2020.

entlang laufen, lacht plötzlich vergnügt und trottet auch schon in einem Zuge die Kurve bis zum Ziel. – Macht man ähnliche Versuche mit Hühnern, so zeigt sich sofort, daß das Umwegemachen nicht selbstverständlich, sondern eine kleine Leistung ist; Hühner sind schon in Situationen, die viel geringere Umwege verlangen als die bisher erwähnten, ganz hilflos, rennen, wenn sie das Ziel durch ein Gitter hindurch vor sich sehen, immer wieder gegen das Hindernis an, indem sie dabei unruhig hin und her fahren, und machen selbst dann ihre Sache nicht besser, wenn ihnen das Hindernis (als *ihr* Gitter) und der Hauptteil des Umweges (als um *ihren* Türflügel und durch die ihm entsprechende Öffnung) wohlbekannt ist. (Köhler 1921, S. 10)

Der Werkzeuggebrauch findet in diesem Bild einen doppelten Platz. Zum einen stellt er selbst einen Umweg dar. Nach einem Stein zu greifen, um eine Frucht aufschlagen zu können, verlangt, die Aufmerksamkeit vom eigentlichen Zielobjekt abzulenken, und sei es nur für einen Augenblick. Einmal in der Hand, erlaubt das Werkzeug zum anderen neuerliche Umwege, wo sich die Möglichkeiten des unbewehrten Körpers erschöpft haben. Dies ist der Fall, wenn das Gitter aus Abbildung 18 zum Käfig geschlossen wird, aber dem Schimpansen ein Stock zur Verfügung steht, um die außerhalb des Käfigs liegende Frucht heranzuziehen. Köhler erläutert diese zweite Stufe seiner Experimente, wobei er darauf bedacht ist, »abgenutzte« Worte wie eben »Werkzeuggebrauch« zu vermeiden:

Die Situation wird weiter erschwert: Es gibt keinen Raum möglicher Umwege mehr, ebenso ungangbar wie die gerade Verbindungslinie sind alle sonst geometrisch denkbaren Kurven [...] Soll [die] Verbindung [mit dem Ziel] doch irgendwie hergestellt werden, so kann das nur durch die Einschaltung eines materiellen Zwischengliedes geschehen. So vorsichtig muß man sich, wie wir sehen werden, der Sache nach ausdrücken; erst wenn das indirekte Verfahren mit Hilfe dritter Körper gewisse Formen annimmt, darf man im gewöhnlichen Sinn sagen: mittels eines Werkzeuges wird das Zielobjekt in Besitz genommen [...] (ebd., S. 17 f.)

Köhler spricht in diesem Zusammenhang von der »kritischen Distanz Tier-Ziel«, und damit ist das gesuchte Maß zum Greifen nah, schließlich ist die Distanz eine messbare Größe. Indes wird das Wort hier metaphorisch gebraucht, denn in Metern lässt sich der kognitive Anspruch einer Technik nicht bestimmen! Einen ersten Ansatz zur Quantifizierung bieten die sogenannten ›*chaînes opératoires*‹ oder Handlungsketten, welche, von Leroi-Gourhan bereits 1964 in *Le Geste et la parole* beiläufig erwähnt, in den 1970er und 1980er Jahren als analytisches Werkzeug in die Archäologie Eingang fanden.[1] Die Grundidee dieses Ansatzes ist, »dass jede technische Herstellung in einem Prozess besteht, dessen einzelne technische Schritte theoretisch und empirisch voneinander unterschieden werden können«.[2] Basierend auf den archäologischen Funden von Werkzeugen und Abfällen sowie experimentellen Rekonstruktionen der Herstellung werden in einem Diagramm alle Schritte und involvierten Entscheidungen als organisierte Handlungskette visualisiert: von der Beschaffung oder Auswahl des Rohmaterials über die Herstellung, Nachbearbeitung und Modifikation des Werkzeugs bis zu seinem Einsatz.

Die Glieder einer Kette lassen sich zählen, und somit bietet die Übersetzung der Distanz Tier-Ziel in eine *chaîne opératoire* ein erstes Maß für die Länge des Umweges, welchen das Tier – gegebenenfalls der Mensch – nahm, um endlich an sein Ziel zu gelangen. Allerdings scheint diese Quantifizierung dem Phänomen nicht in allen Dimensionen gerecht zu werden. Die Herstellung von Oldowan-Choppern durch die Australopithecinen scheint so etwas wie den Anfangspunkt einer genuin menschlichen Kulturtradition zu markieren. Vergleicht man sie aber mit dem Knacken von *Panda oleosa*-Nüssen durch Schimpansen, erkennt man keinen grundlegenden Unterschied,[3] während wir es bei der Herstellung eines Choppers aber immerhin mit sekundärem Werkzeuggebrauch zu tun haben! Der kognitive Anspruch, der mit letzterem verbunden ist, wird in der entsprechenden *chaîne opératoire* nicht abgebildet.

Aus diesem Grund erweiterte die Archäologin Miriam Haidle die *chaîne opératoire* zu den von ihr so genannten ›Denkprozess-Diagrammen‹ oder kurz ›Kognigrammen‹. Diese zeigen nicht nur die einzelnen Handlungsschritte in ihrer methodischen Reihenfolge, sondern schlüsseln obendrein auch die involvierten Aufmerksamkeitsfokusse

---

[1] Soressi und Geneste 2011. [2] Geneste 1992. [3] Joulian 1996.

2.3 Die Eigendynamik der Technik

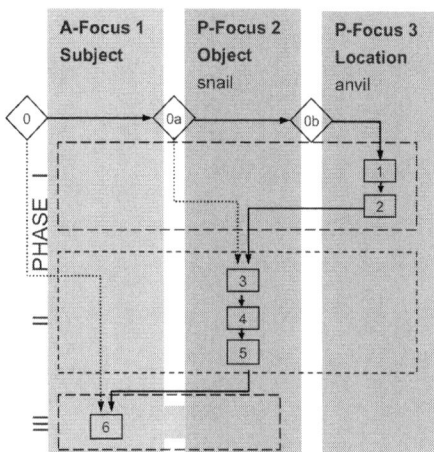

Abb. 19: Analyse des Protowerkzeuggebrauchs in einer ›Drosselschmiede‹ in Form eines Kognigramms: Eine Drossel (*subject*) schlägt ein Schneckenhaus (*snail*) auf einem als Amboss benutzten Stein (*anvil*) auf (Haidle 2012).

in je eigenen Spalten auf. Betrachten wir ein erstes, einfaches Beispiel: die ›Drosselschmiede‹ (Abb. 19). Wenn eine Drossel ein Schneckenhaus, welches sie im Schnabel hält, an einem Stein (dem Amboss) aufschlägt, involviert dieses Verhalten drei Aufmerksamkeitsfokusse: Das Subjekt selbst, welches seines Hungergefühls gewahr ist, die Schnecke, die es im Schnabel hält, und den Stein, den es als Amboss wählt. Die involvierte Wahrnehmung ist damit bereits gestaffelt: Die Drossel empfindet Hunger, wird einer Schnecke als potentieller Nahrung gewahr und identifiziert schließlich den Schlagstein. Das folgende Werkzeugverhalten kann in drei Phasen unterteilt werden, wobei diese als ein »Zusammenschluss eng miteinander verknüpfter Einzelhandlungen mit einem Zwischenergebnis« definiert sind, was bedeutet, dass man eine Phase nicht unterbrechen kann, ohne zur Erlangung des Ergebnisses ganz von Neuem beginnen zu müssen.[1] Typische Phasen sind die Suche nach Rohmaterial, die Herstellung des Werkzeugs, sein Transport, sein Gebrauch und zuletzt die Bedürfnisbefriedigung. Drei dieser Phasen lassen sich auch in der Drosselschmiede identifizieren, nämlich die Suche nach einem geeigneten Amboss, das Öffnen der Schnecke und schließlich ihr Verzehr.

Das Aufschlagen einer Nuss durch einen Schimpansen verkompli-

---

[1] Haidle 2012, S. 207.

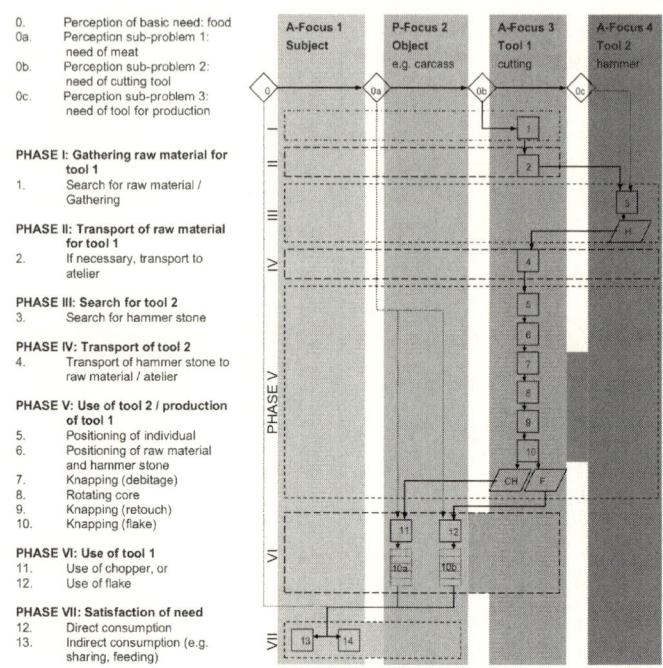

Abb. 20: Kognigramm der Herstellung und Verwendung eines Oldowan-Choppers zum Zerschneiden von Fleisch (Haidle 2012).

ziert das Bild in verschiedenen Dimensionen. Da der Amboss durch einen als Hammer eingesetzten Schlagstein ergänzt wird, muss ein vierter Aufmerksamkeitsfokus hinzugefügt werden, und da der Hammer im Gegensatz zum Amboss kontrolliert geführt werden muss, handelt es sich um einen ›aktiven‹ Fokus. Damit ist die Schwelle vom Protowerkzeuggebrauch zum eigentlichen Werkzeuggebrauch überschritten. Der eigentliche Werkzeuggebrauch verlangt die »Koordination von eigenem Handeln und aktiver Wirkfähigkeit eines Mediums«.[1] Dieser Satz, in welchem sich ein fundamentales Charakteristikum des Werkzeuggebrauchs ausdrückt, wird uns noch einiges zu denken geben.

Im Schlagen eines Oldowan-Choppers (Abb. 20) ergibt sich auf

[1] Haidle 2012, S. 185.

den ersten Blick ein ähnliches Bild. Die Zahl der Schritte übersteigt nicht die des Werkzeuggebrauchs durch Schimpansen, wie sich ja bereits in den *chaînes opératoires* gezeigt hat. Wiederum ist es die Natur der Aufmerksamkeitsfokusse, die den Unterschied macht. In der Herstellung des Choppers kommt ein weiterer Schlagstein zum Einsatz, so dass sich auch die Zahl der aktiven Fokusse um eine Einheit erhöht. In Phase V, der eigentlichen Werkzeugherstellung, sind sogar neben dem Subjekt selbst zwei Fokusse zugleich aktiv, was dem Modus des sekundären Werkzeuggebrauchs entspricht, also dem Einsatz von Werkzeugen zur Herstellung von Werkzeugen.

Auf diese Weise liefern die Kognigramme eine grobe Quantifizierung der Komplexität von Werkzeugen auf einer Achse, die Miriam Haidle als die ›Problem-Lösungs-Distanz‹ bezeichnet. Das Maß involviert wohlgemerkt verschiedene Dimensionen, die im Vergleich berücksichtigt werden müssen: die Zahl der Handlungsschritte, die Zahl der Phasen, die Zahl der aktiven und passiven Aufmerksamkeitsfokusse, endlich die Zahl der in einer Phase zugleich geöffneten Fokusse. Darüber hinaus gibt es einige Parameter, die in den Kognigrammen nicht oder nur indirekt abgebildet werden. So kann man vermuten, dass mit der Komplexität auch die zeitliche und geographische Planungstiefe zunimmt: der Prozess dauert länger, umfasst Vorbereitungsphasen und Pausen, involviert die Rohstoffbeschaffung aus immer größeren Entfernungen, wird ab einem gewissen Punkt arbeitsteilig ausgeführt, usw. usf. Insbesondere handeln die Menschen hier vorausschauend. Erinnern wir uns an dieser Stelle an Eduard Pflügers »teleologisches Causalgesetz« der Homöostase, wonach z. B. der Energie- oder Nährstoffmangel in uns das Bedürfnis auslöst, auf Nahrungssuche zu gehen (↑ S. 26). An einem Punkt ihrer Geschichte lernten die Menschen, vorausschauend zu handeln und solche Bedürfnisse zu antizipieren. Als Aussage über die Menschen ist diese Feststellung trivial. Gleiches gilt aber nicht für die Einsicht, dass es die Mechanismen der Homöostase selbst sind, die hier kulturhistorisch affiziert und geprägt werden.

Aber kommen wir zurück zu den Kognigrammen. Die derart gemessene ›Komplexität‹, über die wir hier sprechen, ist natürlich keine objektiv-physikalische Eigenschaft, die dem isoliert betrachteten Artefakt für sich zukommt. Darin unterscheidet sie sich von systemtheoretischen Komplexitätsmaßen wie z. B. dem der *dynamical depth* von

Deacon und Koutroufinis.[1] Es handelt sich um eine Komplexität *für* das werkzeugherstellende, menschliche oder nicht-menschliche Tier. Während dieser ›subjektive‹ (im Sinne von: subjekt-bezogene) Komplexitätsbegriff in der kognitiven Archäologie schon rein pragmatisch durch das Erkenntnisinteresse gerechtfertigt ist – nämlich anhand der Werkzeuge die kognitiven Fähigkeiten ihrer Produzenten zu erschließen –, so ist er darüber hinaus auch theoretisch vielversprechend, wenn man, wie wir es hier ja anregen, das Werkzeug in ökologischer Perspektive ohnehin nur als ein Moment des Ganzen von Werkzeug, Organismus und Umwelt betrachtet. Das subjektive Komplexitätsmaß öffnet uns ein Fenster auf die innere Verflochtenheit von Organismus und Werkzeug, wie wir sie im nächsten Kapitel weiter studieren werden (↓ Kap. 3).

Wendet man die Methode der Kognigramme nun auf fortgeschrittenere Technik an, werden sie schnell sehr umfangreich und vermitteln ein beeindruckendes Bild der Werkzeugkomplexität. Man werfe beispielsweise einen zweiten Blick auf die Abbildung 3, S. 13, und stelle sich das Kognigramm der noch ziemlich primitiven Luftpumpe aus dem 17. Jahrhundert vor. Allein die Grundmaterialien Holz, Messing und Glas bereitzustellen, muss hunderte Schritte umfassen! Für uns relevantere Beispiele sind etwa die Domestizierung des Feuers, die Herstellung eines Speers mit angehefteter Steinspitze, die Verwendung von Pfeil und Bogen oder das Anfertigen eines typischen jungpaläolithischen Kleinkunstobjekts, wie man sie in verschiedenen Arbeiten von Miriam Haidle analysiert findet.[2] An solchen Analysen lassen sich zwei wichtige Beobachtungen machen. Erstens erkennt man eine Art ›Selbstähnlichkeit‹: mit wachsender Größe werden die Diagramme nicht unübersichtlicher, sondern zeigen eine Tendenz zur Ausbildung von Binnenstrukturen, die man als ›Modularisierung‹ verstehen kann: einzelne Phasen werden zu autonomen Untereinheiten, die entkoppelt und rekombiniert werden können.[3] Dies ist ein Hinweis auf eine Eigendynamik technischer Entwicklungen, den wir später wieder aufgreifen werden.

Für den Augenblick ist eine andere Beobachtung wichtiger: Die Methode der Kognigramme erlaubt es nicht nur, verschiedene Techniken in eine Reihenfolge wachsender Problem-Lösungs-Distanz zu

---

[1] Deacon und Koutroufinis 2014. [2] Haidle 2009, Haidle 2012, Lombard und Haidle 2012, Haidle u. a. 2017. [3] Haidle 2019, S. 133.

2.3 Die Eigendynamik der Technik

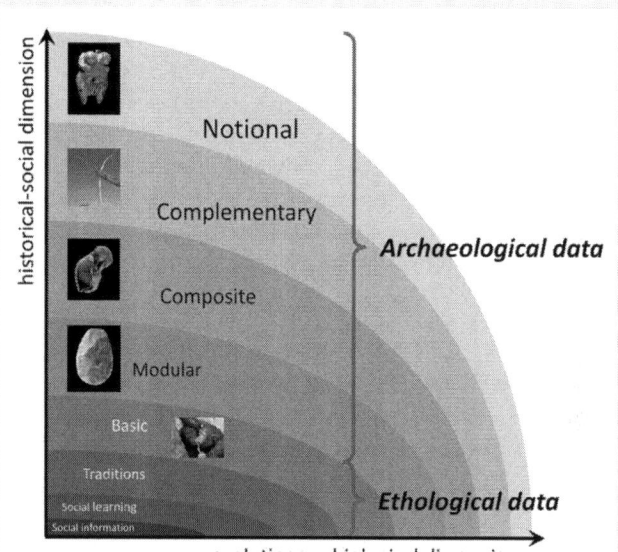

Die Entwicklung und Expansion
kultureller Kapazitäten
(EECC)

Stufe	kult. Kapazität / Werkzeugtyp	Transmissionstyp	Auftauchen
1-4	basal (einfaches Werkzeug)	kontextuelles Lernen, Emulation	Schimpansen, Krähen, etc.
5	modular, sekundär (z.B. chopper)	Imitation, soziales Lernen	< 3 Ma
6	komposit (z.B. Speer)	soziales Lernen	< 300 ka
7	komplementär (Pfeil und Bogen)	formales Lehren	< 100 ka
8	notional (Kunst, Symbole)	formales Lehren	< 40 ka

bringen und somit eine Art Kontinuum der Werkzeugentwicklung zu skizzieren, sondern auch, innerhalb dieses Kontinuums qualitative Entwicklungsschritte oder -stufen auszumachen, wie dies im Hinblick auf eine Theorie der kulturellen Entwicklung auch wünschenswert ist. Miriam Haidle und ihre Kolleginnen und Kollegen haben auf dieser Basis ein Modell entwickelt, welches acht Stufen unterscheidet und die jeweiligen unterliegenden kulturellen Kapazitäten identifiziert, das EECC-Modell der Entwicklung und Expansion kultureller Kapazitäten der Hominini, also des modernen Menschen und seiner Vorfahren (↑ Box S. 85): einfacher Werkzeuggebrauch, wie er sich auch bei manchen nicht-menschlichen Tieren findet, sekundärer Werkzeuggebrauch oder Werkzeugherstellung, wie sie in der menschlichen Entwicklungslinie mit dem *chopper* auftritt, Kompositwerkzeuge wie z. B. der Speer mit hölzernem Schaft, an welchem mit Birkenpech eine Steinspitze befestigt wird, komplementäre Werkzeugsets wie z. B. Nadel und Faden oder Pfeil und Bogen, endlich Artefakte mit symbolischer Bedeutung.[1] Je komplexer die Technik, desto höheren Ansprüchen muss auch der kulturelle Tradierungsmechanismus genügen. Ab einem bestimmten Punkt dürfte die Transmission ohne Sprache nicht mehr möglich gewesen sein.

Der Soziologe Davor Löffler hat kürzlich in seinem monumentalen Werk *Generative Realitäten I* vorgeschlagen, das Modell der Erweiterung kultureller Kapazitäten von der prähistorischen Entwicklung auf die Zivilisationsgeschichte zu übertragen. Als allgemeines Entwicklungsmuster, das Vor- und Zivilisationsgeschichte überspannt, identifiziert er die von ihm sogenannte ›prozessumulative Rekursion‹, die darin besteht, Fähigkeiten früherer Entwicklungsstadien in einem Objekt zu kondensieren und rekursiv in die Kultur zu reintegrieren, womit jeweils eine höhere Entwicklungsstufe erreicht wird. Die Komposittechnik des Speers und die gesamte Praxis des Speerwurfs werden in Form des Pfeils in die Komplementärtechnik von Pfeil und Bogen integriert. Die Schrift kann man als kondensierte Praxis der Oralität verstehen, die in Form eines Objekts zum zentralen Medium einer neuen Kulturstufe wird. Im Übergang zur Zivilisationsgeschichte verändern sich natürlich die Operationsketten, da sie zunehmend symbolische Kommunikation und sogar ideelle Objekte

---

[1] Haidle und Conard 2011, Haidle 2013, Haidle u. a. 2015, Haidle, Conard und Bolus 2016, Haidle 2019.

Epoche	Medium	Wissensform	Kognitionsform
Frühe Hochkulturen	Piktogramme	Pragmatisches Rezeptwissen, Mythos	konkret-operational
Achsenzeit Antikes Griechenland	Alphabet	Argument, Beweis, Philosophie	abstrakt-operational
Neuzeit ab ca. 1400	Buchdruck	Empirismus, Rationalität, Wissenschaft	formal-operational
Technologische Zivilisation ab ca. 1870	Computer	Kybernetik, technoscience	system- / generativ-operational

Tab. 2: Die Erweiterung des EECC-Modells von der prähistorischen auf die historische Kultur und ihre von Arno Bammé (2011) identifizierten ›achsenzeitlichen Zäsuren‹ nach Davor Löffler (2019).

wie Theorien involvieren. An die Stelle der archäologischen Artefakte, die sich noch in Kognigrammen abbilden ließen, treten nun als Indikatoren der Entwicklungsstufe vor allem die einschlägigen Medientypen, wie sie in der obigen Tabelle benannt sind (Tab. 2).

Davor Löfflers Modell der Erweiterung ›zivilisatorischer Kapazitäten‹ zeigt noch einmal sehr plastisch, worauf es schon im EECC-Modell ankam: jede Stufe baut auf der vorangegangenen auf (daher die Rede von der ›Rekursion‹). Die Techniken müssen nicht neu erfunden werden, sondern gehen in einen kulturell tradierten Bestand ein, der als Nährboden neuer Erfindungen dient. Die ›cultural carrying capacity‹ steigt an.[1] Dadurch wird eine sich selbst beschleunigende Entwicklung losgetreten – die technische Entwicklung wird ›autokatalytisch‹[2] –, was endlich das enorme Entwicklungstempo der menschlichen Kultur im Vergleich zu dem biologischen Evolutionsgeschehen erklärt (wir werden in Kapitel 3 darauf zurückkommen und die zugrundeliegenden Mechanismen besser verstehen). André Leroi-Gourhan konnte diesen Effekt schon an paläolithischen Steinwerkzeugen nachweisen (Abb. 21, links): Die Gesamtlänge von

[1] Kolodny, Creanza und Feldman 2016. [2] Stout 2011.

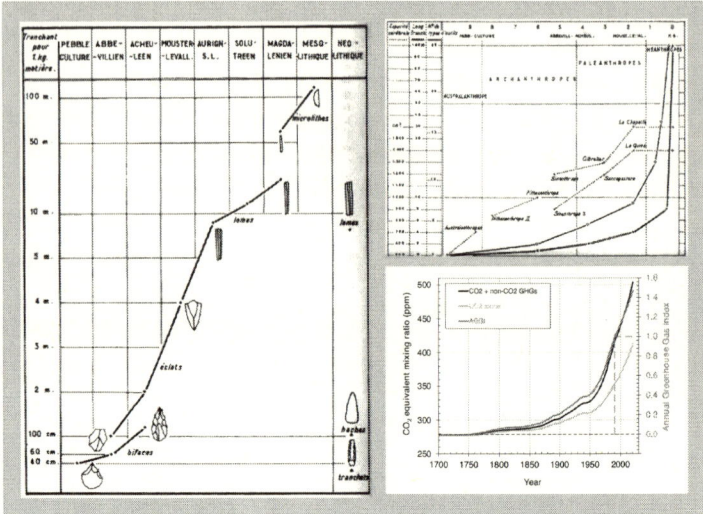

Abb. 21: Die »große Beschleunigung«. Links: die relative Länge der Schnittkante, die zu verschiedenen Zeitpunkten des Paläolithikums aus einem Kilogramm Feuerstein gewonnen werden konnte (Leroi-Gourhan 1964, vgl. Enquist u. a. 2008 und Perreault u. a. 2013); rechts oben: das Hirnvolumen als Funktion der Schnittkantenlänge (Leroi-Gourhan 1964): rechts unten: die atmosphärische Konzentration von Treibhausgasen seit 1700.

schneidenden Kanten, die man durch Abschlagen aus einem Kilogramm Feuerstein gewinnen kann, wächst mit zunehmender Geschwindigkeit (also fast exponentiell). Zugleich sieht man noch einmal auf beeindruckende Weise die Verschränkung von biologischer und kultureller Evolution, denn die wachsende (aggregierte) Klingenlänge ist selbst noch einmal mit den Wachstumsraten des Hirnvolumens korreliert (Abb. 21, rechts).

Aber noch eine zweite wichtige Beobachtung, die uns zu denken geben sollte, lässt sich an diesen Befunden machen. Die Form des sich beschleunigenden Wachstums des Technischen kennen wir ja schon, denn sie stand am Anfang dieses Buches: auch die Gesamtmasse der Technosphäre wächst immer schneller an (Abb. 2, S. 9)! Tatsächlich lässt sich dieses Wachstumsmuster im 20. Jahrhundert an etlichen Indikatoren anthropogener Aktivität beobachten: Weltbevölkerung, Primärenergieverbrauch, Bruttoinlandsprodukt, Zahl der Kraftfahrzeuge, Zahl der Staudämme, Zahl der Mobiltelefone, usw. usf. Für die ökologischen Folgen gilt dasselbe. Auch die atmosphärische Konzentration von Treibhausgasen – also des gasförmigen Abfalls unseres exosomatischen Stoffwechsels – weist ein beschleunigtes Wachstum auf (wiederum Abb. 21). Man spricht in der Literatur von der ›great acceleration‹, und viele Wissenschaftler berufen sich auf diese Dynamik, um zu begründen, warum der Beginn des Anthropozäns in der Neuzeit, irgendwann zwischen 1750 und 1950, festgesetzt werden sollte.[1] Im Vergleich mit der technischen Dynamik des Paläolithikums zeigt sich aber, dass dieses Argument einer Art optischer Täuschung aufzusitzen droht, die mit der Selbstähnlichkeit beschleunigten Wachstums (technisch ausgedrückt: der Skaleninvarianz von Potenzgesetzen) zu tun hat. Der Beginn eines solchen Wachstums sieht im Diagramm unspektakulär aus. Wählt man aber innerhalb eines solchen Geschehens einen beliebigen Abschnitt aus, um auf diesen zu zoomen, so reproduziert sich innerhalb dieses Ausschnitts das ursprüngliche Bild eines sich beschleunigenden Anstiegs.[2] Aus jeder Entfernung sieht man dasselbe Bild. Zwar sind die absoluten Werte am Anfang verschwindend klein, aber die Dynamik ist überall die des beschleunigten Wachstums.

Diese strukturelle Eigenheit des sich beschleunigenden Wachstums verführt dazu, ältere Zeitabschnitte zu unterschätzen und die *great acceleration* für ein modernes Phänomen zu halten, das im 18. oder sogar erst im 20. Jahrhundert einsetzt. Auch innerhalb der Archäologie verführt die spektakuläre kulturelle Explosion des Jungpaläolithikums (45–12.000 Jahre v.u.Z.) mit dem Auftauchen von Kunst, Symbolik und allgemein der ›behavioural modernity‹ dazu, die Dynamik der frühen Altsteinzeit zu unterschätzen, die zwar in absoluten Zahlen gering war, aber eben doch schon das Muster des kumulativen und folglich sich beschleunigenden Wachstums aufwies. Wenn man sich also fragt, ab welchem Zeitpunkt die Katastrophe ihren Lauf genommen hat – und wo man als Zeitreisender eingreifen müsste, um die Menschheit vor sich selbst zu bewahren –, so ist gar nicht mehr so einfach zu sagen, ob die richtige Antwort »1950« oder »vor drei Millionen Jahren« lautet. Dem schon sehr frühen, bereits im Jungpaläolithikum nachweisbaren Einfluss menschlicher Aktivitäten etwa durch Abholzungen oder Bejagung der Megafauna trägt der Begriff des ›Paläoanthropozäns‹ Rechnung, wobei aus dieser Per-

---

[1] Steffen u. a. 2011, Sieferle 1997, S. 186.   [2] Bonneuil und Fressoz 2016, S. 54.

spektive eben nicht die absolute Größe der Umweltbeeinflussung als Maßstab zählt, sondern die Tatsache, dass in dieser Periode bereits die Dynamik der (kulturell, nämlich technisch und symbolisch vermittelten) ökologischen Nischenkonstruktion wirksam ist.[1] Schon 1873 sprach der italienische Geologe Antonio Stoppani vom Erdzeitalter des ›Anthropozoic‹, und in den 1920er Jahren schlug der sowjetische Geologe Alexei Pavlov den Namen des ›Anthropogen‹ für das die letzten drei Millionen Jahre umfassende Quartär vor.[2] Die Technik ist schon sehr lange ein bestimmender Faktor – nicht nur in der biologischen Evolution des Menschen, sondern auch in seiner ökologischen Nischenkonstruktion. Kulturelles, biologisches und ökologisches Erbe (↑ Tab. 1, S. 44) greifen im Technozän tief ineinander.

2.3.4 Das Eigenleben der Technik: Exaptation und Agency

Wir sind in unserer Darstellung der Koevolution von Mensch und Technik nun schon ziemlich weit gekommen: Wir haben gesehen, wo die Technik herkommt, welchen Einfluss sie auf die biologische Entwicklungstrajektorie des menschlichen Körpers hatte, und auch, wie wir ihre eigene Evolution bemessen und die unterliegenden Mechanismen verstehen können. Eine letzte Frage, die aber auch in technikphilosophischer Hinsicht zentral ist, blieb indes noch unbeantwortet – oder vielmehr: wir haben diese Frage bisher nicht einmal gestellt. Wir wissen zwar schon, dass die kumulativen Effekte der Kultur von den sozialen Tradierungsmechanismen – lernen und lehren – abhängen. Aber wo kommen die tradierten Inhalte eigentlich her?

Hier treffen wir auf eine Lücke, und sie zu füllen ist Aufgabe einer Theorie der Erfindung oder ›Invention‹ (man unterscheidet erinnerlich die Invention im engeren Sinne von der Innovation als der Verbreitung und Akzeptanz einer Invention in einer Population, ↑ S. 18). Aber lässt sich über diesen Gegenstand überhaupt etwas Verbindliches und Informatives sagen? Gemeinhin werden Erfindungen und Erkenntnisse dem ›Geistesblitz‹ des glücklichen Urhebers zugeschrieben, womit ihre Wurzeln im Dunkeln einer black box verschwinden. Die Rationalität setzt erst nach der Erfindung ein, wenn es nämlich dazu kommt, sie zu verstehen, zu evaluieren, zu lehren und zu ver-

---

[1] Foley u. a. 2013, Smith und Zeder 2013. [2] Gerasimov 1979, Rull 2017.

breiten. Der Schöpfungsakt selbst ist irrational und damit auch nicht Gegenstand von Theoriebildung – scheint's.

Gegen diese Sichtweise, die die Geschichte der Menschheit, ihrer Kultur und ihrer Erkenntnisse als eine Reihe ›genialer Einfälle großer Männer‹ vorstellt, ist vieles einzuwenden. Begnügen wir uns mit dem Hinweis, dass auch die begabtesten Personen nicht im Vakuum agieren, sondern auf der Grundlage kultureller Ressourcen, eines allgemeinen ›Humus‹, was man schon daran ablesen kann, dass die relevanten Erfindungen einer Zeit oft mehrfach unabhängig voneinander gemacht wurden, also gleichsam ›in der Luft lagen‹.

Wie kommt es also dazu, dass für eine Erfindung ›die Zeit reif‹ ist und sie in die Reichweite einer Kultur gelangt? Auf diese Frage versuchte André Leroi-Gourhan mit dem Begriff des ›*milieu favorable*‹, also des ›günstigen Umfelds‹, zu antworten. Die Kraft dieses Ansatzes macht man sich am besten an einem Beispiel klar. Woher stammt beispielsweise die ›heiße‹ Metallgewinnung, also die Reduktion von Erzen unter Hitzeeinwirkung (im Gegensatz zur Verarbeitung von Metallen wie Kupfer oder Gold, die in der Natur auch in gediegenem Zustand vorkommen)? Ein Geistesblitz? Vielleicht ein bloßer Zufall? Nun, der Zufall hat immer seine Hand im Spiel, aber manche Zufälle geschehen oder sind sogar wahrscheinlich, während andere ausgeschlossen sind. In einer Kultur ohne Feuer ist die heiße Metallverarbeitung unmöglich. Anders sieht es allerdings in einem Haushalt der neolithischen Revolution aus. Hier hat man nicht nur schon längst das Feuer domestiziert, sondern weiß inzwischen auch sehr hohe Temperaturen zu erzeugen, wie man sie zum Brennen von Keramik benötigt. Verschiedene Metalloxide sind in einem ordentlichen Haushalt auch vorhanden, weil man sie zerstößt, um Farbpigmente zu gewinnen.

Nun ahnt man schon das Ende der Geschichte: die heiße Metallverarbeitung wird in diesem Umfeld zu einer objektiven Möglichkeit. Dass sie nun auch subjektiv erfahren und ergriffen wird, ist, so möchte man sagen, bloß noch eine Frage der Zeit, und Zeit haben wir in der Vorgeschichte im Übermaß. Setzen wir uns also zu unserer neolithischen Familie ans Feuer, warten – wenn es sein muss zig Generationen lang – und lassen den Zufall gewähren...

Soll dies bedeuten, dass alle Inventionen, die objektiv möglich sind, mit der Zeit per Automatismus auch Wirklichkeit werden müssen?

Es lassen sich zumindest Faktoren ausdenken, die dem entgegenstehen, und diese Faktoren zu identifizieren, führt zu einer grundlegenden begrifflichen Einsicht. Wenn man sich die Situation in unserem neolithischen Haushalt mit etwas Phantasie ausmalt, kann man sich z. B. vorstellen, dass Metallerze und Farbpigmente schwer zu beschaffen sind und gut verwahrt werden. Sie ins Feuer zu schütten könnte eher Empörung und Strafe denn Neugier und Entdeckerlust auslösen. – Dies sind freilich bloße Lehnstuhlspekulationen. Gleichwohl führen sie ans Ziel: die sozialen Normen, die der kreativen Entfaltung des ›günstigen Umfelds‹ entgegenstehen, sind gegen die *falsche* Verwendung der Werkzeuge gerichtet, und genau dies ist der implizite Kern dieser Inventionstheorie: Invention ist falsche Werkzeugverwendung. Invention ist keine *creatio ex nihilo*, keine Schaffung aus dem Nichts, sondern durchaus eine Schaffung aus den bestehenden Ressourcen. Aber damit aus den alten Ressourcen das Neue entstehen kann, müssen sie ›falsch‹ verwendet werden.

Die Evolutionslehre hat schon längst einen Begriff für diesen Mechanismus geschaffen. 1982 prägten die Paläontologen und Evolutionsbiologen Stephen J. Gould (den wir ja schon kennengelernt haben) und Elisabeth Vrba das Wort der ›Exaptation‹ als Komplement der klassisch-darwinschen Adaptation und meinten damit die Verwendung alter Mittel zu neuen Zwecken:

> Wir schlagen vor, dass solche Merkmale, die sich für andere Zwecke (oder für gar keine Funktion) entwickelt haben und später für ihre derzeitige Rolle ›kooptiert‹ werden, als Exaptionen bezeichnet werden. [...] Sie sind für ihre derzeitige Rolle geeignet, also *aptus*, aber sie wurden nicht dafür entworfen und sind daher nicht *ad aptus*, also auf ihre Eignung ausgerichtet. Sie verdanken ihre Tauglichkeit den Merkmalen, die aus anderen Gründen vorhanden sind, und sind daher tauglich (aptus) aufgrund (ex) ihrer Form, oder *ex aptus*. (Gould und Vrba 1982, S. 6)

Wie man dem Zitat entnimmt, umfasst die Exaptation streng genommen zwei Fälle, nämlich die Umfunktionierung oder Zweckentfremdung einer bestehenden Funktion, und die funktionale Verwertung eines vormals funktionslosen Merkmals. Am Beispiel des Alterns haben wir ja schon gesehen, dass auch in dem von der darwinschen Evolution beherrschten Naturreich nicht alle Dinge streng funktional ausgerichtet sind, sondern es auch *maladaptions* oder einfach funktionslose Nebenprodukte geben kann. Gould und Vrba präsentieren eine ganze Liste möglicher Kandidaten für Exaptationen. Besonders eindrücklich ist das Beispiel der Federn, die bei dem Urvogel Archaeopteryx ursprünglich zur Thermoregulation oder der Insektenjagd gedient hätten und erst später als Fluginstrumente kooptiert worden seien. Aus unserer eigenen Geschichte haben wir weitere Beispiele kennengelernt: die Verwandlung der Hand von einem Organ der Lokomotion zu einem des Greifens, die von Lippen und Mund von einem Organ des Greifens (Grasens) zu dem des Sprechens. Auch im Gehirn finden Exaptationen statt, vor allem in kulturellen Praktiken, die sich auf einer kulturhistorischen Zeitskala entwickeln, so dass die biologische Evolution des Gehirns diesen hinterherhinkt. So vermutet man, dass in der nur wenige tausend Jahre alten Technik des Lesens Gehirnmodule der Mustererkennung kooptiert werden (was der Grund dafür ist, dass Kinder oft Schwierigkeiten haben, die Buchstaben ›p‹ und ›q‹ oder ›b‹ und ›d‹ zu unterscheiden, da das Gehirn ungeachtet der achsensymmetrischen Spiegelung dasselbe Muster erkennt, was ihm für das kompetente Lesen erst aberzogen werden muss). Man spricht von ›neuronalem‹ oder auch ›kulturellem Recycling‹.[1]

Just für den zweiten Fall – die funktionale Verwertung eines ursprünglich funktionslosen Nebenprodukts – führte Gould, nun mit Richard Lewontin als Koautor, aber kein biologisches, sondern ein kulturelles Beispiel an, nämlich eines aus der Architektur.[2] Spandrillen oder Bogenzwickel sind statisch funktionslose, dreieckige Freiflächen, die entstehen, wenn Säulen ein Bogengewölbe tragen (entweder in gerader Linie, wie in Abb. 22, oder aber in rechtem Winkel, wenn vier Säulen eine Kuppel tragen, was dann zu räumlich gewölbten Spandrillen führt). Einmal vorhanden, bietet sich die freie Fläche als Träger von Dekorationen an. Schlussendlich kann der Eindruck entstehen, die Spandrillen seien für diesen Zweck konzipiert worden – also Adaptationen zu den ästhetischen Zwecken –, aber in Wahrheit sind sie funktionslose Nebenprodukte einer geometrischen Notwendigkeit, die gestalterisch exaptiert wurden.

Das kulturhistorische Beispiel sollte bei Gould und Kollegen

---

[1] Dehaene 2005, Dehaene und Cohen 2007.   [2] Gould und Lewontin 1979, vgl. Gould 1997.

Abb. 22: Spandrille oder Bogenwickel aus der Hagia Sophia, nach Jones 1856. Spandrillen sind ein architektonisches Beiprodukt ohne bauliche Aufgabe, welches aber eine ästhetische Funktion als Träger von Dekorationen erlangt. Funktionen sind keine historischen Konstanten, sondern entstehen, verwandeln sich und können auch wieder verschwinden.

nur der Illustration eines Effekts dienen, um dessen Wirksamkeit es letztendlich allein in der biologischen Evolutionsgeschichte ging. Tatsächlich aber ist die Kultur- und Technikgeschichte ein nicht weniger relevantes Anwendungsgebiet, in welchem Exaptationen sogar sehr viel einfacher identifiziert werden können, insofern der ursprüngliche Zweck (oder die ursprüngliche Zweckfreiheit) und somit das wirkliche Vorliegen einer Umfunktionierung sicherer festgestellt werden kann.[1]

Dies bedeutet freilich nicht, dass die Anwendung des Begriffs der Exaptation in der Kulturgeschichte reibungslos verläuft. Die Zumutung, die dieser Begriff für unser Denken bedeutet, macht man sich am besten an einem Beispiel klar. Der Ethnologe Lucien Lévy-Bruhl hat die Schwierigkeiten an dem Fall der Entwicklung von Zahlwörtern herausgearbeitet. Er stützte sich dabei auf ethnologische Beobachtungen über indigene Zähltechniken, die darin bestehen, jeder gezählten Einheit ein Körperteil zuzuordnen, beginnend mit den Fingern der linken Hand, weiter den Arm hinauf, über Schultern und Kopf, um schließlich, den rechten Arm hinabsteigend, an den Fingern der rechten Hand anzukommen. Diese Zähltechnik kommt wohlgemerkt ohne Zahlwörter aus, denn die verwendeten Wörter sind schlicht die Namen der Körperteile. Offenkundig müssen die

---

[1] Larson u. a. 2013 und Pievani und Sanguettoli 2020.

eigentlichen Zahlwörter aus dieser Technik erwachsen sein, nämlich gerade durch eine Exaptation oder Umfunktionierung. Aber diese Feststellung ist mit der intellektuellen Zumutung verbunden, die Kulturgeschichte gegen die uns evidenten Zweckbeziehungen zu denken, wie Lévy-Bruhl festhielt:

> Der Irrtum besteht darin, sich den menschlichen Geist so vorzustellen, als ob er die Zahlen zum Zählen konstruiere, während im Gegenteil die Menschen zuerst mühsam und mit großem Kraftaufwand zählen, bevor sie den Begriff der Zahl als solcher erfassen. [...]
>
> Kurz – so paradox dieser Schluß auch scheinen mag, er ist dennoch wahr – in den niedrigen Gesellschaften hat der Mensch durch lange Zeiten hindurch gezählt, bevor er Zahlen gehabt hat. (Lévy-Bruhl 1921, S. 178 und S. 176)

Es ist nützlich, sich klar zu machen, worin genau der Anschein des Paradoxen besteht. ›Zählen‹ verstehen wir gemeinhin als eine Anwendung von Zahlen zur Bestimmung der Kardinalität von Mengen. So definiert, kann es kein Zählen ohne Zahlen geben. Die sowjetische Logikerin Sof'ja A. Janovskaja hat die Wurzel dieses Problems treffend als einen ›Umschlag‹ oder eine ›Verkehrung‹ der Rollen beschrieben: Die Zahlen entstehen erst historisch sekundär aus dem Zählen, aber sind sie einmal da, schlagen die Rollen um, und es muss wirken, als ob sie dem Zählen als logische Voraussetzung vorangingen.[1]

Entscheidend ist hier das ›als ob‹ und die ihm entspringende Illusion. Exaptationen verstehen zu wollen, bedeutet, gegen solche Illusionen anzudenken. Die Literatur kennt viele lehrreiche Beispiele. Michel Foucault erzählte die Geschichte der gesellschaftlichen Institutionen als eine Geschichte von Exaptationen, in welchen Gesellschaften, die sich in neuen Situationen wiederfinden und mit neuartigen Problemen umgehen müssen, improvisierend auf die bestehenden Ressourcen zurückgreifen und diese zweckentfremden. Das Gefängnis kennen wir als eine Straf- und Besserungsanstalt. Tatsächlich aber existierte diese Institution schon vor der modernen Kriminologie, nämlich als Kerker, der dazu diente, Feinde unschädlich zu machen oder Schuldner festzusetzen. Erst mit einer grundlegenden Ver-

---
[1] Janovskaja 2013, S. 103 f., vgl. Schlaudt 2013.

änderung der Gesellschaft und ihrer Herrschaftsstrukturen, welche es notwendig machte, die öffentliche körperliche Züchtigung durch eine im Wesentlichen erzieherische Maßnahme zu ersetzen, entstand die Notwendigkeit einer entsprechenden Institution, für welche das alte Kerkerwesen kooptiert wurde, so wie die alten Namen von Körperteilen für das Zählen kooptiert wurden.[1] Mittel existieren also nicht unbedingt für ihre Zwecke, sondern möglicherweise vor den Zwecken, für welche sie kooptiert werden. Eine ähnliche Geschichte erzählte David Graeber über Schulden und Geld, indem er die Mittel-Zweck-Reihe gegen den Strich bürstete. Nicht entstand das Geld für die Erleichterung des Warentauschs und ermöglichte somit den Kredit – vielmehr »ging das Kreditsystem der Erfindung der Münze voraus, [...] und Warentausch scheint umgekehrt weitgehend ein zufälliges Nebenprodukt des Gebrauchs von Papiergeld zu sein«.[2] Zitieren wir als letztes Beispiel Friedrich Engels' These, dass auch die monogame Ehe, die ursprünglich als »Unterjochung des einen Geschlechts durch das andere« auftrat, »von allen bekannten Familienformen diejenige war, unter der allein sich die moderne Geschlechtsliebe entwickeln konnte«.[3] Das Mittel bringt seine eigenen Zwecke hervor, und was für die Unterdrückung der Frau bestimmt war, gebiert schließlich das Ideal der romantischen Liebe.

Die Wörter der Sprache, das Gefängnis, das Geld, die Ehe – alles Beispiele für Symbole und Institutionen, also Werkzeuge im verallgemeinerten Verständnis, die zwar für uns heute die Illusion erzeugen, eine bestimmte Bedeutung und einen bestimmten Zweck zu haben. Aber in Wirklichkeit haben sie nicht nur keinen historisch fixierten Zweck (»*no essential meaning*«, »*nothing is fundamental*«, gab Foucault als exaptationistische Parole aus[4]), sondern – und dies ist aus technikphilosophischer Perspektive nun durchaus wesentlich – sie tragen zur Dynamik der Zwecke in der Kulturgeschichte bei! Diesem Sachverhalt wird in der zeitgenössischen Kulturwissenschaft durch den Begriff der ›*agency*‹ kultureller Artefakte Rechnung getragen, also einer ›Eigenwilligkeit‹. Aber die animistische Metapher lässt sich leicht auflösen: Alle Artefakte (im Sinne des verallgemeinerten Werkzeugbegriffs) sind als wirkliche, materielle Gegenstände reicher als die jeweilige Eignung

---

[1] Foucault 1975.   [2] Graeber 2011, S. 38 ff.   [3] Engels 1896, S. 36 und S. 39.
[4] Rabinow 1984, S. 84 und S. 247.

zu einem bestimmten Zweck, zu welchem sie angeeignet wurden und eingesetzt werden. Die materielle Wirklichkeit ist niemals vollständig angeeignet, sondern besitzt Seiten, die sich der menschlichen Kontrolle entziehen – und als Ressource neuer Zweckmäßigkeiten dienen.[1]

Artefakte lassen sich mithin niemals unter einen Zweck subsumieren, sondern verweisen ›in potentia‹ immer auch auf andere Zwecke. Die Namen der Körperteile enthielten allein aufgrund der Tatsache ihrer festgefügten Reihenfolge schon immer die Möglichkeit des Zählens, usw. Der Begriff der *agency* fungiert dabei als Gegenstück zum ökologischen Begriff der Beziehung. Hatten wir eingangs festgehalten, dass die Vorstellung von selbständigen Dingen naiv ist, da Dinge eigentlich nur Momente eines ökologischen Ganzen von Beziehungen sind (↑ 1.2, S. 12), so gibt der Begriff der *agency* – mit Bruno Latour gesprochen – »den Dingen ihr Gewicht zurück«.[2] Aus einer vollumfänglichen Perspektive betrachtet sind die Dinge also etwas ganz anderes als sie schienen, nämlich zugleich mit weniger und mehr Realität versehen, als wir dachten. Stellten wir sie uns als eigenständige, aber passive Entitäten vor, denen der menschliche Geist als einzig aktives Wesen gegenübersteht, müssen wir einsehen, dass sie unselbständig, aber durchaus aktiv sind – sie sind bloße Momente in einem Geflecht von Beziehungen, aber sie führen ihr Eigenleben und wirken im Beziehungsgefüge als dynamische Faktoren.

Der Begriff der Exaptation, ursprünglich als biologische Spezialvokabel eingeführt, hat das Zeug, unser Weltbild zu erschüttern: sehen wir durch seine Brille auf die Welt, so haben die Institutionen keinen sicheren Zweck mehr, aber dafür beginnt das gesamte Mobiliar der Welt ein gespenstisches Eigenleben. Uns interessiert hier freilich genauer die Koevolution von Mensch und Technik, aber auch in dieser Hinsicht sind einige Konsequenzen festzuhalten. Als erstes können wir feststellen, dass der Mechanismus der Exaptation ein dynamisches Element in die Theorie kultureller Kapazitäten einführt. Das EECC-Modell bietet ja tatsächlich erst einmal nur einen Analyserahmen zur Unterscheidung und Identifizierung diskreter Entwicklungsstufen. Worin der eigentliche Motor der Entwicklung besteht, lässt dieses Modell offen. Davor Löfflers Weiterentwicklung benennt zwar mit der ›prozessemulativen Rekursion‹ ein allgemeines Muster, aber

---

[1] McLaughlin 2014.   [2] Latour 2007, S. 49.

dieses steht unter der Prämisse fixierter Zwecke. Die Technik von Pfeil und Bogen kann als rekursive Integration des Speerwurfs in eine entwickeltere Technologie verstanden werden, weil der Pfeil auch die Zwecksetzung des Speers beerbt. Demgegenüber haben wir an vielen Beispielen gesehen, dass die Zweckentfremdung einen wesentlichen Teil der kulturellen Dynamik ausmacht. Miriam Haidles Beschreibung des Werkzeuggebrauchs als »Koordination von eigenem Handeln und aktiver Wirkfähigkeit eines Mediums« (↑ S. 82) begreift indes das Werkzeug implizit bereits als eine materielle *agency*, mithin als Reservoir möglicher Exaptationen, weshalb die Theorie der Exaptation mit dem EECC-Modell leicht kombiniert werden kann.

Diese Dynamisierung des EECC-Modells geht mit einer bemerkenswerten Modifikation einher, und dies ist die zweite wichtige Konsequenz. Wie die gesamte Literatur zur kulturellen Evolution und zur Koevolution von Natur und Kultur, so betont auch das Modell der kulturellen Kapazitäten das soziale Lernen als den fundamentalen Transmissionsmechanismus. Aber dieser Transmissionsmechanismus engt die Möglichkeit von Innovation und somit der Dynamik der Entstehung des Neuen stark ein, und zwar auf ein Modell, welches den Biologen von Lamarck bekannt ist. Der Begründer der modernen Zoologie Jean-Baptiste de Lamarck ist bekanntlich davon ausgegangen, dass sich die zweckmäßige Gestalt der Organismen der zielgerichteten Anstrengung von Individuen verdanken, welche die Früchte ihrer Bemühungen an die nächste Generation weitergeben. Ein schönes Beispiel ist der lange Hals der Giraffe:

> Es ist bekannt, dass dieses Thier, das grösste unter den Säugetieren, im Innern Afrikas wohnt und in Gegenden lebt, wo der beinahe immer trockene und kräuterlose Boden es zwingt, das Laub der Bäume abzufressen und sich beständig anzustrengen, dasselbe zu erreichen. Aus dieser seit langer Zeit angenommenen Gewohnheit hat sich ergeben, dass bei den Individuen ihrer Race die Vorderbeine länger als die Hinterbeine geworden sind und dass ihr Hals sich dermassen verlängert hat, dass die Giraffe, ohne sich auf ihre Hinterbeine zu stellen, wenn sie ihren Kopf aufrichtet, eine Höhe von sechs Metern (beinahe zwanzig Fuss) erreicht. (Lamarck 1876, S. 132 f.)

Das Muster ist klar: Generierung des Neuen in der Lebensspanne, ge-

2.3 Die Eigendynamik der Technik

treue Transmission in den Grundbestand der nächsten Generation. – Nun weiß man allerdings auch, dass Darwin eine andere Erklärung der Zweckmäßigkeit in der Natur vorgeschlagen hat, welcher die Biologie – neuere Erkenntnisse zur Epigenetik einmal ausgeklammert[1] – den Vorzug gegeben hat, und die sich im Kontrast als das genaue Gegenteil des Lamarckschen Mechanismus darstellt: Nach Darwin entspringt das Neue einer fehlerhaften Transmission (die Mutation) und wird von der nächsten Generation auf seinen Nutzen evaluiert (Selektion). Sprechen wir aber über kulturelle Evolution, so scheint sich indes Lamarcks Evolutionsmodell geradezu aufzudrängen. Kulturelle Neuerungen – also große Erfindungen und Erkenntnisse – verdanken sich ja individuellen Leistungen, und, so möchte man glauben, für die Kultur stellt sich die Aufgabe, den neu erworbenen Schatz unbeschädigt der nächsten Generation weiterzureichen. Genau so verstand Lamarcks Zeitgenosse Condorcet die kulturelle Tradierung in einer Reflexion über die Schreibkunst, die dem Bedürfnis der Menschen entsprungen sei,

> ein Mittel zu haben, ihre Idee auch Abwesenden mitzutheilen, das Andenken einer Begebenheit bestimmter, als durch mündliche Ueberlieferung fortzupflanzen, die Bedingungen eines Vertrags sicherer, als durch das Gedächtnis der Zeugen festzusetzen, jene verehrten Gebräuche, welchen die Mitglieder einer und derselben Gesellschaft ihr Betragen zu unterwerfen übereingekommen sind, auf eine mindern Veränderungen ausgesetzte Art zu bewahren. (Condorcet 1796, S. 7)

Haben wir uns für die biologische Evolution an die Idee einer darwinschen Evolution durch Mutation und Selektion gewöhnt, sind wir in Ansehung der kulturellen Evolution offenbar noch immer Lamarckianer, während – und dies ist nun das Entscheidende – der Begriff der Exaptation uns eine Möglichkeit bietet, kulturelle Evolution darwinianisch zu denken: das Neue entspringt dem Transmissionsfehler, denn es besteht ja darin, dass die junge Generation die überkommenen Mittel ›falsch‹ verwendet, z. B. mit Namen von Körperteilen zählt oder eine Ehe aus Liebe eingeht. In der Kulturevolution stellt sich natürlich nicht die Frage eines ›Entweder-Oder‹. Sichere Tradie-

---
[1] Skinner 2015.

> ### DAS ›GESETZ DES GEBRAUCHSWECHSELS‹
>
> ### von Ernst Hartig (1888)
>
> »Sobald erst der Mensch sich zu einem gewissen Zwecke, zu einer gewissen mechanischen Umgestaltung seiner körperlichen Umgebung eines gefundenen Werkzeuges (Urwerkzeuges) bemächtigt hatte, machte er sich nach und nach durch ein tastendes Versuchen andere Gebrauchsweisen, deren dieses Urwerkzeug fähig war, zu eigen und durch hierbei gewonnene Erkenntniss des Erfolges und schrittweise Anpassungen des Werkzeuges an jede dieser Gebrauchsweisen setzte er sich mit der Zeit in den bleibenden Besitz einer grösseren Zahl selbst gefertigter Werkzeuge.«
>
> »Man könnte noch weiter gehen und behaupten, dass der Mensch eine entschiedene Vorliebe für Gegenstände hat, die einen vielfachen Gebrauchswechsel zulassen. Was lässt sich nicht alles mit einem Spazierstocke, einem Taschenmesser, einem Tuche, einem Bindfaden anfangen, und das sind gerade diejenigen Gegenstände, die wir – gleich der Geldtasche – fast immer mit uns führen, wogegen wir den Regenschirm, der nur einen schwachen Gebrauchswechsel zulässt, oftmals geneigt sind, zu vergessen.«

rung bleibt ein wesentlicher Wirkmechanismus. Aber um die Entstehung des Neuen zu verstehen, ist es offenbar hilfreich, Lamarck durch Darwin zu ergänzen.

Der Begriff der Exaptation hat in der aktuellen Literatur Aufwind. Der Archäologe Francesco d'Errico und der Philosoph Ivan Colagè sprechen von der Exaptation als einem »plausiblen biokulturellen Mechanismus, der der kulturellen Evolution zugrunde liegt«, womit sie ihr eine zentrale Stellung zuerkennen.[1] Indes hat dieser Begriff eine lange, weitgehend unbekannte Vorgeschichte.[2] Bereits 1872 formulierte der Ingenieur Ernst Hartig ein »Gesetz des Gebrauchswechsels« als fundamentales Prinzip kultureller Evolution (↑ Box S. 100). Noch vor der Veröffentlichung im Jahr 1888 hatte der Philosoph Ludwig Noiré Kenntnis von Hartigs Arbeit erhalten und baute sie in seinem Buch *Das Werkzeug* von 1880 zu einer veritablen Theorie aus, welche mehr oder minder systematisch die drei Ebenen von Körper, Werk-

---

[1] d'Errico und Colagè 2018.   [2] Schlaudt 2022a.

2.3 Die Eigendynamik der Technik

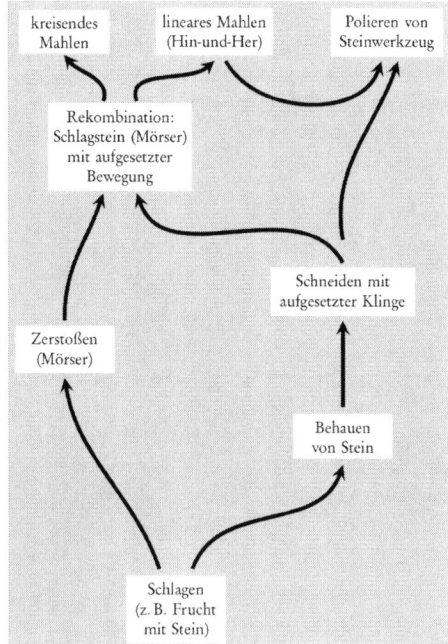

Abb. 23: Ein Stammbaum der sich durch Exaptation entwickelnden prähistorischen Techniken (vereinfacht und leicht modifiziert nach de Beaune 2000 und 2004, aus Schlaudt 2022a).

zeug und Sprache und ihre Wechselwirkungen umfasst, mithin als erste systematische Theorie der Exaptation gelten kann. Wir werden im folgenden, dritten Kapitel Gelegenheit haben, ausführlicher auf dieses Buch zu sprechen zu kommen (↓ S. 133).

Sowohl Hartig als auch Noiré versuchten, mittels des Mechanismus der Exaptation eine Art Stammbaum der sich entwickelnden prähistorischen Techniken zu rekonstruieren. Obgleich diese Versuche rein spekulativer Natur waren und ziemlich rudimentär bleiben mussten, war die Idee nicht falsch. Gestützt auf die mikroskopische Untersuchung der Herstellungs- und Gebrauchsspuren und auf Erkenntnisse der experimentellen Archäologie konnte die französische Archäologin Sophie A. de Beaune tatsächlich einen sehr detaillierten und lückenlosen Entwicklungsverlauf prähistorischer Techniken rekonstruieren (Abb. 23). Bemerkenswert an ihrem Ansatz ist insbesondere, dass sie die Exaptation wiederum auf eine Rekombination im *milieu favorable* vorhandener Faktoren herunterbrechen konnte.

> ### Kleine Typologie des Werkzeuggebrauchs
>
> - Konservativ: Das Werkzeug wird für seinen angestammten Zweck gebraucht, also ›korrekt‹ im Sinne der Verwendungsnormen; Werkzeuggebrauch wird konservativ tradiert, und in diesem Sinn macht dieser Typ die Substanz der Kultur aus.
>
> - Schöpferisch: Das Werkzeug wird für einen neuen Zweck gebraucht, also ›falsch‹ im Sinne der Verwendungsnormen, aber durchaus richtig im Sinne einer Ökonomie der Mittel; diese Exaptation ist die Quelle des Neuen, das dem Humus der Kultur entwächst.
>
> - Atavistisch: Neue Werkzeuge werden alten, obsoleten Normen unterworfen: der frühe Buchdruck folgt den Normen der Handschrift, die Photographie folgt anfangs den Normen der Portraitmalerei, Fernsehredakteure wissen bis heute nicht, wie man den sich neu eröffnenden Bildraum sinnvoll füllen könnte.

Die drei zentralen Faktoren sind das Werkzeug selbst, der bearbeitete Gegenstand und – als entscheidende theoretische Neuerung – die am Werkzeug erlernten Bewegungsmodi. Die Transposition des Schlagens mit einem Stein von den Früchten auf einen anderen Stein führt demnach zur Herstellung von *choppern* mit einer schneidenden Kante. Diese Kante verführt die Verwender gewissermaßen zu neuen Bewegungsmustern, nämlich dem aufgesetzten, linearen Schaben und Schneiden. Die Rekombination der neu erlernten aufgesetzten, linearen hin-und-her-Bewegung mit dem alten Schlagstein führt zu einer Form des Mahlens, wie sie für Körner verwendet wird – usw. usf. Ein vergleichbares Bild liefert der Linguist Salikoko Mufwene von der Sprache, deren Vokabular und grammatischer Formenreichtum sich in einem Prozess des ›*self-scaffolding*‹ eben durch Exaptationen weiterentwickle und vermehre.[1] – Ob materielles oder symbolisches Werkzeug, wir werden Zeuge, wie sich die Technik fortentwickelt, indem sie allmählich ihre inneren Möglichkeiten entfaltet. Die menschlichen Gemeinschaften wirken mehr wie ein Medium, in welchem die Entwicklung stattfindet, denn als treibender Faktor.

---

[1] Mufwene 2013 und 2019.

2.3.5 Von der äußeren zur inneren Ökologie

Mit dem Begriff der Exaptation haben wir die letzte Lücke einer am Leitfaden der Technik rekonstruierten Evolution des Menschen geschlossen. Wir sind damit an einem ähnlichen Punkt angelangt wie dereinst Alexander von Humboldt am Ende des ersten Bands seines *Kosmos*, als er nach vollendetem Rundgang durch das Universum, die unbelebte und die organische Natur endlich an die Grenze stößt, »wo die Sphäre der Intelligenz beginnt und der ferne Blick sich senkt in eine andere Welt« – eine Welt, in der »Gesetze anderer, geheimnißvollerer Art walten«.[1] Anders als Humboldt werden wir diese Grenze überschreiten und die Frage aufwerfen, die wir bisher geflissentlich ausgespart haben: Was ist mit dem Geist, der das menschliche Geschöpf bewohnt? Was lässt sich aus der Perspektive der Technik – im allgemeinen Sinne somatischer, materieller, symbolischer und sozialer Werkzeuge – über das Innenleben des Menschen sagen?

---

[1] Humboldt 1845, S. 386.

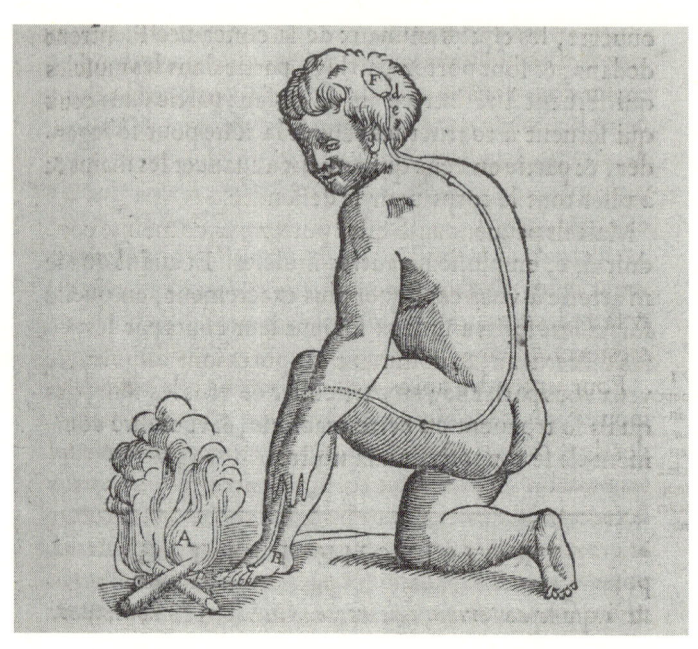

Abb. 24: René Descartes, *L'Homme*, 1664.

3 Innere Ökologie des technischen Menschen

3.1 Die Technikgeschichte des Geistes

Die Technikgeschichte des Geistes kommt mit einer doppelten Zumutung daher, die je mit den beiden Wortbestandteilen ›Geschichte‹ und ›Technik‹ verbunden ist. »Vnd der Geist Gottes schwebet auff dem Wasser«, heißt es zu Beginn der Bibel, als von einem Zeitpunkt die Rede ist, da die Welt noch nicht erschaffen war. Und dasselbe gilt von dem schwachen Abbild dieses Geistes, welches uns Menschen beseelt: Unser Geist ist einfach da, ›solange wir denken können‹, hat mithin keine Geschichte, und was er tut, verrichtet er noch immer im Modus einer Art Schwebens-auff-dem-Wasser, in sicherem Abstand von der Materie, erst recht ohne Werkzeug in der Hand – recht besehen sogar ohne Hand, die ein Werkzeug halten könnte. Wir werden in diesem Kapitel einiges an Arbeit leisten müssen, um uns gegen diese Auffassung des Geistes – worunter wir hier nicht nur die höheren kognitiven Funktionen, sondern das gesamte Innenleben des Menschen verstehen – einen anderen Begriff aneignen zu können, der es uns zu verstehen erlaubt, dass der Geist eine Geschichte hat und welch wichtige Rolle die Technik darin spielt.

3.1.1 Wie kommt die Seele ins Hühnerei?

Die Vorstellung eines absoluten, geschichtslosen Geistes ist ein christliches Erbe, welches allerdings von der naturwissenschaftlichen Moderne durchaus nicht abgewiesen wurde. Der cartesianische Dualismus von geistloser Materie und immateriellem Geist ist ihr aktualisierter, nämlich säkularisierter Ausdruck, da der moderne Geist ungleich der alten Seele nicht mehr Gegenstand einer moralischen Sorge, sondern in der Hauptsache Träger der kognitiven Funktionen ist. Der moderne Dualismus trägt der Tatsache Rechnung, dass die Naturwissenschaft zwar nur ein materielles Universum zum Objekt der Erkenntnis hat, aber Erkenntnis gleichwohl immer durch ein Subjekt geschieht, welches nun der Welt gegenüber platziert wird und sie gleichsam von außen kontempliert.

Dieser Dualismus ist von tiefgreifenden Problemen durchzogen, die seit nunmehr vierhundert Jahren den Philosophen zu denken geben. Der sowjetische Entwicklungspsychologe Lev Vygotskij, den wir in diesem Kapitel als einen der wichtigsten Ideengeber einer Sozial- und Technikgeschichte der Geistes kennenlernen werden, spießte diese Probleme mit der Frage auf, wie es um die kognitiven Fähigkeiten des Fötus im Mutterleib bestellt ist – eine für Descartes heikle Frage, denn wer den Geist für eine ›Substanz‹ hält, die ganz allein für sich besteht, kann schwerlich erklären, wie der Geist entsteht, was indes einem just an der Entwicklung interessierten Wissenschaftler wie Vygotskij misshagen muss. Descartes kann man in dieser Sache zumindest keine Inkonsequenz vorwerfen. In einem Brief aus dem Jahr 1641 bekräftigt er, »dass der menschliche Geist, wo immer er sich befinden mag, auch in der Gebärmutter, immer denkt« (*animam humanam, ubicunque sit, etiam in matris utero, semper cogitare*), und wenn das ungeborene Kind auch noch keinen metaphysischen Fragen nachsinne, so habe es gleichwohl schon eine Idee von Gott und seiner selbst.[1]

War Descartes' Haltung konsequent, so konnte er dennoch nicht das letzte Wort haben. Denn während der ›subjektive‹ Pol des modernen Weltbildes nach dieser Überhöhung des Geistes – als Betrachter des Universums – verlangt, ist genau dies seitens des ›objektiven‹ Pols, wonach der Geist zugleich Teil des Universums ist, prinzipiell nicht akzeptabel. Die Rolle des Anwalts für die zweite, ›materialistische‹ Tendenz übernahm – neben vielen anderen, aber mit deutlich mehr Witz – Denis Diderot, der sich am Beispiel des Hühnereis fragte, wie wohl aus der inaktiven Materie eines Eies ein Huhn mit Empfindungsvermögen, Leben, Gedächtnis, Bewusstsein, Leidenschaften und Denken entstehen könne:

> [Es] bleibt Ihnen nichts anderes übrig, als sich für eine von zwei Auffassungen zu entscheiden: entweder sich vorzustellen, dass in der inaktiven Masse des Eies ein Element verborgen war, das die Entwicklung derselben abwartete, um sein Dasein zur Erscheinung zu bringen, oder anzunehmen, dass dieses unsichtbare Element in einem bestimmten Zeitpunkt der Entwicklung durch die Schale eingedrungen ist. Was aber ist dieses Element? Nahm es Raum ein oder nicht? Woher kam es oder wie entwich es, ohne sich zu bewegen? Wo war es vorher?

---

[1] Luria und Vygotsky 1992, S. 40 und Descartes 1897-1913, Bd III, S. 423 f., vgl. Bd VII, S. 214 und S. 246.

Was machte es dort oder anderswo? [...] Wartete es auf eine Wohnung? (Diderot 1961, Bd 1, S. 519)

Da eine Art Geist in Wartestellung offenkundig eine abstruse Vorstellung ist, war für Diderot klar, dass man auch den Geist aus der Materie erklären müsse, welcher er dafür recht großzügig neben ihren physikalischen Eigenschaften auch ein Empfindungsvermögen zusprach. Diderots heutige Erben folgen ihm zwar nicht in dieser Hypothese, sondern konzentrieren sich lieber auf das Nervensystem des Menschen mit dem Gehirn als Zentralinstanz. Aber den ersten begrifflichen Schritt haben sie damit genommen: Sie schreiben eine Geschichte des Geistes.

Freilich hat diese Geschichte des Geistes noch keinen Platz für die Technik, denn sie ist eine reine Naturgeschichte ohne Kulturgeschichte. Es gibt heute eine umfangreiche Literatur, die zwar im Titel vom Geist (*mind*) spricht, aber im Text tatsächlich nur vom Hirn handelt. So legte der Entwicklungspsychologe David C. Geary ein Buch mit dem Titel *The Origin of Mind* vor, auf welches sein Kollege Gordon G. Gallup mit einer Kritik reagierte, die *The Evolution of Mind* überschrieben ist.[1] Beide geben vor, sich dem Geist zu widmen, streiten aber in Wirklichkeit darüber, welche Faktoren zur Entwicklung des Gehirns beitrugen (nur Evolutionsdruck durch gattungsinternen Wettbewerb oder auch Veränderungen in Klima und Nahrung?). Hier geht es jeweils um das Gehirn, nicht um den Geist. Die Autoren unterstellen einfach, dass mit der Entwicklung des Gehirns auch die ganze Geschichte der Entwicklung von Geist und Intelligenz erzählt ist.

Aber ist dies denn nicht so? Ist das Gehirn nicht so etwas wie das Organ des Fühlens und Denkens? Ein einfaches Beispiel reicht, um diese Gewissheit infrage zu stellen: Setzen wir das Organ des Denkens in Gang und rechnen eine einfache Multiplikation aus: 2 × 17. Jeder wird sich Rechenschaft ablegen können, wie man zu dem korrekten Ergebnis – 34 – kommt: Zwei mal zehn macht zwanzig, und zwei mal sieben vierzehn, zusammengenommen also zwanzig und zehn und vier – macht 34. Eine leichte Übung! Allein, um sie zu vollbringen, haben wir im Wesentlichen die Eigenschaften des hindu-arabischen Stellenwertsystems ausgenutzt, welches uns erlaubt, die Zahl in die

---

[1] Geary 2005, Gallup, Frederick und Shoup 2006.

Einer- und Zehner-Stelle zu zerlegen – und zwar nicht im Sinne einer Metapher für eine obskure Denkleistung, sondern wirklich in der ›17‹ die Ziffer ›1‹ von der Ziffer ›7‹ zu trennen –, sodann für jede Stelle getrennt die eingeübte Multiplikation auszuführen, um schließlich die Teilergebnisse ebenso mechanisch wieder übereinanderzuschieben (Abb. 25). Das Kopfrechnen besteht mithin darin, im Kopf auszuführen, was wir sonst auf dem Papier gemacht hätten, wozu uns wiederum erst eine ausgeklügelte Methode der Zahldarstellung in die Lage versetzte.[1] Die symbolische Methode ist ihrerseits nicht vom Himmel gefallen, sondern resultierte, wie bereits Alexander von Humboldt vermutete, aus der Erfahrung mit mechanischen Rechenhilfen wie den Fingern, Schnüren, Knoten, Perlen, aber auch Rechenbrettern und dem Abakus.[2]

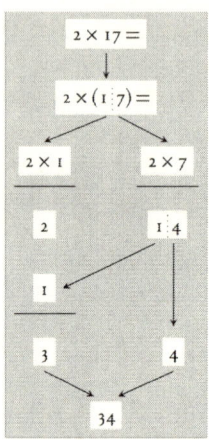

Abb. 25: Kopfrechnen.

Offenkundig schwebt der Geist nicht nur nicht ›auff dem Wasser‹, bedient sich in seiner konkreten Tätigkeit aber auch nicht bloß der neuronalen Netzwerke unseres Nervensystems, sondern taucht tief in die Kulturgeschichte ein, wo er erst die notwendigen Werkzeuge für seine kognitiven Operationen findet. Hier sind wir endlich an dem Punkt angelangt, wo eine Technikgeschichte des Geistes in den Horizont rückt. Zu Beginn dieses dritten Kapitels werden wir uns in kleinen Schritten die Grundzüge einer solchen Geschichte erschließen. Man wird bemerken, dass wir dabei eine Richtung weiter verfolgen, die wir im Grunde schon zu Beginn des zweiten Kapitels eingeschlagen haben, ohne indes damals viel Aufhebens darum zu machen, nämlich eine – wenn man so möchte – ›anticerebralistische‹ Richtung. Mit Leroi-Gourhan haben wir gesehen, dass die Cerebralisierung (das anwachsende Hirnvolumen) kein treibender Faktor der Hominisierung ist, sondern sich das Gehirn vielmehr in einen freiwerdenden Raum ausdehnt und dabei von neu erschlossenen Energie- und Nährstoffquellen profitiert. In der Auseinandersetzung mit dem Begriff der Exaptation haben wir

---

[1] Tang u. a. 2006; Klein u. a. 2011; Krajcsi und Szabó 2012.   [2] Humboldt 1829.

darüber hinaus gesehen, dass die Dynamik der Kulturgeschichte keinem schöpferischen Genie entspringt, welches die Erfindungen aus dem Nichts schafft, sondern die Kultur in sich selbst die objektiven Möglichkeiten der Neuerungen trägt, die von den Menschen bloß ergriffen werden.

Und nun folgt die dritte Kränkung: auch in den kognitiven Funktionen selbst spielt das Gehirn nicht die einzige Geige. ›Der Geist steckt nicht im Kopf‹, wie man das neue Paradigma der Kognitionswissenschaften zusammenfassen kann.[1] Sofern man den Geist nicht als Ding, sondern als funktionale Einheit auffasst, ihn also nicht über seine Substanz definiert, sondern darüber, was er leistet, dann erstreckt er sich weit über den Schädel hinaus (die Schlagwörter lauten ›*extended mind*‹, ›*situated cognition*‹, oder – ursprünglich in polemischer Absicht, aber durchaus nicht unrichtig – ›*transcranialism*‹).[2] Es ist das Ganze eines Hirns-im-Körper-in-einer-ökologisch-soziokulturellen-Umwelt, das schlussendlich das Resultat der Rechenaufgabe ›2 × 17‹ hervorgebracht haben wird. Und wenn ›Geist‹ der Name für den Träger der kognitiven Funktion sein soll, so müssen wir auch dieses Ganze als den Sitz des Geistes ansprechen. Schon Diderot hat die Überzeugung, der Geist wohne im Kopf, als eine Illusion betrachtet, die sich allein aus der Dominanz des Sehsinns ergebe. Ein von Geburt blinder Philosoph würde die Seele vielmehr »in die Fingerspitze legen«.[3] Drücken wir, einem Vorschlag Gregory Batesons folgend[4], dem Blinden nun noch einen Stock in die Hand, dann dürfen wir diesen Gedanken nicht weiter verfolgen, um nicht zu noch sehr viel unerhörteren Schlussfolgerungen zu kommen!

Mit dieser theoretischen Stoßrichtung ist natürlich nicht beabsichtigt, die Rolle des Gehirns in der Entstehung des Menschen und der menschlichen Kognition kleinzureden, sondern allein die Auffassung zu korrigieren, dass sich diese Geschichte auf die des Gehirns reduziere. Sie umfasst in Wahrheit noch viele weitere Faktoren, und nun, da wir ihnen den gebührenden Platz eingeräumt haben, können wir uns auf den Weg machen, die Technikgeschichte des Geistes zu erzählen. Diese Geschichte wird per definitionem nicht ›cerebralistisch‹ sein, sondern die Technik in all ihren Facetten umfassen – somatische, materielle, symbolische und soziale Werkzeuge, und sie soll möglichst

---

[1] Maturana 1985.   [2] Clark und Chalmers 1998, Adams und Aizawa 2001.   [3] Diderot 1961 (1749) Bd 1, S. 62, vgl. Gibson 1979, S. 112 und S. 114.   [4] Bateson 1972, S. 465.

die Entstehung kognitiver Leistungen als graduellen Prozess nachvollziehen.

Wie weit wir dabei an den Ursprung des Geistes heranreichen, wird sich zeigen. In konkreten Denkinhalten (›was wir denken‹) und Denkformen (›wie wir denken‹) lässt sich die Signatur der Technik relativ leicht aufzeigen. Unklar ist, ob dies auch für die Tatsache des Denkens selbst gilt (also die Tatsache, ›dass wir denken‹). Wir werden uns durchaus auf diese Frage einlassen, aber mit Bedacht. Eine wichtige Lehre aus der aktuellen Forschung in den Gebieten der kulturellen Evolution und der kognitiven Archäologie lautet in der Tat, dass die Frage nach den Entwicklungsmechanismen viel wichtiger und fruchtbarer ist als diejenige nach dem Ursprung des Menschseins, der Sprache, des Geistes, an welcher sich die Forschung und allen voran die Philosophie der Vergangenheit so lange aufgehalten hat, ohne zu einem Ergebnis zu kommen.

3.1.2 Sekundärer Nesthocker und sozialer Uterus

Die Technikgeschichte des Geistes schließt an die Technikgeschichte des Körpers nahtlos an. Es sind in der Tat zwei Tendenzen der körperlichen Evolution, die an ihrem Schnitt- und Konfliktpunkt zu demjenigen Ereignis führen, welches den Schlüssel für ein Verständnis der menschlichen Kultur und Kognition liefert. Die eine Tendenz besteht in der uns bereits wohlbekannten Enzephalisierung, also der Verdreifachung des Hirnvolumens (↑ Abb. 16, S. 60). Der entsprechend anwachsenden Größe des menschlichen Schädels steht, bedingt durch den aufrechten Gang, indes eine Tendenz zu einem immer schmaleren Becken gegenüber, und diese beiden Tendenzen müssen im Augenblick der Geburt, da das Kind das mütterliche Becken passiert, miteinander ins Gehege geraten.

In der Literatur spricht man von dem ›obstetrischen Dilemma‹, dessen einzige Lösung darin bestehen kann, dass das Kind so früh auf die Welt kommt, wie sein Kopf den Geburtskanal noch passieren kann (Abb. 26). Diese systematische Frühgeburt des organisch noch unreifen Kindes führt zu einer Sonderstellung des Menschen im Tierreich, die erstmalig in den 1940er Jahren von dem schweizerischen Zoologen Adolf Portmann beschrieben worden ist und bald darauf in ihrer Bedeutung für die philosophische

MATERIAL ENGAGEMENT
oder
›Wie Dinge den Geist formen‹

Während das EECC-Modell den Fokus auf die analytischen Kategorien zur Unterscheidung von Entwicklungsstufen der kulturellen Kapazitäten legt, versucht der von Lambros Malafouris entwickelte Ansatz des *Material Engagement* die kausale Dynamik der kognitiven Evolution zu verstehen. Im Gegensatz zur älteren kognitiven Archäologie betrachtet Malafouris die technischen und symbolischen Artefakte nicht einfach als einen Ausdruck der kognitiven Fähigkeiten ihrer Urheber und Verwender, sondern als aktive kausale Faktoren – z. B. in der Formung der Intentionalität (als der Fähigkeit, bestimmte Zwecke zu setzen und zu verfolgen):

> Intentionalität sollte nicht als ein mentaler Zustand, sondern ein [über Körper und Umwelt] verstreutes, emergentes und interaktives Phänomen verstanden werden. Artefakte sollten wir nicht als den passiven Inhalt oder Gegenstand der menschlichen Intentionalität verstehen, sondern als die konkrete und konkretisierende Instanz, welche den intentionalen Zustand erst hervorbringt. [...] Einen Stein zu beschlagen sollte dementsprechend eher als eine ›Erkundung‹ denn als eine passive ›Externalisierung‹ oder das ›Aufzwingen einer Form‹ verstanden werden. [...] Die Auseinandersetzung (*engagement*) des Menschen mit der materiellen Welt kennt keine festen Rollen und klaren ontologischen Trennlinien zwischen handelnden, aktiven und behandelten, passiven Entitäten, sondern vielmehr ein konstitutives Ineinandergreifen von Intentionalität und ›*affordance*‹. (Malafouris 2013, S. 144, S. 236 und S. 149)

Die kognitive Archäologie geht hier eine Verbindung mit Ansätzen von *embodiment* und *extended cognition* ein. Eine zentrale Kategorie ist die der ›Metaplastizität‹, welche die Tatsache beschreibt, »dass wir einen formbaren Geist haben, der in eine formbare Kultur eingelassen ist, die ihn untrennbar umfasst« (ebd. S. 46).

In der Archäologie kommt dieser Ansatz einer Revolution gleich: Zum ersten Mal muss sie ihre empirischen Gegenstände nicht mehr als bloße Überreste oder Spuren dessen betrachten, was sie eigentlich interessiert, was aber leider für immer verloren ist.

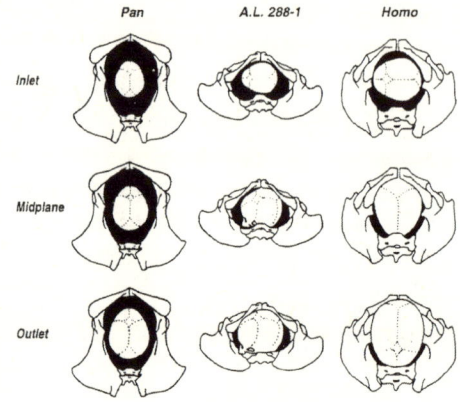

Abb. 26: Der Geburtskanal beim Schimpansen, beim Australopithecus Afarensis und beim modernen Homo im Vergleich: Einem wachsenden Schädel steht ein schmaleres Becken gegenüber. Dieses sogenannte ›obstetrische Dilemma‹ kann nur durch eine frühe Geburt des noch unreifen Kindes gelöst werden. Aus: Rosenberg und Trevathan 1995.

Anthropologie von Arnold Gehlen erkannt wurde.[1] Die Fauna kennt zwei unterschiedliche evolutionäre Strategien der Geburt von Nachkommen, die Portmann als die der ›Nesthocker‹ und der ›Nestflüchter‹ bezeichnet. Geringer entwickelte Lebewesen wie z.B. Nagetiere neigen zu kurzen Tragzeiten, nach welchen sie eine hohe Zahl unreifer Nachkommen werfen. Typischerweise sind die Neugeborenen nackt, haben verschlossene Augen und sind nicht fähig, ihre Körpertemperatur zu regulieren. Höher entwickelte Säugetiere wie beispielsweise die Huftiere, aber auch die Primaten gebären nach längerer Schwangerschaft ein oder zwei fast vollständig ausgereifte Nachkommen. Der moderne Mensch passt nicht in dieses Schema, denn während er dem Entwicklungsgrad der Gattung nach eindeutig in letztere Gruppe gehört, ähnelt sein Nachwuchs bei Geburt eher dem der ersten Gruppe. Portmann spricht daher vom Mensch als »sekundärem Nesthocker« oder auch von einem Wesen, welches nur »ganz heimlich eigentlich eine Art Nestflüchter ist«.[2]

Diese Singularität im Tierreich hat enorme Konsequenzen. Das Kind vollendet erst außerhalb der Gebärmutter, also in der menschlichen Gemeinschaft, seine organische Reifung. Und dem Aufholprozess der organischen Reifung im ersten Lebensjahr schließt sich als zweite Besonderheit des Menschen eine ungewöhnlich lange Kindheit an, die im Tierreich vergeblich ihresgleichen sucht. (Wir waren

---

[1] Portmann 1941; Gould 1976; Gehlen 1950. [2] Portmann 1951, S. 32.

über diesen Sachverhalt schon einmal gestolpert, und zwar in Form des Energiedefizits in den ersten Lebensjahren, ↑ Abb. 16, S. 60.) Diese Besonderheiten stellen hohe Ansprüche an die Gemeinschaft, insbesondere die Eltern, die von der Natur ungleich höhere Aufgaben der Pflege aufgebürdet bekommen. Möglicherweise wurde dadurch ein positiver Rückkopplungsmechanismus in Gang gesetzt, der die abnorme menschliche Intelligenz erklärt: die durch das hohe Schädelvolumen bedingte frühe Geburt erzeugt einen Selektionsdruck zugunsten noch größerer Intelligenz, wie sie für die elterliche Pflege des Nachwuchses notwendig wird, mithin zugunsten eines noch größeren Schädelvolumens.[1] Die menschliche Intelligenz wäre mithin das Produkt einer *runaway*-Dynamik, vergleichbar den Pfauenfedern, die sich in ähnlicher Weise einer durchdrehenden sexuellen Selektion verdanken sollen.

Ganz ähnlich wie das Altern (↑ S. 29) mag unsere Intelligenz mithin eher ein Artefakt des Evolutionsmechanismus denn eine Anpassung im eigentlichen Wortsinn sein. Während diese Hypothese zu einem realistischen Blick auf die von der Evolution beherrschte Natur, in der eben doch nicht alles seinen guten funktionalen Sinn haben muss, gemahnt und zugleich für die existentielle Bewertung der Tatsache unseres Lebens bedeutend sein mag, ist für die kulturelle Dynamik – insbesondere im Hinblick auf das Mentale – ein anderer Aspekt wichtiger. Der Mensch als sekundärer Nesthocker erlebt seine Reifung in einem sozialen und kulturellen Umfeld. Portmann sprach aus diesem Grund von der Gemeinschaft als einem ›sozialen Uterus‹[2], was man durchaus nicht metaphorisch verstehen muss, sondern wörtlich nehmen kann, wenn man den Uterus nicht als Organ des weiblichen Körpers, sondern funktional als denjenigen Ort begreift, an welchem ein Lebewesen zur organischen Reife gelangt. Im selben Sinne konnten wir bereits von Feuer und Kochtopf als kulturellem Abschnitt des menschlichen Verdauungssystems sprechen, und in der Tat sind wir hier mit demselben Phänomen der Externalisierung körperlicher Funktionen konfrontiert (↑ S. 61). Wir sehen, wie sich der Mensch immer weiter in seine (natürliche, technische und soziale) Umwelt hineinspinnt und sich als autonomes Wesen konstruiert, indem er auf wahnwitzig anmutende Weise neue Metaabhängigkeiten schafft, nämlich elementare Lebensvollzüge externalisiert.

---

[1] Piantadosi und Kidd 2016.   [2] Portmann 1968.

Vom Standpunkt der inneren Ökologie interessiert uns indes die gleichzeitige, gegenläufige Tendenz der Internalisierung (oder ›enculturation‹[1]): das unfertige Kind reift in einer kulturell gesättigten Umgebung auf – mit Eltern, die eine Sprache verwenden und Mahlzeiten zubereiten, an einem Ort mit Gerüchen, Geräuschen und Geschmäcken, in einem komplexen sozialen Gefüge von geliebten und ungeliebten Nächsten, in einem dichten semiotischen Raum von Zeichen, Gesten und Bildern, mit Gegenständen des täglichen Gebrauchs, mit Gesängen, Riten und Tänzen, mit rhythmisierten Organisationen der Tagesabläufe und Jahreszeiten, mit domestizierten Tieren, mit Schmutz, Viren und Bakterien, mit Schönem und Hässlichem, Erlaubtem und Verbotenem – eine Umgebung oder kulturelle Nische, die sich tief in den noch in Formung begriffenen Geist und sogar Körper einprägt und vom Kind viel tiefer aufgesaugt wird als eine Erfahrung oder sogar Gewohnheit bei einem erwachsenen Individuum.[2]

Portmann kontrastiert diese reiche und stimulierende kulturelle Umwelt mit der »dunklen, feuchten, gleichmäßigen Wärme des Mutterleibes«, in welcher die nicht-menschlichen Tiere relativ ereignislos ausreifen.[3] Damit unterschätzte er freilich die intrauterine Periode. Wie die Gemeinschaft als sozialer Uterus fungiert, erweist sich umgekehrt der organische Uterus als ein sozialer Ort. Man weiß heute, dass auch schon der Fötus Sinneswahrnehmungen erfährt und seine Bewegungen nicht nur die Ausläufer des sich entwickelnden Nervensystems, sondern Reaktionen auf Stimuli darstellen, die zudem sozialer Natur sein können: der Fötus erhält eine erste Prägung durch die Stimme und die Bewegungsmuster der Mutter, durch ihre Nahrungsgewohnheiten und Befindlichkeiten. Die Sozialisationsgeschichte beginnt nicht erst bei der Geburt![4]

Schon in den 1950ern hat Daniel S. Lehrman an etlichen Beispielen gezeigt, dass sich viele vermeintlich instinktive Verhaltensweisen in Wahrheit einem Lernprozess verdanken, der oft schon im Uterus beginnt.[5] Die Bedeutung des Lernens als zentraler Mechanismus der kulturellen Tradierung haben wir schon kennengelernt. Die Prozesse kultureller Prägung, über die wir hier sprechen, unterscheiden sich indes von den bisher betrachteten. Selbst Imitation und Emulation als die basalsten Lernmechanismen, die noch ohne Kommunikation und

---

[1] Kapp 1961, S. 106 f. [2] West und King 1987, Kendal 2011. [3] Portmann 1951, S. 80. [4] Hepper 2015. [5] Lehrman 1953.

3.1 Die Technikgeschichte des Geistes

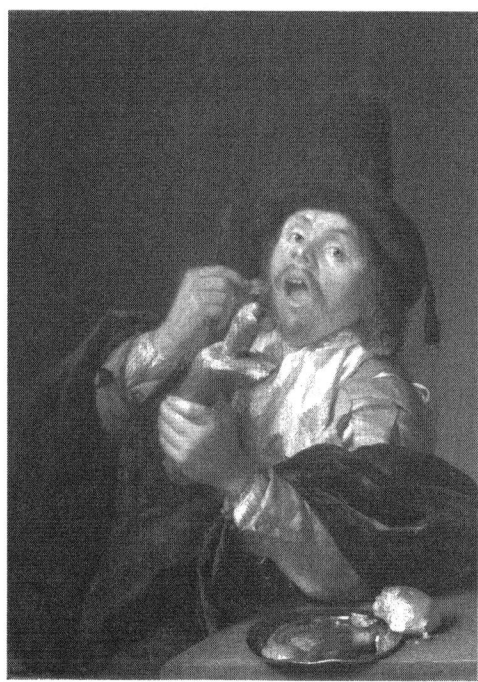

Abb. 27: Godfried Schalcken, *Der Feinschmecker*, um 1675. Dieses Bild zierte das Cover der Erstausgabe von Pierre Bourdieus *La distinction* von 1979. In der Tat scheint das Porträt in seiner Entlarvung einer stereotypen Haltung eher ›soziologisierend‹ denn psychologisierend, zeigt also weniger eine individuelle Besonderheit als einen milieutypischen Habitus, der auf einem spezifischen Tradierungsmechanismus beruht.

soziale Rückkopplung auskommen, haben eine komplexere Struktur, insofern sie voraussetzen, dass das beobachtete Verhalten als zweckgerichtete Handlung wahrgenommen wird.

Miriam Haidle und der Autor dieser Zeilen haben daher vorgeschlagen, einen noch basaleren Mechanismus der kulturellen Tradierung anzunehmen, der auf einer Ebene greift, für welche wir Pierre Bourdieu den Begriff des Habitus entlehnten.[1] Mit dem Begriff des Habitus oder des verkörperten symbolischen Kapitals beschrieb Bourdieu eine milieu- und klassenspezifische Haltung (*disposition cultivée*), eine »Matrix von Wahrnehmungen, Einschätzungen und Handlungen«, die bestimmt, wie sich ein Individuum in einer bestimmten Situation verhalten wird, wie es auf Situationen reagiert, wie es mit seinen Mitmenschen umgeht, und welche Ressourcen es als Bausteine von Lösungsstrategien in seiner Umwelt wahrnimmt

---

[1] Haidle und Schlaudt 2020, Haidle und Schlaudt 2021b, Schlaudt 2021a.

(Abb. 27).[1] In seiner frühen Studie über das Milieu der Studenten verglich Bourdieu den Erwerb des Habitus mit einer Osmose, also dem allmählichen Einsickern einer Flüssigkeit durch eine Membran:

> Der wesentliche Teil des kulturellen Erbes wird auf eine diskretere und indirektere Weise weitergegeben, sogar ohne bewusste Anstrengung und offenkundige Intervention. In den ›kultiviertesten‹ Milieus ist es vielleicht am wenigsten nötig, die Hingabe an die Kultur zu predigen und die Einführung in das kulturelle Leben nicht dem Zufall zu überlassen. [...] So erklärt es sich, dass die Gymnasialschüler aus der Pariser Oberschicht eine umfassende Kultur erkennen lassen, die sie absichts- und anstrengungslos und gleichsam durch Osmose erworben haben, während sie sich zugleich dagegen verwahren, spürbare Einflussnahme seitens ihrer Eltern zu erdulden. (Bourdieu und Passeron 1964, S. 34)

Als Bourdieu die Begriffe von Habitus, kulturellem Erbe und symbolischem Kapital prägte, ging es ihm darum, zu verstehen, wie sich in der modernen Gesellschaft Ungleichheiten reproduzieren. Aber man sieht, dass sein Modell weit darüber hinaus angewendet werden kann, sogar auf Populationen nicht-menschlicher Tiere. Wir wissen heute, dass zum Beispiel die Migrationsmuster von Dickhornschafen oder Elchen nicht dem Instinkt entspringen, sondern erlernt sind.[2] Es liegt indes auf der Hand, dass man es hierbei nicht mit Lernen durch Imitation zu tun hat, sondern mit einer anderen Art von ›verkörperter Erfahrung‹: Die Jungtiere schwimmen einfach mit der Herde mit und erwerben dabei »absichts- und anstrengungslos« wichtige Verhaltensmuster und eine Grundkompetenz im Umgang mit Situationen und Umwelten. Man vergleiche damit die plastische Schilderung der Anthropologin Brigitte Jordan, wie das Handwerk der Hebammen in Maya-Familien über die Generationen weitergegeben wird:

> Mädchen in solchen Familien nehmen, ohne als Hebammenlehrlinge zu gelten, einfach während sie aufwachsen das Wesen der Hebammenpraxis sowie spezifisches Wissen über viele Vorgänge in sich auf. Sie wissen, wie das

[1] Bourdieu 1972. [2] Jesmer u. a. 2018; Sasaki und Biro 2017.

Leben einer Hebamme aussieht (z. B. dass sie zu jeder Tages- und Nachtzeit unterwegs sein muss), welche Geschichten die Frauen und Männer, die sie aufsuchen, erzählen, welche Kräuter und andere Heilmittel gesammelt werden müssen und anderes mehr. Als kleine Kinder sitzen sie vielleicht still in einer Ecke, während ihre Mutter eine pränatale Massage durchführt; sie hören Geschichten über schwierige Fälle, über wundersame Erlebnisse und dergleichen. Ein junges Mädchen könnte dabei sein, wenn ihre Mutter nach dem täglichen Einkauf auf dem Markt noch für einen Wochenbettbesuch haltmacht. (Jordan 1989, S. 932)

Das Studium solcher ›osmotischer‹ Prozesse verändert damit unseren Blick auf das Lernen überhaupt, welches offenbar vielmehr als Teilhabe an einer gemeinschaftlichen Praxis denn als kognitiver Prozess eines Individuums verstanden zu werden verlangt, wie in der Theorie des ›*situated learning*‹ festgestellt wird: »Lernen, Denken und Wissen sind Beziehungen zwischen Menschen, die in einer praktischen Auseinandersetzung in und mit einer sozial und kulturell strukturierten Welt begriffen sind.«[1]

3.1.3 Dialektik von Ontogenese und Kultur

Diese Einsichten über die menschliche Ontogenese und die Natur des Lernprozesses geben dem gesamten Bild von der Kultur und ihrer Evolution noch einmal eine andere Färbung. Die Ontogenese verstehen wir als einen Prozess, der vollständig in einem kulturell gesättigten Raum stattfindet, der kulturellen Nische. Zwar kennen auch einige Arten nicht-menschlicher Tiere kulturelle Traditionen. Aber diese werden von relativ ausgereiften Individuen rezipiert, die bei der Geburt bereits ihre fertige Form gefunden haben. Die Kinder des Menschen hingegen absorbieren die äußere Kultur in einem ganz anderen Grad. Die ungewöhnliche Länge der Kindheit spiegelt dabei den Umfang des kulturellen Bestandes wider, der kontinuierlich tradiert werden muss. Im Prozess der geistigen Reifung des heranwachsenden Kindes erkennen wir ein uns bekanntes Schema wieder, nämlich die Schaffung der Autonomie durch Meta-Abhängigkeiten, welches of-

[1] Lave und Wenger 1991, S. 51.

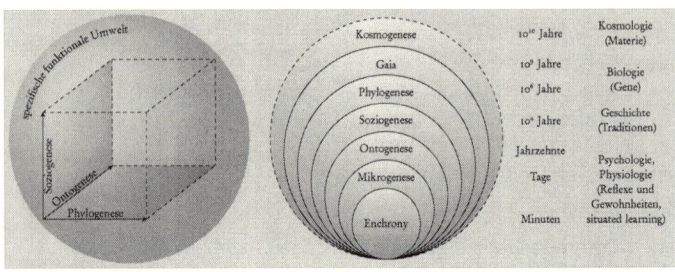

Abb. 28: Das Verhältnis von Phylo-, Sozio- und Ontogenese: links im EECC-Modell (nach Haidle, Conard und Bolus 2016), rechts in zeitlicher Verschachtelung (nach Sinha 2015 und Enfield 2013, Kap. 3, ergänzt nach Zilsel 1931).

fenbar auch auf den Geist Anwendung findet. »Die intellektuellen und emanzipatorischen Möglichkeiten des Individuums beruhen auf einem virtuellen Gedächtnis, dessen Inhalt Besitz der Gesellschaft ist«, befand André Leroi-Gourhan.[1] Die geistige, epistemische und moralische Autonomie des Individuums beruht somit ganz auf der geteilten, sozialen Infrastruktur einer Gemeinschaft, insbesondere der symbolischen Technik der Sprache.[2] Erst diese Infrastruktur gibt – wie wir noch genauer studieren werden – dem Individuum seine geistige Bewegungsfreiheit, welche mithin auf einer übergeordneten Ebene von der gelingenden Tradierung des kulturellen Bestands abhängt.

Indem die Ontogenese weitgehend als Verinnerlichung des kulturellen Bestandes erscheint, gibt sie der Kultur in ihrer soziohistorischen Entwicklungstrajektorie umgekehrt erst ihr volles Gewicht. Das EECC-Modell der Entwicklung kultureller Kapazitäten trägt dem Rechnung, indem es diese Kapazitäten ausdrücklich in einem dreidimensionalen Raum verortet (Abb. 28). Diese Darstellung entspricht der Erkenntnis, dass die menschliche Gattung nicht einfach durch ihre biologischen Fundamente (z. B. Bipedalismus, das Gehirn etc.) und das menschliche Individuum durch eine besondere Biographie, die das biologische Potential zur Entfaltung bringen oder behindern kann (z. B. Verlust von Gliedmaßen in einem Unfall) bestimmt ist. Zu diesen Achsen der Phylogenese (Gattungsgeschichte) und Ontogenese (individuelle Biographie) kommt die dritte Achse der Soziogenese (Kulturgeschichte) hinzu. Historisch betrachtet stellt die Be-

---

[1] Leroi-Gourhan 1965, S. 23.   [2] Sieferle 1997, S. 202–203.

deutung der sozio-historischen Achse durchaus eine Entdeckung dar, die – 90 Jahre vor Formulierung des EECC-Modells – von Lev Vygotskij und Aleksandr Lurija emphatisch ausgesprochen wurde.[1] Und da in Fächern wie der Biologie und der Psychologie immer noch die Tendenz besteht, Entwicklung nur entlang der Achsen von Phylo- und Ontogenese zu denken, ist es auch in didaktischer Hinsicht gerechtfertigt, mit Nachdruck auf eine irreduzible sozio-historische Dimension von Kultur und Kognition hinzuweisen, wie dies in dem Entwicklungquader des EECC-Modells geschieht (Abb. 28, links). Ihr volles Gewicht erhält die sozio-historische Dimension freilich erst durch die besondere Form der menschlichen Ontogenese, die sich in der kulturellen Nische abspielt. Dies wird in dem Kreisdiagramm, welches die zeitliche Verschachtelung abbildet, deutlicher (Abb. 28, rechts).

Die Einsichten in die Natur und die Bedeutung der Ontogenese haben aber noch eine zweite grundsätzliche Konsequenz für unser Bild von der kulturellen Evolution. ›Kultur‹ wird erinnerlich als die Gesamtheit aller Verhaltensweisen verstanden, die durch kulturelle Tradierung vererbt werden. Innerhalb dieses Umkreises kann man noch einmal diejenigen kulturellen Phänomene auszeichnen, die selbst durch sukzessive Modifikation aus dem älteren Kulturbestand hervorgegangen sind und dabei einen so hohen Komplexitätsgrad erreicht haben, dass sie von einem ›naiven‹, kulturell unvorbereiteten Individuum nicht spontan erzeugt werden könnten. Hier spricht man von ›kumulativer Kultur‹.[2] Solche komplexen und selbstbezüglichen Formen von Kultur verlangen dann insbesondere anspruchsvolle und exakte Mechanismen der Tradierung (›*high-fidelity cultural transmission*‹).[3] Aus dieser Perspektive betrachtet stellt kumulative Kultur eine Ausnahme im Naturreich dar, und es ist eine offene, kontrovers diskutierte Frage, ob es kumulative Phänome bei nichtmenschlichen Tieren gibt und an welchem Punkt sie in der Menschheitsgeschichte auftreten.

Stellt man nun aber die tiefe kulturelle Formung und Durchdringung der Individuen in Rechnung, wie sie im Begriff des Habitus angedacht ist, so sieht man, dass keine Erfindung jemals geschieht, ohne bereits durch die bestehende Kultur informiert zu sein – aus dem einfachen Grund, dass es ›naive‹ Individuen nicht gibt, sondern sie im-

---

[1] Luria und Vygotsky 1992. [2] Tennie u. a. 2016. [3] Lewis und Laland 2012.

mer schon, also schon bei Geburt, einen erworbenen, kulturellen Habitus tragen, und zumal der Mensch mithin ein inhärent kulturelles Wesen ist. Der konsequente Rückschluss lautet dann, dass kumulative Kultur nicht den Sonderfall darstellt, sondern Kultur inhärent kumulativ ist.[1] Wenn diese Bestimmung vielen Verhaltensforschern nicht akzeptabel erscheinen mag, dann vermutlich allein aufgrund der impliziten Prämisse, dass Kumulation nach dem Modell der Addition vorgestellt werden könne: Im Laufe der Zeit wird eine Technik weiterentwickelt, indem etwas hinzugefügt wird, womit die Technologie an Komplexität gewinnt. Kulturelle Entwicklung kennt aber viele andere Wege als den eines solchen linearen Fortschritts.[2] Wohin sie geht, weiß man nicht, aber dass jede kulturelle Neuerung selbst der Kultur entstammt, nämlich von sozialisierten Individuen, ist gewiss.

3.2 Technisch sehen, technisch denken, technisch fühlen

Dass der Mensch die ›äußere‹ Kultur in sein Inneres aufnimmt und sein Inneres durch dieses Material anreichert oder sogar erst errichtet, bedeutet, dass sein Verhältnis zu seiner Umwelt immer schon kulturell und somit auch sozial vermittelt ist. Diese allgemeine Einsicht gilt es nun für die verschiedenen Aspekte der kognitiven Aktivitäten konkret einzulösen, wobei unser Augenmerk natürlich immer der Bedeutung der Technik gelten wird.

3.2.1 Ökologische Theorie der Wahrnehmung

Wir beginnen den Rundgang durch das Innere des technischen Menschen mit der Wahrnehmung als einer Fähigkeit des Organismus, die traditionell den ›niederen kognitiven Funktionen‹ zugerechnet wurde. Den Schlüssel zur Welt der Wahrnehmung stellen natürlich die Sinnesorgane dar, also ein rein biologisches Faktum. Es war bekanntlich das Verdienst des Biologen Jakob von Uexküll, die Umwelt der Organismen konsequent von ihren Sinnesorganen her zu entwickeln und somit als ein Element innerhalb eines Regelkreises zwischen Organismus und Umwelt zu begreifen. Den Sinnesapparat versteht Uexküll als einen Filter, der nur bestimmte kausale Reize der Außenwelt passieren läßt. Die Sinnesorgane

---

[1] Haidle und Schlaudt 2021a.   [2] Lombard 2016, Haidle und Schlaudt 2021a.

3.2 Technisch sehen, technisch denken, technisch fühlen

des Menschen reagieren z. B. auf bestimmte Ausschnitte aus dem Spektrum der elektromagnetischen Strahlung, die in niederen Frequenzen von der Haut als Wärme und in einem Bereich der höheren Frequenzen vom Auge als Farbe, in den übrigen Frequenzen (Radiowellen, ultraviolettes Licht, Röntgenstrahlen etc.) überhaupt nicht wahrgenommen werden. Die Summe der durch die Rezeptoren wahrgenommenen Merkmale bildet die ›Merkwelt‹, die Summe der entsprechenden registrierten Signale das ›Merknetz‹.

Zu einem Regelkreis – dem ›Funktionskreis‹ – schließt sich die Merkwelt durch ihr Gegenstück, die ›Wirkwelt‹: Das nervöse Merknetz aktiviert das Wirknetz, so dass der Organismus mittels seiner ›Effektoren‹ (Fangarme, Beine, Zähne etc.) auf die Reize reagiert, zum Beispiel vor einem Feind flieht oder nach seiner Beute schnappt. Wir erkennen die bereits früher beschriebene objektive Passung von Organismus und Umwelt wieder (↑ S. 76), die sich hier in die subjektive Welt der Wahrnehmung übersetzt:

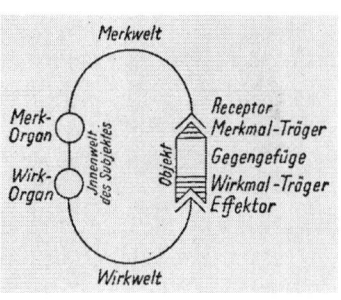

Abb. 29: Der Funktionskreis (Uexküll 1921).

> *Merkmalträger und Wirkungsträger fallen immer im gleichen Objekt zusammen*, so läßt sich die wunderbare Tatsache, daß alle Tiere in die Objekte ihrer Umwelt eingepaßt sind, kurz ausdrücken. (Uexküll 1921, S. 46)

In der Tat schließt sich der Regelkreis durch dieses Zusammenfallen im selben Objekt: Der Organismus reagiert nun auf ein äußeres Objekt in einer angemessenen Weise, nämlich so, dass das Merkmal – nach erfolgreicher Flucht vor dem Feind oder nach erfolgreichem Verspeisen der Beute – letztendlich verschwindet.[1] Merkwelt und Wirkwelt ergänzen sich zu dem, was Uexküll die ›Umwelt‹ nennt:

> alles, was ein Subjekt merkt, wird zu seiner *Merkwelt*, und alles, was es wirkt, zu seiner *Wirkwelt*. Merkwelt

---

[1] Uexküll 1940, S. 13.

und Wirkwelt bilden gemeinsam eine geschlossene Einheit, die *Umwelt*. (Uexküll 1934, S. viii)

›Umwelt‹ bezeichnet mithin nicht die Vorstellung einer objektiven Außenwelt, von der die Physik handelt. Die Umwelt im Sinne Uexkülls ist für jedes Lebewesen mit seiner sinnesphysiologischen Ausstattung eine eigene. Die Umwelt von niederen Lebewesen wie der Zecke oder dem Seeigel ist dabei entsprechend ihrer sinnesphysiologischen Organisation ebenfalls primitiv. In höherentwickelten Lebewesen überlagern sich immer mehr Funktionskreise. Tritt ein Sehorgan auf, können auch Licht oder sogar Formen wahrgenommen werden. In der höchsten Entwicklungsform, die wir kennen – und an der wir auch teilhaben – werden die wahrgenommenen Merkmale schließlich in einen dreidimensionalen Sehraum ›hinausverlegt‹,[1] und es entsteht die Wahrnehmung einer uns umgebenden Welt, die wir für die Wirklichkeit halten:

> Das Tier flieht nicht mehr vor den Reizen, die der Feind ihm zusendet, sondern vor einem Spiegelbilde des Feindes, das in einer Spiegelwelt entsteht. (Uexküll 1921, S. 168)

Aber auch diese ›Gegenwelt‹, wie Uexküll sie nennt, ist noch nicht mit der objektiven Welt der Physik identisch. Sie setzt sich nicht aus neutralen ›Gegenständen‹ zusammen, sondern aus den Reizen, die für den Organismus relevant sind und auf die er adäquat reagieren kann. Die Umwelt ist in diesem Sinn inhärent ›bedeutungsvoll‹, die Dinge haben einen ›Ton‹. Die Nahrung hat für den Hund einen ›Hundefreßton‹, das Schneckenhaus für den Einsiedlerkrebs einen spezifischen ›Wohnton‹.[2]

Mit diesem theoretischen Ansatz gilt Jakob von Uexküll als ein Wegbereiter der Ökologie im Allgemeinen und der ökologischen Wahrnehmungstheorie im Besonderen. Aber wo hat in seiner Theorie die Technik Platz? Auf den ersten Blick präsentiert sich die Wahrnehmung als reiner Gegenstand der empirischen Sinnesphysiologie ohne Relevanz für die Technikphilosophie. Aber die Technik hat in Wahrheit auch bei der Wahrnehmung ein Wort mitzureden, wie wir auf den folgenden Seiten herausarbeiten werden. Die volle Bedeutung der Technik für die Wahrnehmung werden wir erst erfassen, wenn

---

[1] Uexküll 1934, S. 52.   [2] Uexküll 1940, S. 5.

wir im nächsten Abschnitt auch die symbolische Technik einbeziehen (↓ S. 137). In einem ersten Schritt konzentrieren wir uns jedoch auf die materielle Technik der Werkzeuge. Ihre Rolle in der Wahrnehmung zu verstehen, heißt nichts anderes, als ihre (möglichen) Orte im Funktionskreis zu bestimmen, und deren gibt es tatsächlich mehrere, auch wenn ihre Identifikation ein wenig Arbeit erfordert und die Bereitschaft, auf Umwegen zum Ziel zu kommen.

Eine erste mögliche Interferenz der Werkzeugtechnik mit dem Funktionskreis erwähnt Uexküll selbst: die Werkzeuge können direkt zwischen Organismus und Gegenstand treten, nämlich als klassisches Werkzeug seitens der Effektoren oder als ›Merkzeug‹ seitens der Rezeptoren, wobei unter letztere Kategorie alle Instrumente fallen, welche die menschliche Wahrnehmung verbessern, also Brillen, Teleskope, Radioapparate usw.[1] Aus dieser Perspektive kann man, wie Uexküll bemerkt, den Organismus selbst gewissermaßen als eine aus Werk- und Merkzeugen zusammengesetzte Maschine verstehen (was im Allgemeinen nicht mit unserem Begriff des somatischen Werkzeugs übereinstimmt, der erlerntem Verhalten vorbehalten war).

Als zweites kann das Werkzeug schlicht und ergreifend an die Stelle des Objekts treten, welches wahrgenommen wird. Dieser Fall beschäftigte Uexküll nicht besonders – er ist zumindest nicht an der Oberfläche seiner Schriften sichtbar –, war aber bei anderen Autoren Gegenstand experimentellen Studiums und theoretischer Auseinandersetzung. Der Verhaltensforscher Wolfgang Köhler, mit dem wir bereits Bekanntschaft gemacht haben, entwickelte die Theorie des ›Funktionswertes‹ (welche später auch Vygotskij aufgriff, ↓ S. 139). Anlass war für Köhler die Beobachtung unerwarteter Schranken im Werkzeuggebrauch von Schimpansen, die oft zur Lösung einer gestellten Aufgabe den zur Verfügung stehenden Ressourcenraum nicht voll ausnutzten. Köhler vermutete, dass die Schimpansen die Ressourcen, die uns in die Augen springen, schlicht nicht sehen:

> Sind die einzelnen Bretter so nebeneinander auf die Kiste genagelt, daß sie eine geschlossene Fläche ohne auffallende Fugen bilden, so wird der Schimpanse hier nicht leicht ›mögliche Stöcke‹ sehen, auch wenn er deren dringend bedarf [...]. Denn die optische Festigkeit

[1] Uexküll 1934, S. vii und Uexküll 1940, S. 55.

Affordanzen

James J. Gibsons ökologische Theorie der Wahrnehmung

(1979)

Das Sehen – als Paradefall der Wahrnehmung – stellt man sich oft als Projektion der Außenwelt auf die Netzhaut vor. Der Sehnerv leitet das Bild ins Gehirn weiter, wo es vom Geist, als seinem Bewohner, interpretiert werden muss. Insbesondere stellt sich dem Geist die Herausforderung, aus den zweidimensionalen Bildern wieder eine dreidimensionale Vorstellung zu gewinnen und die Bedeutung der wahrgenommenen Gegenstände zu eruieren. Man spricht auch von einem ›cartesischen Theater‹.

Nach dem amerikanischen Psychologen James J. Gibson stellt dieses Modell ein bloßes Artefakt des üblichen Designs wahrnehmungspsychologischer Experimente dar, in welchen die Versuchsperson durch eine fixierte Blende gucken muss. Wirkliche Wahrnehmung funktioniert anders. Wir blicken mit zwei beweglichen Augen in einem beweglichen Kopf, der auf den Schultern eines Körpers ruht, der mit beiden Füßen auf dem Boden steht. Dieser bewegliche Erkundungs-Apparat extrahiert Invarianten aus dem turbulenten Fluss von Sinneseindrücken. Diese Wahrnehmung ist kein zweistufiger Prozess – Affizierung des passiven Sinnesapparats, Interpretation durch den aktiven Geist. Vielmehr wird vom aktiven Gesamtsystem in einem einzigen Schritt direkt die relevante Information aufgenommen.

Aufgrund ihrer Struktur beinhaltet die Wahrnehmung der Umwelt (*exteroreception*) auch immer Selbstwahrnehmung (*egoreception*, *proprioception*). Wahrnehmen heißt, »sich der Umwelt und seiner selbst in ihr gewahr zu sein«. Die Verschränkung von Perzeption und Propriozeption zeigt, dass Selbst und Umwelt nicht wie im cartesianischen Dualismus getrennte Substanzen sind. Ihre Reziprozität zeigt sich anschaulich am Phänomen der Horizontlinie, die die Gegenstände immer auf der Augenhöhe des Betrachters schneidet und somit in dem illusionären Bild der objektiven Wirklichkeit doch einen subjektiven Marker hinterlässt. Einen ambivalenten Status haben die eigenen Extremitäten, die in das Sichtfeld ragen, und die Werkzeuge, die aus der Umwelt stammen. Beide sind ›Semi-Objekte‹, in welchen Körper und Umwelt ineinander übergehen.

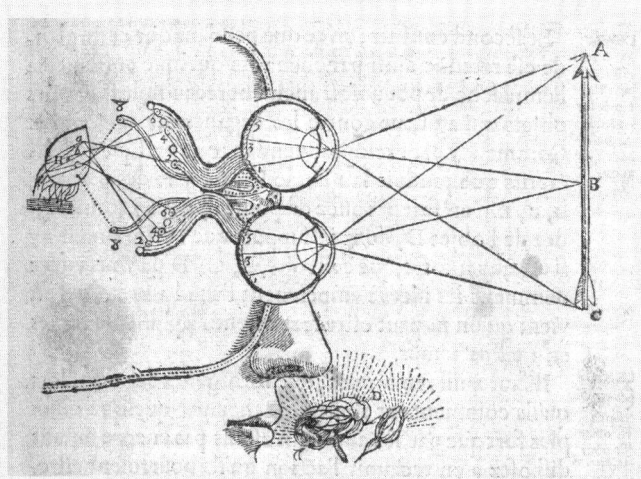

Ein zentraler Begriff von Gibsons Theorie ist der der ›Affordanz‹, ein Kunstwort, welches von dem Verb ›*to afford*‹, also ›gestatten, ermöglichen‹ abgeleitet ist. Man könnte mit Lewin (1926) vom »Aufforderungscharakter« sprechen. Mit dem Begriff der Affordanz beschreibt Gibson die Tatsache, dass wahrgenommene Gegenstände »ein entsprechendes Verhalten verlangen oder dazu einladen«. Der Betrachter sieht, was mit einem Gegenstand gemacht und bewirkt werden kann. Affordanzen werden dabei nicht einem neutralen Gegenstand übergestülpt, sondern sind primär in der Wahrnehmung, in welcher die Gegenstände immer schon als bedeutungsvolle, ganzheitliche Objekte gegeben sind.

Affordanzen hängen nicht nur von den Eigenschaften des Gegenstandes ab – also seiner Eignung zu bestimmten Zwecken –, sondern spiegeln zugleich auch die Eigenschaften des wahrnehmenden Lebewesens wider. Die Affordanzen der ›Transportierbarkeit‹ oder ›Fassbarkeit‹ bestehen nun in Bezug auf die Hand und den Muskelapparat eines Organismus. Auch an den Affordanzen als den unmittelbar bedeutungsvollen Elementen des Wahrnehmungsraums zeigt sich mithin die Reziprozität von Umwelt und Organismus, Subjekt und Objekt. Die ökologische Nische, wie sie vom Organismus wahrgenommen wird, ist nichts anderes als eine Gesamtheit von Affordanzen.

scheint nicht so zu wirken, als ob sie dem Schimpansen sagt: dies Brett sitzt fest – sondern so, daß er überhaupt kein Brett ›als Teil‹ sieht. [...]

Einen Ast des Baumes von diesem gewissermaßen als Stock ›loszusehen‹, ist schon schwerer, und so hat [das Schimpansenweibchen] Grande ja auch zweimal den Baum betrachtet, ohne daß dieser Erfolg eingetreten wäre. (Köhler 1921, S. 75 und S. 78)

Die Schimpansen sind, so schlussfolgerte Köhler, »durch eine Schranke ihrer ›optischen Einsicht‹ prinzipiell behindert« (ebd., S. 109). Dieser Tatsache sollte der Begriff des ›Funktions-‹ oder ›Situationswerts‹ Rechnung tragen, dem bei Uexküll die Metapher des ›Tons‹ entspricht (›Wohnton‹, ›Schutzton‹, ›Fresston‹). Tatsächlich sind wir durch Uexkülls ökologische Wahrnehmungstheorie gut vorbereitet, da wir schon gelernt haben, die Gegenstände der Umwelt durch die Sinnesorgane der Lebewesen und in Bezug auf ihre praktischen Bedürfnisse hin zu sehen. Der Begriff des Funktionswerts beschreibt im selben Sinne keine objektive und prinzipielle praktische Eignung eines potentiellen Werkzeugs, sondern das unmittelbare Erfassen dieser Eignung durch ein Lebewesen in einer spezifischen Situation.

Der Funktionswert hängt also von einer ganzen Reihe ›holistischer‹ Parameter ab (er wird als Teil einer Situation durch das Ganze dieser Situation bestimmt, wie Vygotskij unterstreicht[1]): dem praktischen Problem, der geometrischen Konstellation, dem Wahrnehmungsapparat (Rezeptoren), aber auch – und diese Beobachtung ist für unsere Fragestellung nun wesentlich – von den von Uexküll so genannten Effektoren, also den Werkzeugorganen des Lebewesens. Wir hatten ja bereits früher Köhlers Beobachtung erwähnt (↑ S. 76), dass ein Brett für einen mit greifenden Zehen ausgestatteten Schimpansen durchaus einen ›Leiterwert‹ haben kann, also einer ›echten‹ Leiter (mit ›Menschenleiterton‹) funktional äquivalent ist.

Der heutige Leser verbindet diesen Gedanken natürlich direkt mit dem Begriff der ›affordance‹ des amerikanischen Psychologen und Wahrnehmungstheoretikers James J. Gibson (↑ Box S. 124). Bei genauer Lektüre finden wir diesen Gedanken auch bei Uexküll ausgesprochen. In *Umwelt und Innenwelt der Tiere* erläutert er den

---

[1] Luria und Vygotsky 1992, S. 16.

Begriff der Umwelt wie folgt:

> die Umwelt ist ihrerseits nur verständlich aus ihren Beziehungen zu den Handlungen des Tieres. Die Umwelt besteht nur aus denjenigen Fragen, die das Tier beantworten kann. (Uexküll 1921, S. 71 f.)

Diese Bestimmung des Umweltbegriffs geht aber weit über den subjektivierten Begriff der ›Umwelt für das Tier‹ oder ›wie sie dem Tier erscheint‹, den man Uexküll gemeinhin zuschreibt, hinaus! Die jeweilige Umwelt des Tieres ist nach Uexküll ja offenbar nicht nur durch die spezifische Sinnesphysiologie bestimmt, also die Rezeptoren, sondern auch durch die übrige organische Ausstattung, insbesondere die Effektoren, welche es dem Organismus erlauben, die »Frage zu beantworten«, sich also in einer Situation adäquat zu verhalten. Wenn man diesen Gedanken ernst nimmt – und daran führt kein Weg vorbei –, bedeutet dies, dass sich ›Merkwelt‹ und ›Wirkwelt‹ in Wirklichkeit nicht so sauber trennen lassen, wie es das Schema des Funktionskreises suggeriert! In den *Streifzügen durch die Umwelten von Tieren und Menschen* räumt Uexküll diese Tatsache ausdrücklich ein und betont,

> daß bereits in den Umwelten der Gliederfüßer das von den Sinnesorganen gelieferte Merkbild ergänzt und verändert werden kann durch ein von der darauf einsetzenden Handlung abhängiges ›Wirkbild‹. [...] Wirkbilder wird man nur dann voraussetzen können, wo zentrale Wirkorgane vorhanden sind, die die Handlungen der Tiere beherrschen. [... Sie sind] die in die Umwelt projizierten Leistungen der Tiere [...], die den Merkbildern durch den Wirkton erst ihre Bedeutung verleihen. (Uexküll 1934, S. 56–60)

Die im Schema des Funktionskreises säuberlich getrennten Merk- und Wirkwelten sind in Wirklichkeit »innig verschmolzen«. Man mache sich die Tragweite dieser Erläuterung bewusst: Wir sehen nicht nur mit unseren Augen, sondern auch mit den Händen, insofern die Hände als unsere wichtigsten Wirkorgane (oder organischen Werkzeuge) mitbestimmen, welche Aspekte der Wirklichkeit – nämlich die möglichen Angriffspunkte unserer Hände – als bedeutungsvoll hervortreten. Wenn wir bei identischen Sinnesorganen Hufe statt

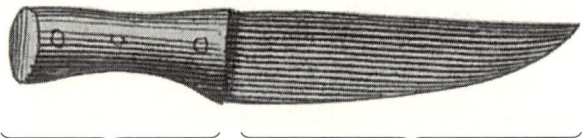

| Organismus-seitige | Umwelt-seitige Affordanz: |
| Affordanz: Griff | Schneide, Spitze, Hebel |

Abb. 30: Die zwei Seiten der Affordanz.

Hände hätten (und dementsprechend die Lippen und Zähne unsere wichtigsten Wirkorgane darstellten), würde unsere Umwelt eine andere Gestalt haben. Nervensystem, Körper und Umwelt müssen als ein evolutionär eingespieltes Ganzes betrachtet werden, wie die heutige Forschung im Ansatz der ›verkörperten Kognition‹ (*embodiment*) ausdrücklich feststellt.[1]

Indem wir auf der Suche nach der Bedeutung des Werkzeugs für die Wahrnehmung einfach das Werkzeug als Gegenstand der Wahrnehmung erwogen, machten wir also eine erste ziemlich überraschende, aber wichtige Entdeckung: die körpereigenen Werkzeuge der Wirkorgane haben ihren Anteil an der Formung der Wahrnehmung. Wir können nun aber noch ein oder zwei Schritte weiterkommen, indem wir dieselbe Spur weiter verfolgen. Bisher haben wir das Werkzeug ja nur in seiner Passung zum Organismus betrachtet, für welche die Wirkorgane – zuallererst die Hände – ausschlaggebend sind. Die Werkzeuge haben indes – als Medien oder Vermittler – nicht nur eine Passung zum Subjekt, sondern auch zur Umwelt, insbesondere ihrem Bearbeitungsgegenstand (Abb. 30).

Köhlers Begriff des Funktionswerts und Gibsons Begriff der Affordanz decken beide Seiten der Passung ab. Das Brett konnte in Köhlers Versuch den Funktionswert einer Schimpansenleiter annehmen, da es zu den Greiforganen des Affen passt *und* die richtige Länge hatte, um auf die gewünschte Höhe zu klettern. Insofern sind keine begrifflichen Nachschärfungen nötig, um den Aspekt der Passung zur Umwelt berücksichtigen zu können. Aber es taucht nun ein an-

---

[1] Chiel und Beer 1997.

derer, gänzlich neuer Aspekt auf, der dem Bild eine neue Färbung gibt: Werkzeuge werden erfunden, ihre Nützlichkeit wird entdeckt. Damit erhält die Affordanz eine historische Dimension. Die Funktionswerte sind nicht mehr phylogenetisch fixierte Parameter, sondern können erlernt werden. In der Literatur finden sich gelegentlich Ausdrücke wie ›kulturelle Affordanz‹ und ›erlernte Affordanz‹.[1] Auch Uexküll, der eigentlich von einer biologisch fixierten Bedeutung ausging, räumte die Rolle der Erfahrung ein und integrierte diese in seine Theorie der direkten Wahrnehmung von Bedeutungen:

> Wie machen wir es, um dem Stuhl das Sitzen, der Tasse das Trinken, der Leiter das Klettern anzusehen, was in keinem Fall sinnlich gegeben ist? Wir sehen allen Gegenständen, deren Benutzung wir erlernt haben, die Leistung, die wir mit ihnen ausüben, mit der gleichen Sicherheit an wie Form oder Farbe. (Uexküll 1934, S. 59)

Wenn wir endlich so weit gekommen sind, zu verstehen, dass sich erstens die körpereigenen Wirkorgane durchaus in die Wahrnehmung der Umwelt mischen und diese strukturieren, und zweitens die Affordanzen von wahrgenommenen äußerlichen Werkzeugen eine historische Dimension haben, dann ist es nur noch ein letzter konsequenter Schritt, diese historische Dimension auf den ersten Aspekt auszudehnen. Wir lernen ja nicht nur, was wir mit einem Werkzeug in der Hand tun können, also welche Beziehung zwischen Werkzeug und Umwelt besteht, sondern lassen uns auch vom Werkzeug darüber belehren, wie wir es zu ergreifen haben, also welche Beziehung zwischen ihm und unserem Körper besteht.

Zwar, wie schon anfangs angekündigt, nicht auf direktem Wege, aber gleichwohl nach nur wenigen Seiten sind wir bei unserem Resultat angelangt: Die ›Spiegelwelt‹ – nach Uexkülls Ausdruck –, welche wir im wahrsten Sinne des Wortes ›vor unseren Augen sehen‹, bildet also nicht einfach die Wirklichkeit ab, sondern ist durch und durch technisch strukturiert: durch die körpereigenen ›Merkzeuge‹, nämlich den Sinnesapparat, der wie ein Filter wirkt; durch die körpereigenen ›Werkzeuge‹, allen voran die Hände, die bestimmen, was wir greifen und halten können, sodann durch die Körpergröße, die bestimmt, wo wir hinein- oder hindurchpassen,

---

[1] Sigaut 2012, Norman 2002, S. 135.

und, gemeinsam mit der Armlänge, was wir greifend erreichen können; schließlich aber auch durch die äußeren Werkzeuge, welche einerseits die körpereigenen Werkzeuge rückwirkend modifizieren, indem sie ihnen neue Bewegungsschemata abverlangen, aber ihr Wirken andererseits weiter in die Welt hinein verlängern. Um es einmal ganz konkret am Beispiel des Messers aus der Abbildung 30 zu verdeutlichen: Wer Hände hat zu greifen, wird dem Griff des Messers den Griffcharakter und der Klinge den Charakter der Schneide (und möglichen Gefahr für die Hand) ansehen; wer das ihm vertraute Messer in der Hand hält, der fusioniert mit dem Messer, und ihm werden sich die Dinge der Umwelt auf die Möglichkeit des Schneidens, Schnitzens, Stechens und Hebelns hin darbieten (und umgekehrt, um die Lehre der Exaptation nicht zu vergessen, werden die besonderen Herausforderungen der Situation bestimmen, als was das Messer wahrgenommen wird, als Schneide, Spitze, Hebel oder sogar – mit der stumpfen Seite des Griffes – als Hammer). All diese Faktoren bestimmen die bedeutungsvolle Umwelt unserer Wahrnehmung mit. Nicht erst der Blinde sieht mit seinen Händen und dem Stock.

3.2.2 Werkzeuge des Denkens

Wir wenden uns nach der Wahrnehmung nun dem Denken zu. Wir haben bereits gesehen, dass diese Reihenfolge nicht einem Aufstieg von den niederen zu den höheren kognitiven Funktionen entspricht, da die Wahrnehmung sich nicht auf eine passive Stimulierung des Sinnesapparates reduziert, sondern körperliche Bewegung, Wissen, Können und Erinnerung involviert. Wir betrachten das Denken schlicht als eine andere Art der kognitiven Fähigkeit, die von der Wahrnehmung begrifflich unterschieden werden kann, auch wenn in der Realität die eine kaum je auftritt, ohne die andere zu involvieren.

Um die Bedeutung der Technik für das Denken erfassen zu können, muss man in einem ersten Schritt paradoxerweise unseren Begriff der Kognition von seiner technischen Kolonisierung befreien. Im Laufe des 20. Jahrhunderts wurden die Kognitionswissenschaften ja zusehends von der technologischen Metapher des Computers geprägt, welche nicht nur das Denken in das Gehirn einsperrte, sondern auch implizierte, dass die Tätigkeit des letzteren im Grunde in der Verarbeitung von symbolisch kodierten Informationen besteht: Der

Sinnesapparat liefert in Form von Nervenimpulsen Informationen, und das Gehirn erzeugt durch angeborene oder erlernte Routinen der Informationsverarbeitung eine entsprechende Antwort, die an die ausführenden Organe des Körpers gesendet wird. Das Programm der Künstlichen Intelligenz ergibt sich daraus auf ganz natürliche Weise: Wenn es einem gelingt, Algorithmen zu programmieren, die den Routinen des Gehirns funktional äquivalent sind, erlangt man dadurch einerseits Einsicht in die versteckte Arbeitsweise unseres biologischen, kohlenstoffbasierten Computers (›schwache KI‹) und bringt andererseits vielleicht die künstlichen, siliziumbasierten Computer sogar dazu, das zu tun, was dem Menschen vorbehalten schien, nämlich zu denken (›starke KI‹).[1]

Problematisch an der Metapher der Informationsverarbeitung ist nun aber nicht ihre technische Natur, zumindest nicht in erster Linie (darauf werden wir zurückkommen, ↓ 3.3.2). Das Problem liegt vielmehr darin, dass diese Metapher es verbietet, Kognition als eine Leistung des Gesamtsystems von Nervensystem, Körper, natürlicher, kultureller und sozialer Umwelt zu begreifen. Sie reduziert die Symbole auf passive Vehikel fertiger Information. Arme und Hände werden zu nachgeordneten Empfängern des Outputsignals. Das Werkzeug kommt erst ins Spiel, wenn das Hirn seine Arbeit erledigt hat. Die spezielle technische Metapher blendet somit gerade die wirkliche Rolle der Technik in der Kognition aus.

Auf den folgenden Seiten werden wir versuchen zu verstehen, welche Rolle materielle und symbolische Werkzeuge im kognitiven Prozess spielen. Wir können dabei auf eine umfangreiche Literatur zurückgreifen, und zwar neben der aktuellen Forschungsliteratur zum Ansatz des Embodiment in der Kognitionswissenschaft überraschenderweise auch auf einen ganzen Schwung an alter Literatur. Denn mit dem ›computationalistischen‹ Ansatz ist auch seine Heldensaga von der Überwindung des alten Behaviorismus hinfällig.[2] Schon auf den letzten Seiten hat sich ja deutlich abgezeichnet, dass im Lichte aktueller Theorien in der Kognitionsforschung, der kognitiven Archäologie und der kulturellen Evolution eine ganze Menge alter Literatur in neuem Glanz erstrahlt, seien dies die Arbeiten der kulturhistorischen Schule der Entwicklungspsychologie um Lev Vygotskij oder die ökologischen Theorien der Wahrnehmung von Uexküll und Gibson.

[1] Searle 1980   [2] Vgl. Chomsky 2007.

Werkzeug, Welt und Dezentrierung

Eine bemerkenswerte Hypothese über den Einfluss des Werkzeuggebrauchs auf das Denken formulierte 1880 der Philosoph Ludwig Noiré in seinem Buch *Das Werkzeug*, auf welches wir bereits oben kurz zu sprechen gekommen sind, da es einen der ersten Versuche enthält, die Evolution der Technologie am Leitfaden der Exaptation zu rekonstruieren. Noiré legte mit diesem Buch aber nicht nur eine Theorie der exaptativen Koevolution von materieller, somatischer und symbolischer Technik vor, sondern stellte auch Mutmaßungen über den Einfluss der materiellen Werkzeuge auf das Denken an (↓ Box S. 133).[1]

Noirés Idee war, dass der Mensch erst am Werkzeug die Vorstellung eines objektiven Dings erlangt, welches autonom in der Welt steht und an anderen Elementen dieser Welt kausal Veränderungen bewirkt. Ernst Cassirer hat diesen Gedanken 1930 aufgegriffen und auf hilfreiche Weise ausformuliert (und abgesehen von der kulturhistorischen Schule der Entwicklungspsychologie in der Sowjetunion, die von Hartig und Noiré kurz Notiz nahm, beschränkt sich die Rezeption des vergessenen Klassikers darauf). Cassirer erkannte, dass in dem Moment, da sich das Werkzeug als Medium – d. h. als vermittelnder, zugleich trennender und verbindender Term – zwischen den Menschen und sein Werk fügt, im Grunde ein metaphysisches Ereignis stattfindet: Jetzt erst entstehen ein Subjekt und ein Objekt, die durch eine klare Grenze getrennt sind, »ein neuer Sinn des Ich und ein neuer Sinn der Welt«.[2]

Vor dem Werkzeuggebrauch imaginiert Cassirer eine Welt, in welche das Subjekt so unterschiedslos eingefügt ist, dass im Grunde weder diese Welt für das Subjekt noch dieses für sich selbst als getrennte und gegenständliche Entitäten existieren. Der Organismus wird von Willensimpulsen regiert, die ihn in die Welt eingreifen lassen, um seine Bedürfnisse zu befriedigen. Und allein nach diesem Modell einer gewissermaßen persönlichen Kausalität, in welcher ein Ich die Stelle der Ursache einnimmt, begreift dieses Wesen die ihn umgebende Welt, die ihm als ein Ganzes persönlicher Ursachen erscheint. Ob ein solcher ›Animismus‹, wie er Cassirer wohl vorschwebt, eine adäquate Beschreibung unserer werkzeuglosen Vorfahren darstellt, darf

---

[1] Schlaudt 2022a.   [2] Cassirer 1930/2004, S. 158.

Ludwig Noiré

DAS WERKZEUG

und seine Bedeutung für die
Entwicklungsgeschichte der Menschheit

(1880)

»Kein anderes Moment war von so hoher, unberechenbarer Wichtigkeit für die Entwickelung und Festigung des Denkens, als der Umstand, daß die seelenlose Materie eine bestimmte Gestalt annahm und von der Hand des Menschen geformt und umgeformt Zwecken diente und Arbeiten verrichtete, die alle übrigen Wesen nur vermittelst ihrer angeborenen Organe auszuführen im Stande sind. Die hohe Wichtigkeit liegt hauptsächlich in zwei Dingen: erstens in der Lösung oder Aussonderung des Causalverhältnisses, wodurch das letztere eine große, stets zunehmende Klarheit in dem menschlichen Bewußtsein erhält, und zweitens in der Objectivation oder Projicirung der eigenen, bisher nur in dem dunkleren Bewußtsein instinctiver Function thätigen Organe.

Verweilen wir hier zunächst bei dem ersten Punkte. [Ursprünglich sind es] nicht Akte der Erkenntniß, nicht in Ruhe und gleichsam von einem erhöhten Standpunkte aus schaut das Individuum auf Wirkendes und Gewirktes: es verhält sich leidend, auch wo es thätig ist, steht es unter der Herrschaft mächtiger, zwingender Impulse.

Ganz anders wird das Verhältniß, wenn das Werkzeug als Mittelglied zwischen den Willen und die beabsichtigte Wirkung tritt, wenn es im Dienste des ersteren eine Function übernimmt, deren Charakteristisches eben durch die letztere bestimmt wird und sich offenbart.

Denn hier ist der Causalbegriff augenscheinlich und sich gleichsam von selbst aufdrängend. Das Wirkende ist erst zu schaffen oder doch herbeizuschaffen; das Verhältniß des zweckmäßigen Mittels zu der beabsichtigten Wirkung ist eben das Causalverhältnis selbst, es tritt hier der beobachtenden Betrachtung in seiner einfachen, handgreiflichen Verkörperung entgegen. Es appellirt gleichmäßig an den Willen, wie an das Denken, an jenen, um die unvollkommen erreichte Wirkung durch Veränderung d. h. Verbesserung des Wirkenden zu erhöhen, an dieses, indem die beiden Glieder oder Factoren der Causalfunction in ihrem Zusammenhange und doch auch wieder getrennt angeschaut und gedacht werden müssen.«

bezweifelt werden. Wir kennen den Animismus ja als eine Kosmologie des anatomisch modernen Menschen, während – wie wir heute wissen – Werkzeuggebrauch und sogar -herstellung schon vor drei Millionen Jahren bei den Australopithecinen existierte, also noch vor dem Prozess der Enzephalisierung, die erst das moderne Gehirn hervorbrachte. Wie es im Kopf dieser Wesen ausgesehen haben mag, darüber lässt sich nicht einmal spekulieren.

Aber wir können Cassirers Gemälde als eine bloße Fiktion akzeptieren, die nicht die Wirklichkeit beschreiben will, sondern bloß helfen soll, die Bedeutung des Werkzeuggebrauchs für die Kognition herauszuarbeiten. Relevant wird das Werkzeug dabei überhaupt nur aufgrund seiner Eigengesetzlichkeit, die man heute als ›Materialität‹ oder ›agency‹ bezeichnen würde:

> [Das Werkzeug] gehorcht seinem eigenen Gesetz: einem
> Gesetz, das der Dingwelt angehört und das demgemäß
> mit einem fremden Maß und einer fremden Norm in den
> freien Rhythmus der natürlichen Bewegung einbricht.
> (Cassirer 1930/2004, S. 171)

Wer ein Werkzeug gebraucht, ist daran interessiert, was sich mit dem Werkzeug machen lässt. Cassirer hingegen beobachtet, was das Werkzeug mit uns macht. Und seine Wirkung ist laut Cassirer eine doppelte:

> [Das Werkzeug] stellt sich *zwischen* den ersten Ansatz
> des Willens und das Ziel – und es gestattet in dieser
> Zwischenstellung erst, beide voneinander zu sondern
> und in die gehörige Distanz zu setzen. (ebd., S. 158 f.)

Nachdem das Werkzeug die beiden Pole von Wille und Ziel einmal getrennt hat, unterwirft es sie einer vollständigen Transformation. Zum einen verkörpert das Werkzeug ein neues Modell von Gegenständlichkeit und Kausalität. Die Wirkung am Arbeitsgegenstand geht nicht mehr unmittelbar von den eigenen, willensmäßig bewegten Gliedmaßen aus, sondern von dem vermittelnden Werkzeug, an welchem erstmalig eine Art ›domestizierte‹ Ursache zu beobachten ist, nämlich eine Ursache, die zwar durchaus eine Wirkung entfaltet, dies aber auf eine berechenbare, gesetzmäßige Weise tut und nicht mehr als launenhaftes Subjekt. Hier zeichnet sich in ersten Umrissen eine ›objektive‹ Welt ab, am Horizont erscheint die »Wirklichkeit als Kosmos, als Ordnung und Form«.

Dieser domestizierten Wirklichkeit steht spiegelbildlich ein neues Subjekt gegenüber, welches sich ebenfalls durch das Werkzeug hat domestizieren lassen. Gegenstand der Domestizierung ist das wilde Subjekt, nämlich der den Organismus bewohnende Wille, dem es unterworfen ist, ohne ihn selbst unterwerfen zu können. Das Werkzeug als äußere Macht ändert allerdings die Spielregeln in der handelnden Realisierung des Willens:

> Im Werkzeug und seinem Gebrauch hingegen wird gewissermaßen zum ersten Male das erstrebte Ziel in die Ferne gerückt. Statt wie gebannt auf dieses Ziel hinzusehen, lernt der Mensch von ihm ›abzusehen‹ – und ebendieses Absehen wird zum Mittel und zur Bedingung seiner Erreichung. Diese Form des Sehens ist es erst, die das ›absichtliche‹ Tun des Menschen von dem tierischen Instinkt scheidet. (ebd., S. 159)

Cassirer belastet den Werkzeuggebrauch hier mit einer ansehnlichen Hypothek. Nichts weniger als die Fähigkeit zu absichtsvollem und geplantem Handeln sollen wir ihm verdanken.

Es wird den Leserinnen und Lesern nicht entgangen sein, dass wir mit dieser eigentümlichen Vorstellung, dass im Werkzeug nicht einfach der Mensch sich die Natur aneignet, sondern die angeeignete Natur umgekehrt auch erst den Menschen domestiziert, wieder auf jenen wichtigen Gegenpol in der ökologischen Analyse der Technik gestoßen sind, den wir heute mit dem Begriff der *agency* beschreiben. Und wenn wir in der aktuellen Literatur nach einem Ansatz suchen, der die spekulativen Überlegungen von Noiré und Cassirer beerbt, so werden wir tatsächlich fündig, nämlich bei dem französischen Agraringenieur und Historiker François Sigaut (1940–2012). In seinem Buch *Comment homo devint faber* (›Wie *Homo* zum *faber* wurde‹) von 2012 schließt Sigaut direkt an die uns bereits hinlänglich bekannte ökologische Theorie der Wahrnehmung an, nach welcher jeder Organismus in einer primär bedeutungsvollen Umwelt lebt, in welcher er den Dingen ihre Bedeutungen und Affordanzen unmittelbar ansieht. Mit diesem Begriff von Wahrnehmung geht die wichtige Erkenntnis einher, dass ›nackte‹ physische Objekte sekundäre Abstraktionen sind.

Abb. 31: Jean Baptiste Chardin, *Der Silberbecher*, Öl auf Leinwand, um 1768. Wer vermag hier *nicht* den Silberbecher mit spiegelnder Oberfläche zu sehen, sondern bloß eine geschickte Anordnung von Farbklecksen?

Man kann sich diese Einsicht an dem analogen Beispiel der optischen Sinneseindrücke verdeutlichen. Das optische Sehfeld, das der zweidimensionalen Projektion der Umwelt auf die Retina entspricht, besteht in gewisser Weise aus Farbflecken, die in einer Fläche angeordnet sind. Im späten 19. Jahrhundert haben empiristische Philosophen daher die Frage aufgeworfen, wie wir von diesen Farbflecken zur Wahrnehmung von Gegenständen und der Erkenntnis ihrer räumlichen und kausalen Verhältnisse gelangen. Aber sind die Sinneseindrücke wirklich primär? Tatsächlich sehen wir ja direkt die Gegenstände im Raum. Wir sehen zum Beispiel die spiegelnde Oberfläche eines Silberbechers, und es verlangt das geschulte Auge eines Malers, um das Silber, welches der Laie wahrnimmt, in eine Reihe farbiger Reflexe aufzulösen, um mit einigen Tupfern von Weiß, Grün, Gelb und Braun auf der Leinwand wieder die vollkommene Illusion von Silber zu erzeugen (Abb. 31).

Nur der Maler ›sieht‹ die Sinneseindrücke, weil er es gelernt hat, während es für den Laien nur räumliche Dinge gibt. Und entsprechend können wir auch fragen, wie man dazu kommt, in einer bedeutungsvollen Umwelt ›bloße Objekte‹ wahrzunehmen, die ihrer Nützlichkeit entkleidet sind, denn genau auf diese Frage läuft Noirés und Cassirers Hypothese aus der Perspektive der ökologischen Wahrnehmungstheorie hinaus: Wie kommt man von den in der Wahrnehmung primären bedeutungsvollen Dingen zu der Vorstellung neutraler, physischer Objekte? Sigauts Hypothese lautet, dass dies gerade im Umgang mit dem Werkzeug geschieht, weil dieses nämlich keine natürliche Bedeutung oder Affordanz hat, sondern sein Gebrauch erst erlernt werden muss.

Der Lernprozess ist ein Paradefall dessen, was man in der kognitiven Archäologie mit Malafouris als ›*material engagement*‹ bezeichnet (↑ Box S. 111). Der Lernende lässt sich nach Leroi-Gourhans Worten auf einen ›Dialog‹ mit dem Material ein und handelt einen Kompromiss zwischen seinen eigenen Vorstellungen und dem Willen des Gegenstandes aus.[1] In diesem Prozess tritt nach Sigaut ein Ereignis ein, welches er ›Dezentrierung‹ (*décentration*) nennt: Kraft seiner Eigenwilligkeit erzwingt das Werkzeug eine Teilung der Aufmerksamkeit zwischen dem ursprünglichen Handlungsziel und dem sich nun zu Wort meldenden Handlungsmittel.[2] Der Begriff des aktiven Aufmerksamkeitsfokus aus der Methode der Kognigramme (↑ S. 81) bietet sich hier von selbst an. Aber während die Kognigramme ein reines Analyseinstrument darstellen, welches dazu dient, den kognitiven Anspruch einer Technik zu eruieren, wagt Sigaut hier eine kausale Hypothese über die Genese oder zumindest die Aktivierung der Fähigkeit zur Teilung der Aufmerksamkeit im Werkzeuggebrauch und einer daraus resultierenden Vorstellung neutraler Gegenstände.

Sprechen, Denken, Handeln

Damit kommen wir zu den symbolischen Werkzeugen und ihrer Bedeutung für die Kognition. Dass sie auf unserer Liste auftauchen, mag kaum überraschen, da ihre kognitive Bedeutung auf der Hand zu liegen scheint. Fast könnte man ja von Symbolen als ›kognitiven Werkzeugen‹ sprechen. Gleichwohl verlangt ihre Analyse nicht weniger Fingerspitzengefühl, denn worin genau die kognitive Bedeutung der Symbole besteht, bleibt eine kontroverse Frage.

Aus einer streng ›cerebralistischen‹ Perspektive stellt sich die Geschichte wie folgt dar: Die biologische Evolution führte zu einem Anwachsen des Gehirns (Enzephalisierung); das große Gehirn ermöglicht die Kognition; die Gedanken können in Symbolen ausgedrückt werden. Letzteren Prozess muss man sich als eine Externalisierung vorstellen: Ein Gedanke, der vorher ›im Kopf‹ war, wird in ein äußeres Medium übersetzt. Dies kann zu verschiedenen Zwecken gesche-

---

[1] Leroi-Gourhan 1965, S. 132.   [2] Sigaut 2012, S. 118-136.

hen, vornehmlich zwecks Speicherung und Kommunikation von Informationen und Gedanken. Diese Sichtweise geht mit einer Reihe impliziter Annahmen einher. Gedanken erscheinen gleichsam als private Entitäten, die zwar mit anderen geteilt werden können, aber ihren Ursprung im je individuellen Geist haben, und Symbolen wird nur eine rein passive Funktion zugestanden, nämlich öffentlich auszudrücken, was zuvor bereits für andere unsichtbar existierte. Vermutlich muss man in dieser Perspektive die Symbole sogar als unvollkommene Werkzeuge des Ausdrucks betrachten, da sie den abstrakt gefassten Gedanken oder das *in foro interno* empfundene Gefühl nie vollkommen angemessen und in ihrer ganzen Tiefe auszudrücken vermögen.

Dass an dieser Sicht auf die Symbole und ihre Rolle in der Kognition etwas nicht stimmt, haben wir schon eingangs des Kapitels am Beispiel des Kopfrechnens gesehen (↑ S. 108). Das Beispiel zeigte aber bloß, dass ganz bestimmte kognitive Operationen auf Symbolsystemen und der ihnen eigenen, irreduziblen Grammatik beruhen. Nun aber stellt sich die Herausforderung, systematisch auszuloten, worin die Bedeutung der Symbole besteht.

Die vermutlich radikalste Sichtweise auf diese Frage findet man im amerikanischen Behaviorismus des frühen 20. Jahrhunderts, allen voran bei dem Philosophen und Sozialpsychologen George Herbert Mead. Für ihn gibt es kurz gesagt überhaupt kein präverbales Denken. Zuerst lernt der Mensch sprechen, als ein ›äußeres‹, konditioniertes körperliches und soziales Verhalten. Das Sprechen dient im Wesentlichen der Koordination von kollektiven Handlungen. Hat man einmal diese Technik erlernt, kann man sie auf sich selbst anwenden, also mit sich selbst sprechen. Dies nennt man Denken. So ließen sich Meads Überlegungen aus seiner Vorlesung *Geist, Identität und Gesellschaft* von 1934 zusammenfassen.

Warum sollte man diese befremdliche Sichtweise, die allen Denkgewohnheiten widerspricht, einnehmen? Der Grund ist ganz einfach. Stellen wir uns einmal vor, jeder Mensch käme – wie Descartes sich dies vorstellte – mit einem fertigen, präverbalen Geist auf die Welt, der unabhängig vom Spracherwerb ist. Wie aber schaffen es nun diese Geister, miteinander in Kontakt zu treten? Sie gleichen laut Mead Gefangenen in Einzelhaft: Sie können durchaus versuchen, durch Klopfzeichen an der Zellenwand miteinander zu kommunizieren. Aber selbst wenn ihre Signale eine Antwort erhalten, wird es auf diesem Wege niemals möglich sein, einen verbindlichen Code zu etablieren, der die Übertragung von Informationen erlaubt, und streng genommen muss sogar immer ein Zweifel bestehen bleiben, ob in der Nachbarzelle – also im Kopfe meines Gegenüber – wirklich jemand haust und es wirklich ein Geist meinesgleichen ist, der mich in den Augen des anderen anblitzt.[1]

Die Situation ist verfahren genug für einen radikalen Neuanfang. Mead dreht die Situation also einfach um: Wenn sogar eine so schwerwiegende Annahme wie die der Existenz eines präverbalen und präsozialen Geistes uns nicht zu verstehen erlaubt, wie menschliche Kommunikation möglich ist, dann sollte man prüfen, ob nicht der umgekehrte Weg gangbar ist: Lässt sich vielleicht umgekehrt aus der menschlichen Kommunikation die Entstehung des Geistes erklären? Mead geht die Wette ein und erzählt auf mehreren hundert Seiten eine spekulative Geschichte, wie aus Gesten schließlich Geist und personale Identität entsprungen sein könnten. Der einfallsreiche Ansatz bietet natürlich philosophischen Sprengstoff. Wenige Zeit später, im Jahr 1956, hat Meads Landsmann Wilfrid Sellars die Konsequenzen für unsere Begriffe von Geist, Erkenntnis und Wahrnehmung mit der gebotenen Sorgfalt ausbuchstabiert (Box ↓ S. 140).

Meads behavioristischer Ansatz hat auch nach einem Jahrhundert nichts an Frische eingebüßt und ist noch immer provokativ und inspirierend. Zugleich akzeptiert er aber unhinterfragt den Zwang, dass eine Theorie des Geistes unbedingt den Ursprung der geistigen Phänomene aufzeigen müsse. Meads sowjetische Kollegen der kulturhistorischen Schule der Entwicklungspsychologie um Lev Vygotskij hingegen hatten zur selben Zeit erkannt, dass sich für die empirische Forschung ein fruchtbares Feld eröffnet, wenn man sich von diesem Zwang befreit. Denn auch wenn man die Frage nach dem Ursprung des Geistes unbeantwortet lässt und zugesteht, dass Geist und Sprache zwei verschiedene Wurzeln haben können, behalten die zentralen Fragen ihren guten Sinn: Welchen Einfluss hat der Spracherwerb auf die kognitiven Funktionen? Was leisten Begriffe? Wie verändert die Alphabetisierung das Denken?

Wir können uns Vygotskijs Ansatz leicht erschließen, da wir mit einem seiner wichtigsten Bezugspunkte, nämlich Wolfgang Köhlers

---

[1] Mead 1934/2008, S. 44, Anm. 6, und S. 55.

Der Geist als hypostasiertes Sprechen?

Wilfrid Sellars' behavioristische Philosophie des Geistes (1956)

Wie Mead, den er beerbt, lässt sich auch Sellars' »hegelianische Meditation« als eine auf den Kopf gestellte Alltagsphilosophie lesen. Die Vorlage bot 1928 der frühe Carnap mit der Lehre, alle Erkenntnis beginne logisch mit dem unmittelbar Gegebenen, nämlich dem ›Erlebnisstrom‹ oder dem ›Eigenpsychischen‹. Aus unseren Erlebnissen leiten wir ab, dass es eine physische Außenwelt gibt, dass manche Dinge in der Außenwelt wie wir mit Geist begabt sind, und schließlich dass wir mit diesen anderen Subjekten eine Sprache, Ideen und Kulturen teilen. Alle Erkenntnis basiere also letzthin auf unmittelbaren subjektiven Erlebnisinhalten. – Sellars wendet ein, dass Erkenntnis *Sachverhalte* zum Gegenstand hat, die wir in strukturierten Sätzen ausdrücken. Erlebnisinhalte oder Sinnesdaten hingegen sind das Ergebnis einer kausalen Einwirkung von *Gegenständen*. Zwischen beiden besteht eine unüberwindbare begriffliche Kluft.

Sellars verwirft daher diesen ›Mythos des Gegebenen‹, oder, wie man ebensogut sagen könnte, den Mythos der Unmittelbarkeit. Wie Mead die Genese, so dreht Sellars die logische Hierarchie um und beginnt mit der Sprache. Alle geistigen Inhalte sind immer schon sprachlich strukturiert, aber wie sich die Sprache entwickelt, lässt sich studieren. Anders als Mead entwirft Sellars eine idealtypische Ontogenese, nicht eine Phylogenese des Spracherwerbs.

Anfangs werden Menschen schlicht konditioniert, auf Situationen verbal in bestimmter Weise zu reagieren, z. B. auf rote Gegenstände mit dem Ausruf ›Das ist rot!‹. Auf Komplikationen der Praxis der Farbwahrnehmung und -kommunikation wird mit einer Anreicherung des Vokabulars reagiert, z. B. ›Das sieht rot aus‹. Allmählich gewinnt das Subjekt an Kompetenz. Wenn es sagt ›Es sieht rot aus, ist es aber nicht, wie man im Tageslicht sehen würde‹, verortet es seine Aussagen bereits in einem ›logischen Raum der Gründe‹. Jetzt hat es wirklich Erkenntnis von der Außenwelt.

Der Geist ist den Farben der Dinge nicht unähnlich, da auch er sich nicht immer zeigt. Unser Subjekt lernt dafür die Wörter ›Gedanke‹ und ›denken‹: Wenn sich mein Gegenüber jetzt frei äußern würde, würde es sagen, dass x – aber es spricht nicht und *denkt es nur*. Denken ist wie Sprechen ohne Sprechen. Schließlich wendet unser Subjekt dieses neue, mentale Vokabular auch auf sich selbst an. Ab jetzt *hat* es Gedanken, d. h. es kann über seine Gedanken kompetent sprechen und insofern die eigenen Gedanken kennen.

Die Verhältnisse haben sich in dieser Geschichte komplett umgedreht. Bei Carnap stehen zu Beginn subjektive Erlebnisse. Sie sind selbst infallibel (der täuschende Eindruck selbst ist keine Täuschung) und haben ihre eigene, primäre Semantik (d. h. Weltbezug). Bei Sellars hingegen ist die Sprache primär. Gedanken funktionieren nach dem Modell öffentlicher Sprechakte und beziehen aus ihnen ihre Semantik. Aber sie existieren durchaus als private Gegenstände, von welchen andere nicht unbedingt etwas wissen. Die Leistung von Sellars – sowohl gegenüber dem Mythos des Gegebenen als auch dem Standardbehaviorismus – besteht darin, die private Existenz der Gedanken mit der öffentlichen Semantik der Rede zu versöhnen.

Im nächsten Schritt lernt das Subjekt über seine Wahrnehmung zu sprechen, und ab jetzt *hat* es Wahrnehmungen. Auch das Verhältnis von Wahrnehmung und Sprache hat sich hier umgekehrt:

»Und dieser Grundgedanke wird durch die Überlegung gestärkt, dass wir, sobald wir die Vorstellung aufgeben, dass wir unseren Aufenthalt in dieser Welt mit einem – noch so vagen, bruchstückhaften und undifferenzierten – Bewusstsein des logischen Raums von Einzeldingen, Arten, Fakten und Ähnlichkeiten antreten, und erkennen, dass selbst so ›einfache‹ Begriffe wie derjenige der Farben das Ergebnis eines langen Prozesses öffentlich verstärkter Reaktionen auf öffentliche Objekte (einschließlich verbaler Äußerungen) in öffentlichen Situationen sind, werden wir uns vielleicht fragen, wie wir, selbst wenn es so etwas wie Eindrücke oder Empfindungen gibt, wissen können, dass es sie gibt, und welche Art von Dingen sie sind. Denn wir erkennen nun, dass wir nicht deshalb einen Begriff von etwas haben, weil wir diese Art von Dingen wahrgenommen haben, sondern dass die Fähigkeit, eine Art von Dingen wahrzunehmen, bereits bedeutet, dass wir einen Begriff von dieser Art von Dingen haben, aber nicht als Erklärung dafür dienen kann.« (§ 45)

Auch der Prozess des Erstspracherwerbs erscheint nun in einem neuen Licht. Das Kind lernt nicht, wahrgenommenen Dingen, Ereignissen und Tatsachen Wörter zuzuordnen, weil diese Elemente erst im logischen Raum des kompetenten Sprachverwenders existieren, den man nicht auf das Kleinkind projizieren darf. Richtiger ist es zu sagen, dass sich das Kind im sozialen Prozess des Spracherwerbs diesen Raum erst allmählich erschließt.

Studium intelligenten Verhaltens bei Menschenaffen, bereits ein wenig vertraut sind. Als er die Bedeutung der Sprache für die Menschen und insbesondere das lernende Kind verstehen wollte, musste Vygotskij bei der Lektüre von Köhler im Grunde nur noch eins und eins zusammenzählen. Das erste Element ist die objektive Schranke, die dem Verhalten der Schimpansen bei allem Geschick im Umgang mit Problemen gleichwohl gesetzt ist, und die Köhler als »optische Schranke« bezeichnete (↑ S. 126). Beispielsweise gelang es den Schimpansen nicht, in einer Problemsituation mögliche Werkzeuge in ihrer Umwelt »loszusehen«, wenn sie sich der Wahrnehmung nicht bereits von selbst hinreichend isoliert darboten. Ein wenig später formulierte Köhler rückblickend:

> Wie ich es wiederholt bei den Affen beobachtet habe, erscheinen diese Tiere nicht fähig, der gegebenen Organisation der Wahrnehmung durch willentliche Anstrengungen beizuspringen. Sie sind weit mehr die Sklaven ihres Wahrnehmungsfeldes als die erwachsenen Menschen. (Köhler 1930, S. 19)

Das zweite Element ist eben das Fehlen einer ›Sprache‹ bei den Schimpansen, wie Köhler auf den letzten Seiten seiner Studie von 1921 notierte, womit nicht jegliche soziale Kommunikation gemeint sein soll, sondern die Verwendung von Zeichen (Gesten, Lauten, Symbolen), die auf Gegenstände in der Umwelt referieren.

Vygotskij musste nun nur noch in letzterem – dem Fehlen einer Sprache mit objektiv bezeichnender Funktion – den Grund für ersteres – die optische Schranke in der Wahrnehmung – vermuten, um zu der Arbeitshypothese zu gelangen, dass es die Funktion sprachlicher Begriffe ist, für die Wahrnehmung praxisrelevante Elemente aus der Umwelt zu isolieren:

> Von den ersten Schritten der kindlichen Entwicklung an dringt das Wort in die Wahrnehmung des Kindes ein, trennt einzelne Elemente heraus, überwindet die natürliche Struktur des Wahrnehmungsfeldes und bildet gleichsam neue [...] Strukturzentren. (Vygotsky und Luria 1994, S. 125)

Diese Hypothese einer »versprachlichten Wahrnehmung« beim Menschen setzt einen Gedanken fort, den wir bereits bei Uexküll vorgefunden haben, dass nämlich der erlernte Werkzeuggebrauch in die Wahrnehmung eingreift und die Struktur des Wahrnehmungsfeldes affiziert (↑ S. 129). Bisher hatten wir diesen Gedanken für die somatischen und materiellen Werkzeuge ausgesprochen. Der Lernprozess beeinflusst die Bedeutung, die das Werkzeug hat, wenn es selbst wahrgenommen wird – als Ding, mit dem man dies oder jenes tun kann –, aber darüber hinaus auch die Wahrnehmung der Umwelt ›durch die Augen des Werkzeuges‹, also als Dinge, die man mit den eigenen Händen aufheben, tragen und werfen oder mit einem Messer kerben oder zerschneiden kann. Nun kommen als weitere Schicht die symbolischen Werkzeuge hinzu, die ebenfalls strukturierend eingreifen, und erst jetzt sehen wir das vollständige Bild vor uns.

Die Strukturierung der Wahrnehmung durch die Sprache birgt einen bemerkenswerten Aspekt, der vermutlich viel zu offensichtlich ist, als dass man sich bei ihm aufhält und seine Konsequenzen erfasst: Sprache ist eine soziale Technik. Die primäre Sprachsituation bildet die Kommunikation, in welcher die Begriffe von den Anderen kommen. Sie sind es, die auf relevante Aspekte der Umwelt aufmerksam machen. Ist die Sprache einmal erlernt, benötigt es den Anderen nicht mehr. Der Einzelne kann sich denkend selbst auf Elemente der Umwelt aufmerksam machen. Es bleibt indes eine soziale Praxis, womit erhellt, dass der sprachlich vermittelte Bezug zur Umwelt auch ein sozial vermittelter ist. Wir leben in einer Welt, die wir durch die Augen der Gesellschaft sehen, und passen uns der Umwelt soziotechnisch vermittels der Mitmenschen an.

Indem sich die Sprache in Wahrnehmung und Handeln einwebt, erfährt indes die gesamte innere Organisation des Menschen eine tiefgreifende Veränderung. Handlungssequenzen werden durch Reize ausgelöst, die im Organismus entsprechende Reaktionen hervorrufen. Beim Menschen gehören zu diesen Reizen die sprachlichen Signale als »Reize zweiter Ordnung« nicht weniger als die übrigen Reize der Umwelt, ja sie können diese sogar überlagern. Ernst Cassirer hat einen ähnlichen Gedanken auf sehr plastische Weise im Anschluss an die uns bereits bekannte Terminologie von Uexküll formuliert: Beim Menschen schiebe sich in den Funktionskreis (↑ Abb. 29, S. 121) zwischen Merk- und Wirknetz – also zwischen registriertem Reiz und die ihm entsprechende Reaktion – das ›Symbolnetz‹, womit sich die Regeln der Handlungsorganisation vollständig ändern:

> Der Funktionskreis beim Menschen ist nicht nur quantitativ erweitert, sondern hat sich auch qualitativ verändert. Der Mensch hat sozusagen eine neue Methode entdeckt, sich an seine Umwelt anzupassen. Zwischen dem Rezeptorsystem und dem Effektorsystem, die bei allen Tierarten zu finden sind, finden wir beim Menschen ein drittes Glied, das wir als symbolisches System bezeichnen können. Diese neue Errungenschaft verändert das gesamte menschliche Leben. Im Vergleich zu den anderen Tieren lebt der Mensch nicht einfach nur in einer ausgedehnteren Wirklichkeit, sondern sozusagen in einer neuen Dimension der Wirklichkeit. Es besteht ein unverkennbarer Unterschied zwischen organischen Reaktionen und menschlichen Antworten. Im ersten Fall wird eine direkte Erwiderung auf einen äußeren Reiz gegeben; im zweiten Fall wird die Erwiderung verzögert. Sie wird unterbrochen und verzögert durch einen langsamen und komplizierten Denkprozess. (Cassirer 2006, S. 29)

Die sprachliche Unterbrechung des Nexus von Reiz und Reaktion ist ursprünglich sozialer Natur. Nachdem das Kind aber die Soziotechnik des Sprechens einmal erlernt hat, kann es sie auf sich selbst anwenden und sein eigenes Wahrnehmen und Handeln beeinflussen, indem es »sein eigenes Verhalten entsprechend einem sozialen Typus organisiert«.[1] Vygotskij und Lurija beschreiben die Folgen in emphatischen Worten. Köhlers Feststellung, die Menschenaffen seien »Sklaven ihres Wahrnehmungsfeldes«, setzen sie die menschliche Freiheit entgegen. Kraft der Sprache emanzipiert sich der Mensch nicht nur von den biologischen Bestimmungen des natürlichen Wahrnehmungsfeldes, sondern auch von den eigenen Willensimpulsen. Erst mit der Sprache entsteht jenseits instinktiven Verhaltens das willentliche und absichtsvolle Verhalten, welches eine Selbstdomestizierung durch symbolische Sekundärreize voraussetzt.

Die symbolische Selbstdomestizierung steht offenkundig in Kontinuität mit der Autonomisierung des Organismus durch Homöostase, wie Cannon sie beschrieben hat – jeweils wird der Organismus

---

[1] Vygotsky und Luria 1994, S. 119.

ZWISCHEN NATUR UND KULTUR

Vygotskij und Lurija beschreiben den Spracherwerb als einen fundamentalen Wechsel der Organisation des Verhaltens von einem biologischen zu einem kulturellen, sozialen und historischen Typus. Der Übergang beinhaltet zwei Schritte, die sich zumindest gedanklich trennen lassen, nämlich die Befreiung vom natürlichen Typus und die Übernahme des kulturellen Typus. Claude Lévi-Strauss beschrieb 1949 die Menschenaffen als eine Gattung am Übergangspunkt – nicht mehr Natur, noch nicht Kultur:

»Alles scheint darauf hinzudeuten, daß es den Menschenaffen, die bereits fähig sind, sich von einem bestimmten Artverhalten zu differenzieren, nicht gelingt, auf anderer Ebene eine neue Form aufzustellen. Das Instinktverhalten verliert die Eindeutigkeit und die Präzision, die man bei den meisten Säugetieren antrifft; doch der Unterschied ist nur negativ, und das von der Natur aufgegebene Gebiet bleibt unbesetztes Territorium.« (Lévi-Strauss 1981, S. 51)

Diese Zeilen lassen einen sogleich an die Schilderung der Affenbande in Rudyard Kiplings *Dschungelbuch* von 1895 denken:

»›Hör zu, Menschenwelpe‹, sagte der Bär, und seine Stimme grollte wie Donner in einer heißen Nacht. ›Ich habe dich das ganze Dschungelgesetz gelehrt für alle Dschungelvölker – außer für das Affenvolk, das in den Bäumen lebt. Sie haben kein Gesetz. Sie sind verfemt. Sie haben keine eigene Sprache, sondern benutzen gestohlene Wörter, die sie hören, wenn sie oben in den Ästen lauschen und spähen und warten. Ihre Art ist nicht unsere Art. Sie haben keine Anführer. Sie haben kein Gedächtnis. Sie prahlen und plappern und geben vor, ein großartiges Volk zu sein, das bald großartige Taten im Dschungel vollbringen wird, aber wenn nur eine Nuss zu Boden fällt, brechen sie in Gelächter aus, und alles ist vergessen [...].‹ Ständig waren sie gerade dabei, einen Anführer zu wählen und eigene Gesetze und Bräuche zu erfinden, aber das trat nie ein, weil ihr Gedächtnis nicht von einem Tag bis zum nächsten reichte.« (Kipling 2015, S. 48 f.)

Als verhaltenswissenschaftliche Beobachtungen mögen beide Schilderungen nicht taugen. Als Fiktion, um sich den Übergang von Natur zu Kultur zu verdeutlichen, leisten sie indes gute Dienste.

»befreit«, indem durch Verzögerung Raum für eine komplexere Organisation geschaffen wird (↑ S. 40). Den genauen Mechanismus beschreiben Vygotskij und Lurija indes nur andeutungsweise. Einmal heißt es, dass der Mensch mittels sprachlicher Reize von außen auf sich selbst einwirkt und somit zu einer äußeren Kontrolle des eigenen Verhaltens gelangt. Ein andermal deuten sie an, dass es die Sprache dem Menschen erlaubt, die Wahrnehmung auf sich selbst zu lenken und sich gleichsam von außen als ein Objekt wahrzunehmen.[1] Durch die sprachliche Selbststimulierung vermag es der Mensch auf jeden Fall, vergangene Erfahrungen, alternative Szenarien und mögliche zukünftige Folgen in die Wahrnehmung der aktuellen Situation zu integrieren und somit zu einer geplanten Antwort auf die sich ihm bietende Situation zu gelangen. Die Rede von der Freiheit sollte man dabei nicht metaphysisch verstehen, als ob der Mensch das Reich der Naturnotwendigkeit verlässt und zu einer absoluten Freiheit gelangt. Vygotskij betont demgegenüber auch immer, dass wir es vielmehr mit einem Übergang von einer biologischen zu einer kulturellen Gesetzmäßigkeit zu tun haben (↑ Box S. 145). Der darin enthaltene Gewinn an ›Freiheit‹ entspricht vermutlich genau unserem Begriff der relativen Autonomie. Durch die kulturelle Organisation von Wahrnehmung und Reaktionsvorbereitung schafft sich der Mensch den nötigen Raum für geplantes Handeln. So etwas wie ein autonomes Selbst scheint hier auf, welches denkt und überlegt handelt. Aber diese relative Autonomie wird bezahlt mit einer neuen Metaabhängigkeit. Das autonome Wesen spinnt sich noch weiter in die kulturellen Techniken seiner Gemeinschaft ein, was enorme Hypotheken mit sich bringt. Die Gesellschaft muss eine Sprache entwickeln, pflegen und tradieren, die Nachkommen müssen sie erlernen. Die Sozialisationsgeschichte, also die lange Kindheit, spielt dabei eine Schlüsselrolle, da hier die Gesellschaft ihr Erbe weitergibt und die neue Generation es antritt.

Denken in Gesten, Dingen, Bildern und Zeichen

Bisher haben wir uns vor allem mit der Bedeutung der gesprochenen Sprache für die kognitiven Funktionen beschäftigt. Die symbolische Technik umfasst aber noch weitere Elemente: Gesten, Bilder,

[1] Vygotsky und Luria 1994, S. 145 und S. 111.

3.2 Technisch sehen, technisch denken, technisch fühlen 147

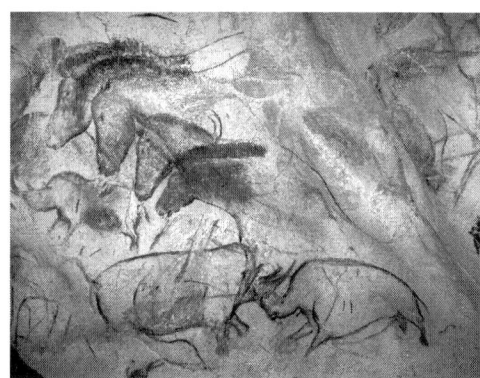

Abb. 32: Das Pferdefresko aus der Chauvet-Höhle in Frankreich. Der moderne, numerisch geschulte Betrachter sieht unwillkürlich vier Pferde. Gegenstand des Bildes könnte aber auch eine ›Herde‹ sein, wenn es sich nicht sogar um eine Bewegungsstudie oder eine Allegorie der Lebensalter oder Jahreszeiten handelt (vgl. Testart 2016, S. 52 ff.).

Zeichen, sogar einfache Gegenstände wie Schnüre, Steine, Muscheln usw. All diese ›Exogramme‹ können in bestimmten kognitiven Abläufen eine konstitutive Rolle spielen.[1] Man spricht in der heutigen Literatur von ›*scaffolding*‹, also dem Errichten eines Gerüstes, welches die kognitive Leistung ermöglicht. Das Standardbeispiel, das die Geister schon seit über einhundert Jahren beschäftigt und die uns interessierenden Beziehungen sehr facettenreich und plastisch illustriert, ist das Zählen.

Das Zählen hat durchaus eine biologische Wurzel in einer angeborenen Fähigkeit, die als Zahlensinn bezeichnet wird, und die wir mit anderen Tieren teilen. Wenn wir es mit kleinen Mengen von zwei, drei, vier oder fünf Gegenständen zu tun haben, nehmen wir ihre Anzahl direkt wahr – ›sehen‹ also, dass hier beispielsweise drei Früchte vor uns liegen oder vor uns auf dem Tisch mehr Äpfel als Datteln liegen –, ohne dass wir sie dazu einzeln abzählen müssten (↑ Abb. 31, S. 136). Dieser rudimentäre Zahlensinn spiegelt sich in den nicht weniger rudimentären Zahlworten mancher Sprachen wider, die jenseits von ›zwei‹ oder ›drei‹ direkt zu einem undifferenzierten ›viele‹ übergehen.[2]

Wenn man verstehen möchte, welcher Weg von diesem biologischen Anfangspunkt zu unserem heutigen Umgang mit Zahlen führt, springen einige wichtige Etappen sogleich in die Augen. Eine Herausforderung besteht fraglos darin, das Zählen über die vom biolo-

[1] Donald 2010.   [2] Butterworth u. a. 2008, Pica u. a. 2004.

gischen Zahlensinn abgedeckten Anzahlen hinauszuheben, um sich größere Zahlen zu erschließen. Ein weiterer wichtiger Schritt wird darin bestehen müssen, dass die Zahlen an Autonomie gewinnen, aus den Zahlwörtern als Instrumenten zur Bestimmung der Anzahl konkreter Mengen von Gegenständen also Namen von eigenständigen abstrakten Dingen werden, die unserem Geist mit derselben Gegenständlichkeit erscheinen wie die Dinge der Außenwelt. Dem pränumerischen Denken ist ja nicht nur die Vorstellung von ›16 Äpfeln‹ fremd, sondern noch viel mehr die Idee, bei der 16 selbst handele es sich um einen eigenständigen Gegenstand, über den man genauso sinnvolle Aussagen machen kann wie über Äpfel oder Planeten (›16 ist eine gerade Zahl‹, ›eine Quadratzahl‹, ›die Nachfolgerin der 15‹, etc.).

Vielleicht muss man die erste Etappe aber sogar auf einer noch basaleren Ebene ansetzen. Es ist ja schon die Idee fragwürdig, dass der pränumerische Verstand in einer Welt von aufgereihten Einzeldingen lebt, die prinzipiell zählbar wären, nur dass ihm dazu die Lust, die Mittel oder der Anlass fehlen. Das ›viele‹ der zahlenlosen Sprachen drückt ja keine Kapitulation vor der Wirklichkeit aus, sondern eine eigene Art, diese Wirklichkeit zu strukturieren, in welcher ›viele‹ – wie zum Beispiel auch die Wörter ›Herde‹ oder ›Gruppe‹ – eine als solche erfasste Ganzheit bezeichnet. Eine Herde Schafe sind indes ein ganz anderes Objekt als 137 Schafe. Wenn man diese Sicht akzeptiert, stellt sich zuallererst die Frage, wie es überhaupt dazu kommt, dass sich die wahrgenommene Wirklichkeit in Einzeldinge gliedert, die sich – salopp ausgedrückt – so brav und anständig benehmen wie die Einheiten des arithmetischen Zählens (↑ Abb. 32). Die alltagsweltliche Erfahrung lehrt ja erst einmal das Gegenteil: Zwei Einheiten zusammengenommen geben nicht unbedingt zwei. Manchmal stieben sie einfach wieder auseinander, manchmal gehen sie ein und ergeben somit null; manchmal ergeben sie drei, weil sie Nachkommen zeugen, und manchmal ergeben sie nur eins, weil das eine das andere zerfleischt und verschlingt. Die arithmetische Struktur von linearer Additivität muss eine spezielle Erfahrungsgrundlage haben, und der Autor dieser Zeilen hat gelegentlich vorgeschlagen, diese in rhythmisierten oder repetitiven Strukturen der prähistorischen Kunst zu suchen.[1]

---

[1] Schlaudt 2020a.

3.2 Technisch sehen, technisch denken, technisch fühlen 149

Auch wenn dieser Abstraktionsschritt geschafft ist und die Wirklichkeit durch die Brille idealisierter Einheiten betrachtet wird, muss die numerische Struktur noch über den engen Bereich des angeborenen Zahlensinns hinaus ausgedehnt werden. Hier kommen die materiellen Zählhilfen ins Spiel – Knoten oder Perlen auf Fäden, Ritzungen auf Knochen, symbolische Notationen und zuförderst natürlich die eigenen Finger und andere Körperteile. Lucien Lévy-Bruhls klassische Analyse des Zählens mit den Namen der Körperteile haben wir bereits als ein Beispiel der kulturellen Exaptation kennengelernt und müssen nicht darauf zurückkommen (↑ S. 94).

Auf diese Weise kommt man zu rudimentären, aber vollgültigen Weisen des Zählens. Diesen Zähltechniken sind natürlich enge praktische Grenzen gesetzt, vor allem in der absoluten Obergrenze der Zählreihe selbst. Um so interessanter ist es, zu sehen, wie die Kulturen es schaffen, diese Grenzen zu überwinden, allein indem sie die ihnen zur Verfügung stehenden Ressourcen kreativ und klug einsetzen. So beschreibt die Kognitionsarchäologin Karenleigh Overmann eine Variante des Zählens von Yamswurzeln in Polynesien, die darin besteht, jeweils neun Wurzeln zu zählen und die zehnte als Indikator eines Zehnerbündels beiseitezulegen. Am Ende angelangt, wird die Prozedur solange mit den beiseitegelegten Wurzeln wiederholt, bis ihre Anzahl kleiner als zehn ist. Die einfallsreiche innere Logik dieser Zählweise liegt auf der Hand: die beiseite gelegten Wurzeln symbolisieren zuerst Zehner-, dann Hunderter-, dann Tausenderbündel usw. Diese Technik des Bündelns in Symbolen zweiter Ordnung kennen wir sehr gut von den römischen Zahlen. Der Geniestreich und die frappierende Ökonomie der polynesischen Zählweise besteht darin, dass es die Yamswurzeln selbst sind – also die gezählten Gegenstände –, die in die Rolle von symbolischen Zählhilfen schlüpfen, hier Zeichen zweiter Ordnung, die es erlauben, »den Überblick über das exponentielle Register zu behalten«.[1] Im Vergleich erkennt man, dass in dem bei uns üblichen hindu-arabischen Stellenwertsystem auf rein symbolischer Ebene dasselbe geschieht. Die Zahlen von 1 bis 9 werden als Symbole für Bündel von Zehnern, Hundertern, Tausendern usw. wiederverwendet, indem wir sie ›beiseitelegen‹, nämlich an die entsprechende Stelle in der vom Schreiben gewohnten linearen An-

---

[1] Overmann 2021, S. 304.

ordnung setzen. So entsteht das Symbolsystem, das wir – wie gesehen (↑ S. 108, Abb. 25) – im Kopfrechnen ausnutzen und welches, wie Luria und Vygotskij einmal sagten, »die Rechnung an unser statt erledigt«.[1]

Die Zahlen, die wir bereits erreicht haben, haben aber noch keine volle Autonomie erlangt. Zwar können wir bereits mit beschränkten Mitteln prinzipiell unbeschränkte Mengen von Yamswurzeln zählen. Die Zahlwörter bleiben dabei aber bloße Hilfsmittel des Zählens von Dingen. In der Entstehung von Zahlen als eigenständigen Entitäten könnte die Schrift einen Anteil gehabt haben, oder richtiger: da die ersten Schriftzeichen Ziffern waren, scheinen Schrift und Zahlen denselben Ursprung zu haben. Die ältesten uns bekannten Schriftzeichen sind die der mesopotamischen Keilschrifttafeln aus dem dritten und vierten Jahrtausend vor unserer Zeit.[2] Und diese ältesten Schriftzeichen sind tatsächlich Zahlzeichen, die im Zusammenhang mit der Dokumentation ökonomischer Transaktionen auftauchen. Quantifizierung, Standardisierung und Verwaltung waren in der Tat Schlüsselaspekte der ersten Hochkulturen.[3] Aber sind diese Zahlzeichen Namen abstrakter Gegenstände? Ihre Vorgeschichte, die zufällig ziemlich lückenlos nachvollzogen werden kann, gibt darüber Aufschluss.

Die Zahlzeichen der mesopotamischen Keilschrift haben dieselbe Gestalt wie kleine Tonformen, sogenannte ›token‹, die vor dem Auftauchen der Schrift für die Beglaubigungen ökonomischer Transaktionen verwendet wurden. Als Stellvertreter für die Waren wurden diese Formen in eine Tonkugel eingeschlossen und diese sodann mit einem Siegel versehen. Durch Zerbrechen der Tonkugel konnte die Lieferung auf Vollständigkeit überprüft werden. Mit der Zeit ging man dazu über, die *token* zusätzlich in das Äußere der Tonkugeln einzupressen. Man konnte es sich nun sparen, die Kugel zu zerbrechen, und stattdessen die relevante Information direkt ablesen. Diese eingepressten Formen sehen genau wie die ersten Zahlzeichen aus. Wie die Archäologin Denise Schmandt-Besserat in ihrer klassischen Studie zu diesem Gegenstand festhielt, hatte man hier sozusagen absichtslos die Schrift erfunden. Man musste bloß die *token* im Innern der Kugel weglassen und die Kugel zu einer flachen Tafel drücken, und schon hält man eine mesopotamische Schrifttafel in den Händen![4]

---

[1] Luria und Vygotsky 1992, S. 78.   [2] Damerow, Englund und Nissen 1988.
[3] Mumford 1967.   [4] Schmandt-Besserat 1980.

Und was sagt diese Geschichte über die Bedeutung der Zahlzeichen aus? Man beachte, dass ihre Genese eine doppelte Abstraktion beinhaltet.[1] Zuerst werden den Waren – Ziegen, Ölamphoren etc. – konventionell *token* von einer bestimmten Form zugewiesen. Diese *token* verhalten sich wie arithmetische Zähleinheiten, und ihre Gesamtheit informiert über eine Anzahl. Aber sie sind noch konkreten Dingen zugeordnet und müssen dies auch sein, da sie sonst keinen praktischen Sinn haben. In dem Moment, da sie in die Außenhülle der Tonkugel gepresst werden, entstehen Symbole zweiter Ordnung, Zeichen für Zeichen von Dingen. Ihre unmittelbaren Referenten sind selbst konventionelle Zeichen. Damit schlummert in ihnen eine potentielle Abstraktion, die darauf wartet, von den Menschen in ihren Zahldiskursen aufgegriffen zu werden, nämlich die Abstraktion eines reinen Zählens, welches nicht mehr das Zählen von bestimmten Einheiten sein muss.

Man mag es also bei den Zahlzeichen endlich mit Namen von abstrakten Zahlen zu tun haben. Aber diese Abstraktion ist kein Denkprodukt, sondern wird durch eine konkrete symbolische Praxis verkörpert. Man könnte sagen, die abstrakten Zahlen, die von Mathematikern und Philosophen oft als abstrakte, unkörperliche Entitäten betrachtet werden, die außerhalb von Raum und Zeit existieren, hat der Mensch in Wirklichkeit aus Ton geformt. Zu abstrakten Zahlen werden sie aufgrund ihrer Rolle in einer menschlichen Praxis, wie der Buchhaltungshistoriker Richard Mattesich mit viel philosophischem Witz festhielt: »es handelt sich um konkrete Objekte aus Ton, aber die Art und Weise ihrer Verwendung nähert sich Zahlzeichen im abstrakten Sinne. Der Begriff ›abstrakt‹ bezieht sich nicht auf den *token* selbst, sondern auf seine Verwendung.«[2]

Mit diesen Zahlzeichen ist die Schrift in der Welt, und damit beginnt für die Kognition ein neues Kapitel. Picken wir nur einen Aspekt heraus, um die Tragweite sichtbar werden zu lassen. In den 1930er Jahren erforschte Aleksandr Lurija den Einfluss der Alphabetisierung auf das logische Denken. In den zentralasiatischen Ländern, die sich die Sowjetunion frisch einverleibt hatte, koexistierte eine weitgehend analphabetische Schicht von Erwachsenen bäuerlicher Herkunft mit einer Kontrollgruppe von Kindern und Jugendlichen, die in das moderne sowjetische Schulsystem integriert waren. In ih-

---

[1] McLaughlin und Schlaudt 2022.   [2] Mattesich 1987, S. 79.

> Protokoll eines Versuchsgesprächs um 1931 in Zentralasien
> (nach Lurija 1986)
>
> Gegeben wird der Syllogismus: ›Im hohen Norden, wo Schnee liegt, sind die Bären weiß. Nowaja Semlja liegt im hohen Norden, und dort ist immer Schnee. Welche Farbe haben dort die Bären?‹
> *Wie sehen also dort die Bären aus?*
> Woher soll ich das wissen, ich habe noch keinen gesehen. Wenn ich einen gesehen hätte, wüßte ich es.
> *Und was kann man aus meinen Worten schließen?*
> Woher soll ich wissen, ob sie weiß sind oder schwarz?
> *(Der Syllogismus wird wiederholt.)*
> Ich weiß es nicht, wie kann ich es denn wissen? Wenn Vater und Mutter weiß sind, dann sind sie auch weiß.
> *Warum meinen Sie, daß sie weiß sind?*
> Nun, von der Gegend her sind sie sicher weiß.

ren Untersuchungen fiel der Gruppe um Luria auf, dass die Älteren sich dagegen sträubten, Aussagen ›abstrakt‹ zu erwägen und auf ihre logischen Konsequenzen zu befragen, ohne sie sogleich im Licht ihrer eigenen Erfahrung zu evaluieren (↑ Box).

Die verweigerte logische Leistung spiegelt selbstverständlich keinen Mangel an kognitiven Fähigkeiten wieder, sondern eine andere Lebenswirklichkeit, in welcher die Bewertung von Sachverhalten auf der Grundlage der eigenen Erfahrung wichtiger ist als die abstrakte, argumentative Prüfung eines Berichts, den ein Dritter mitteilt. Der britische Linguist Roy Harris stellte später eine direkte Verbindung zwischen abstrakter Logik und Alphabetisierung her. Wenn man einen Satz aufschreibt, vollbringe diese symbolische Technik eine entscheidende Abstraktionsleistung. Ein *gesprochener* Satz wird durch den Akt seiner Äußerung in der Regel auch in seinem Inhalt bekräftigt. Wenn aber der *geschriebene* Satz eine eigenständige physische Präsenz erlangt, die von der seines Urhebers unabhängig ist, muss er nicht mehr als eine solche Bekräftigung verstanden werden. Er steht sozusagen nur da, ohne dass ihn jemand bekräftigt, und nun kann er als abstrakter Satz statt als konkrete Aussage erwogen werden. Gerade dies verlangte Lurija ja durch seine Nachfrage ›Aber was folgt aus meinen Worten?‹. Harris spricht von »*autoglottic abstractions*«.[1] Mit ihnen eröffnet sich eine neue Mentalität, in welcher auch die Logik ihren Platz findet.

3.2.3 In der Tretmühle

Vieles wäre noch zu dem Thema Sprache, Schrift und Denken zu sagen. Die Literatur zum Thema ist kaum überschaubar. Aber wir haben uns exemplarisch die Bedeutung der symbolischen Technik als Technologie der Selbstaffizierung und als Gerüst einiger kognitiver Funktionen vor Augen führen können. Wir belassen es dabei und schreiten zum dritten Aspekt nach der Wahrnehmung und dem Denken fort, nämlich den Bedürfnissen, Wünschen – den ›Wollungen‹ nach einem altmodischen, aber angemessenen Wort. Sie machen einen originären Teil des menschlichen Innenlebens aus, und ihre Diskussion ist auch schon im Hinblick auf die dem letzten Kapitel vorbehaltene Diskussion über die Technik und das menschliche Glück relevant.

Bedürfnisse sind heikle Elemente der sozialwissenschaftlichen Forschung. Die Lehrbuchökonomie beurteilt die Organisationsweisen der Volkswirtschaft anhand der Befriedigung der Bedürfnisse, welche sie dafür allerdings als fixierte, weder veränder- noch manipulierbare Entitäten betrachtet. Soziologen tendieren zu einem plastischeren Begriff der Bedürfnisse, wonach diese – wie alle Elemente des subjektiven Selbst – einer sozialen Formung unterliegen. Karl Marx machte dies sogar für die ›Grundbedürfnisse‹ geltend, die nur vermeintlich universell sind, als je konkrete aber durchaus eine gesellschaftliche Prägung zeigen:

> Hunger ist Hunger, aber Hunger, der sich durch gekochtes, mit Gabeln und Messer gegeßnes Fleisch befriedigt, ist ein andrer Hunger als der rohes Fleisch mit Hilfe von Hand, Nagel und Zahn verschlingt. (Marx und Engels 1975 II.1.1, S. 29)

Wir können daraus folgern, dass es ziemlich tautologisch ist, die ökonomische Produktion an der Befriedigung der Bedürfnisse zu messen, insofern beide nur zwei Momente ein und desselben zirkulären Prozesses sind, die sich evolutionär aufeinander einstellen.

---
[1] Harris 1989, S. 104.

3. Innere Ökologie des technischen Menschen

Auf den folgenden Seiten werden wir genauer nach der Formung der Bedürfnisse durch die Technik fragen. Eine Hälfte der Antwort kennen wir schon. Vygotskij und Lurija haben uns darauf aufmerksam gemacht, dass es erst die Sprache ist – verstanden als sozio-symbolische Technik der Selbstaffizierung –, welche das absichtsvolle Handeln im Gegensatz zur bewusstlosen und automatischen Reaktion ermöglicht (↑ S. 144 f). Die Technik spielt hier also bereits eine doppelte, und zwar fast paradoxe Rolle. Sie konstituiert einerseits überhaupt erst das Feld der Bedürfnisse als Objekte der inneren Wahrnehmung, aber dies andererseits gerade so, dass der Mensch nicht Sklave dieser Bedürfnisse ist, sondern sich von ihnen distanzieren kann. Die Soziotechnik der Sprache dient hier als Mittel der Selbstbeherrschung und Selbstdomestizierung. – Dieser Effekt wird aber durch andere Auswirkungen der Technik konterkariert, und man muss beide Kräfte in Rechnung stellen, um das vollständige Bild zu erfassen.

In einem sehr allgemeinen Sinne hat Marshall Sahlins in seiner berühmten These einer »prähistorischen Überflussgesellschaft« auf die Formung der Bedürfnisse durch die Mechanismen der gesellschaftlichen Reproduktion hingewiesen. Auf den ersten Blick mag es so scheinen, als hätten die prähistorischen Jäger und Sammler in absoluter materieller Armut gelebt, während sich in den heutigen Konsumgesellschaften der Überfluss verallgemeinert hat. Das Bild dreht sich indes um, wenn man in Rechnung stellt, dass ›Reichtum‹ keine intrinsische Eigenschaft der materiellen Güter ist, sondern an den Bedürfnissen gemessen werden muss. So betrachtet lebten die Jäger und Sammler im Reichtum, denn »ihre Bedürfnisse waren knapp und ihre Mittel – im Verhältnis dazu – im Überfluss vorhanden«, weshalb sie ganz einfach auf den Reichtum der Natur, in der sie lebten, vertrauen konnten, und ein Leben mit wenig Arbeit und viel Freizeit führten. Der heutige Mensch kämpft währenddessen ungeachtet des materiellen Reichtums ständig mit der Knappheit der Mittel (die auch in die Lehrbuchdefinition des Ökonomischen konstitutiv eingeschrieben ist), weil er – in Sahlins Worten – »dem Unerreichbaren einen Schrein errichtet hat: *unendliche Bedürfnisse*«.[1]

Den Mechanismus hinter der Formung der Bedürfnisse benannte Sahlins indes nicht. Vielleicht hatte er die alte aristotelische Kritik am Geld im Hinterkopf, welches die Haushaltsführung oder ›Oi-

---

[1] Sahlins 1972, S. 1–39.

konomia‹ in eine ›Chrematistike‹ pervertiere, eine Anhäufung von Geldvermögen um ihrer selbst willen, die im Gegensatz zur bedürfnisorientierten Oikonomia aller inneren Schranken entbehrt.[1] Dies ist für uns insofern interessant, als dass der Geldgebrauch eine soziosymbolische Technik darstellt, die in der modernen Welt eine zentrale Stellung eingenommen hat. Eine ausführliche Auseinandersetzung mit dem Geld würde aber den Rahmen dieses Buches sprengen, weshalb wir uns hier auf die Technik im konventionelleren Sinne beschränken.

Für den steigernden oder gar entgrenzenden Einfluss der Technik auf die Bedürfnisse hat sich in der Literatur die Metapher der Tretmühle etabliert, also eines durch menschliche Muskelkraft in Bewegung gesetzten Antriebs mechanischer Einrichtungen (↓ Abb. 33). Die Tretmühle zeichnet sich durch die perfide Besonderheit aus, dass die zum Antrieb eingesetzte Person ihr Los durch zusätzliche Anstrengung nicht verbessern kann. Läuft sie schneller, erhöht sich zwar der Output der angeschlossenen Maschine, aber die Person selbst bleibt immer auf demselben Fleck und hat noch immer denselben langen Werktag vor sich. Die metaphorische Verwendung der ›technischen Tretmühle‹ geht auf den Ökonomen Williard W. Cochrane zurück, der in diesem Bild die Situation US-amerikanischer Landwirte angesichts technischer Innovationen beschrieb. Die Konkurrenz auf dem Markt zwingt sie beständig zu Investitionen in neue Technologien. Diese mögen die Arbeit erleichtern, aber der Effekt wird durch fallende Preise vollständig getilgt. Die Landwirte müssen immer schneller laufen, bloß um auf der Stelle zu bleiben. »Für sie ist der technologische Fortschritt ein Albtraum«, resümierte Cochrane.[2]

Tretmühlen-Effekte treten nicht nur hier und da auf, sondern scheinen die moderne Welt zu prägen.[3] Die Privathaushalte der westlichen Welt, die im 20. Jahrhundert einen enormen Modernisierungs- und Elektrifizierungsschub erlebt haben, bieten ein gutes Beispiel. Rechnet man, einer Idee von Buckminster Fuller folgend, den Energieverbrauch in Arbeitskraft um, kommt man zu dem Ergebnis, dass schon 1940 jedem US-Amerikaner knapp 40 ›Energiesklaven‹ zur Verfügung standen.[4] Heute sollen es bereits mehrere hundert sein.[5] Jeder

---

[1] Bay 2012.   [2] Cochrane 1958, S. 97.   [3] Binswanger 2006.   [4] Fuller 1940.
[5] Jancovici 2013.

3. Innere Ökologie des technischen Menschen

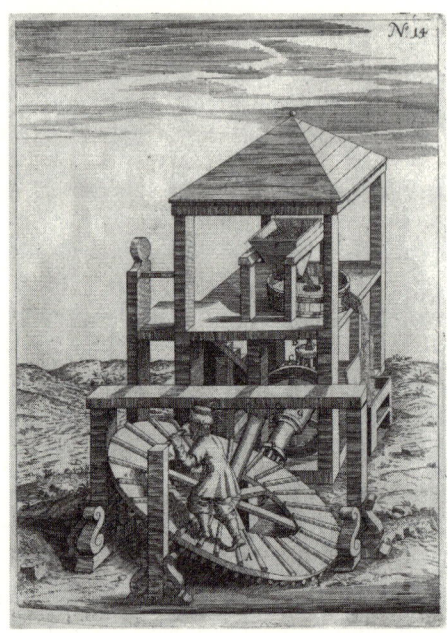

Abb. 33: Tretmühle zum Antrieb eines Mahlwerks, aus Georg Andreas Böcklers *Theatrum Machinarum Novum. Das ist: Neu-Vermehrter Schauplatz der Mechanischen Künsten* von 1661.

Mensch der industrialisierten Welt lebt mithin wie ein Fürst, der über einen ganzen Hofstaat verfügt – sollte man denken. Ein Gutteil des Gewinns wird natürlich durch rein strukturelle Effekte wieder kassiert. Der verallgemeinerte Gebrauch des Autos führte beispielsweise zu einer geographischen Organisation des Lebens, welche wachsende Distanzen involviert, was die Geschwindigkeitseffekte wieder auffrisst.[1] Die Zeitbilanz verschlechtert sich weiter, wenn man noch die Zeit einkalkuliert, die allein für Anschaffung und Unterhalt des Autos aufgewendet werden muss. Stellt man noch die negativen sozialen Folgen für die Gesundheit, Umwelt und Lebensqualität in Rechnung, lautet das eindeutige Ergebnis: »*speed kills*«.[2]

Solche Effekte sind dem Subjekt indes noch äußerlich. Schaut man aber genauer in die modernen Haushalte hinein, ändert sich das Bild, da man eines neuen Mechanismus gewahr wird, der direkt das Innenleben der Menschen, ihre Erwartungen und Bedürfnisse involviert.[3]

---

[1] Szalai 1972, S. 117 und S. 123.   [2] Tranter 2010.   [3] Vanek 1974 und 1978.

3.2 Technisch sehen, technisch denken, technisch fühlen

Es lässt sich ein direkter Zusammenhang zwischen steigenden technischen Standards und nachfolgend steigenden Erwartungen herstellen. Mit der Einführung der Waschmaschine, die eine ganze Handvoll Energiesklaven verkörpert, haben sich direkt die Sauberkeitsstandards der Benutzer verändert, die nun viel häufiger ihre Wäsche und ihre Hemden wechseln. Das Beispiel ist dramatisch, da wir hier über Hygienestandards sprechen, welche das Ekelgefühl involvieren, also eine evolutionär sehr alte und wirkmächtige Schicht der menschlichen Psyche mobilisieren. Der moderne Konsument fühlt sich tatsächlich unwohl, wenn Hemd oder Haare nicht frisch gewaschen sind, und es ist sehr schwierig, sich von diesen Standards zu emanzipieren, wie man vielen *zero waste*-Erfahrungsberichten entnehmen kann.

Ein zweites Beispiel bieten die Essgewohnheiten in den industrialisierten Ländern. Bei der Nahrungszubereitung ist im Gegensatz zu anderen Tätigkeiten im Haushalt tatsächlich eine enorme Zeitersparnis zu verzeichnen, wobei vor allem die Verfügbarkeit von vorverarbeiteten Lebensmitteln zu Buche schlägt.[1] Hochgradig verarbeitete Lebensmittel (*ultra-processed food*, UPF) machen in Nordamerika und Großbritannien um die 50%, auf dem europäischen Kontinent immerhin 20–30% der in Kalorien gemessenen Nahrungsaufnahme aus.[2] Aufgrund des hohen Verarbeitungsgrads, der schlechteren Nährstoffqualität und der industriellen und kosmetischen Inhaltsstoffe stehen diese Produkte im Verdacht, eine ganze Reihe von gesundheitlichen Problemen zu verursachen, angefangen mit Übergewicht und Diabetes über Herzkreislauferkrankungen, Stoffwechselstörungen und Depressionen bis hin zu Krebs.[3] Drastisch ausgedrückt: Die Zeit, die man in der Küche gewinnt, verliert man wieder durch einen früheren Tod. Zugleich konditionieren die industriellen Lebensmittel vor allem durch die hohen Anteile an Salz, Fett und Zucker den Geschmack und die Lebensgewohnheiten der Verbraucher.[4] Und auch der Ekel wird wieder mobilisiert. Der moderne Konsument – in Mumfords Worten an »pasteurisierte, homogenisierte, sterilisierte, gefrorene und auch sonst auf das säuglingshafte Standardmaß von Geschmacksneutralität gebrachte« Nahrung gewohnt[5] – steht dem natürlichen Reichtum nicht nur mangels Vertrautheit mit den basa-

---

[1] Gershuny und Harms 2016. [2] Marino u. a. 2021. [3] Srour und Touvier 2021.
[4] Teo u. a. 2021, Vignola, Nazmi und Freudenberg 2021.

len Techniken des Kochens vollkommen entwaffnet gegenüber, sondern misstraut der reifenden, gärenden, schimmelnden und duftenden Vielfalt sogar, da sie ihm unhygienisch und gefährlich vorkommt (↑ Abb. 11, S. 46, und ↓ Abb. 37, S. 188). Hier sieht man unmittelbar, wie die Technik die Bedürfnisse formt, und gleichzeitig werden die Schwierigkeiten deutlich, Kosten und Nutzen von Technologien abzuwägen, da einfache Metriken wie etwa die der Zeiteinsparungen nur einen partiellen Aspekt abbilden. Wir werden auf diesen Nexus im Schlusskapitel zurückkommen (↓ Kap. 4).

3.3 Der technische Kosmos

Wir kommen zum letzten Schritt innerhalb dieses Kapitels. Nachdem wir uns zuerst den technischen Menschen von außen angesehen und nun ausführlicher sein Inneres studiert haben, wollen wir zum Abschluss seine Außenwelt von seinem Inneren her studieren, und zwar nicht nur seine nächste Umwelt durch seine eigenen Augen, wie wir es im Kapitel über die Wahrnehmung bereits getan haben, sondern seine ganze Welt durch seine Begriffe, seine Ontologie und Kosmologie. Wie stellt sich dem Menschen im Technozän die eigene Welt dar, und wie verortet er sich selbst innerhalb ihrer? An dieser Stelle wendet sich unsere Untersuchung sich selbst zu – mit einem Wort: sie wird reflexiv –, denn schließlich sind wir selbst diese technischen Menschen und sprechen von unserem eigenen Blick auf die Welt.

Dass eine solche reflexive Wendung notwendig ist, wussten wir schon von der ersten Seite des Buches an. Es war ja eine der ersten Lektionen, dass der Blick auf die Technosphäre selbst technisch vermittelt ist, die Technosphäre also – philosophisch gesprochen – zugleich die transzendentale Bedingung ihrer eigenen Erkenntnis ist. Der Zweck dieser das Studium der ›inneren Ökologie‹ des technischen Menschen abschließenden Überlegungen besteht mithin nicht darin, uns mit etwas Fremdem bekannt zu machen, sondern ganz im Gegenteil uns das uns Nächste zu entfremden, ein Gefühl für die Bedeutung der Technik für unser Weltbild zu entwickeln und somit auch – in den Worten Philippe Descolas – ein Gefühl für seine Kontingenz.[1]

---

[1] Descola 2005, S. 135.

3.3.1 La divisione del mondo

Auf dem hohen Abstraktionsgrad einer historisch weiträumigen Betrachtung sind es zwei Strukturmerkmale der – im archäologischen Sinne – ›modernen Welt‹, die unsere Aufmerksamkeit auf sich ziehen: Die Trennungen und die Konzentrik, und diese werden wir kurz studieren. Gewisse ›Trennungen‹ (wir verwenden das Wort provisorisch und werden in Kürze auf das Problem der Dualismen zu sprechen kommen, ↓ S. 172) haben uns auch in diesem Buch von den ersten Seiten an begleitet, nämlich die von Belebtem und Unbelebtem, Natur und Kultur, von Innen und Außen, von Sprechen und Handeln und von Körper und Geist. Wir leben offenbar in einer Welt, durch die Grenzlinien verlaufen, die uns selbstverständlich vorkommen. Aber wo stammen sie her? Sind sie von der Realität selbst vorgegeben oder werden sie von uns erst gezogen?

In seinen Studien über die Ökonomie der Jäger-und-Sammler-Gesellschaften, die im Kontext intensiver Debatten darüber entstanden, ob die modernen Begriffe von Ökonomie überhaupt auf andere Kulturen angewendet werden können, gelangte Marshall Sahlins zu einer wichtigen Einsicht, an die wir uns als Leitfaden halten wollen:

> Die ursprüngliche Ordnung ist eine Verallgemeinerte. Eine klare Unterscheidung der Sphären in eine soziale und eine ökonomische gibt es nicht. Was die Ehe anbelangt, so ist es nicht so, dass hier kommerzielle Operationen auf soziale Beziehungen angewandt werden, sondern die beiden waren von vornherein nie vollständig getrennt. Wir müssen hier in der gleichen Weise denken, wie wir es heute mit den Kategorien der Verwandtschaft tun: Der Begriff ›Vater‹ wird nicht [in manchen Kulturen] auf den Bruder des Vaters ›ausgedehnt‹ – eine Formulierung, die den Vorrang der Kernfamilie einschmuggelt –, sondern wir haben es mit einer breiten Verwandtschaftskategorie zu tun, die keine solchen genealogischen Unterscheidungen kennt. Und was die Wirtschaft betrifft, so haben wir es ebenfalls mit einer allgemeinen Organisation zu tun, für die die Annahme, Verwandtschaft sei ›exogen‹, jede Hoffnung auf ein Verständnis zunichte macht. (Sahlins 1972, S. 182)

Alle Unterscheidungen, die wir heute mit größter Selbstverständlichkeit treffen und die wie unsichtbare, aber wirkmächtige Grenzen durch unsere Lebenswirklichkeit laufen, müssen mithin erst einmal in die Welt kommen, und diesen Prozess gilt es zu verstehen – für uns zumindest insofern, als die Technik eine Rolle dabei spielt. Dass die Technik dabei eine Rolle spielt, ist wiederum plausibel, wenn man sich nur bewusst hält, dass alle Trennungen, über die wir hier sprechen, vom Menschen gezogen wurden, mithin kultureller Natur sind. Wir sprechen hier nicht über die Struktur der Wirklichkeit, sondern die Struktur des Bildes, welches wir uns von der Wirklichkeit machen. In einem ersten Schritt sollten wir die Einsicht von Sahlins daher verallgemeinern und, zumindest als Arbeitshypothese oder heuristische Fiktion, davon ausgehen, dass die Menschheit bis zu einem Punkte ihrer Entwicklung – irgendwann im Paläolithikum – in einer weitgehend ungeschiedenen Wirklichkeit lebte.[1] Nicht nur Trennungen wie die zwischen Politik und Ökonomie sind hier gegenstandslos. Auch fließen das Spirituelle, das Ästhetische und das Epistemische, Wirklichkeit und Traum, das Öffentliche und das Private usw. noch frei ineinander. Auch starke äußere Vorgaben wie der Tag-Nacht-Wechsel oder der sexuelle Dimorphismus müssen sich nicht zwangsläufig in kulturell bedeutungsvollen Mustern niedergeschlagen haben.

Und wie kommen nun die Trennungen in die Welt? Der Soziologe Émile Durkheim machte einst die Unterscheidung zwischen dem Heiligen und dem Profanen als die Urdichotomie aus. Sie ist das Modell oder Urbild aller Trennungen, weil sie inhaltlich nicht weiter bestimmt ist, sondern vollkommen in ihrer Form aufgeht. Der Kern des Heiligen *ist* die Trennung vom Profanen. Die Vermengung beider ist mit dem Tabu belegt, welches ja ein Berührungsverbot darstellt.[2] In seinen Studien über die jungpaläolithischen Höhlenmalereien von Lascaux wagte Georges Bataille 1955 eine Hypothese über den Ursprung des Heiligen. Die Technik spielt darin durchaus eine Rolle. Technik und Arbeit konstituieren eine geordnete Welt von stabilisierten und wohlunterschiedenen Dingen. Aber diese Welt wird durch zwei Erfahrungen erschüttert: die Sexualität und den Tod, die die Ordnung stören, indem sie Dinge entstehen und verschwinden lassen:

---

[1] Lewis-Williams 2002, S. 173.   [2] Durkheim 1912/1960, S. 55 f.

Was die Ordnung der Dinge, die für die Arbeit wesentlich ist, stört, was sich nicht in die Welt der stabilen und unterscheidbaren Objekte einfügen lässt – also das Leben, das sich verflüchtigt oder plötzlich hervorbricht –, musste ziemlich schnell abgesondert und je nach Fall als schädlich, störend oder heilig angesehen werden. (Bataille 1955, S. 33)

An dieser Stelle entstehen laut Bataille die ersten kulturellen Regeln (welche – wir erinnern uns – den Affen im Gemälde von Lévi-Strauss und Kipling noch fehlen, ↑ S.145). Es trennen sich die Welten des Möglichen und des Verbotenen, und damit tritt die Urdichotomie in die Welt. – Dieser kurze, spekulative Hinweis ersetzt natürlich keine Theorie. Sein Wert wird aber deutlich, wenn man ihn mit den landläufigen, ›vulgärmaterialistischen‹ Erklärungen der Religion vergleicht. Das Standardmodell finden wir in Lukrez' Lehrgedicht *De rerum natura*, der heimlichen Bibel der europäischen Aufklärung[1]:

Auch wenn sonstige Schrecken den zagenden Herzen der Menschen
Öfter am Himmel sowohl wie hienieden auf Erden erscheinen,
Da erfaßt in der Tat ihr Gemüt die Angst vor den Göttern,
Die sie zu Boden drückt. Denn leider gebricht es an Einsicht
In die verborgenen Gründe. So sind sie gezwungen, den Göttern
Herrschaft über die Welt und Königsmacht zu verleihen.
Denn in diesem Geschehen die Gründe zu fassen, ist ihnen
Rein unmöglich. So schreiben sie alles der göttlichen Macht zu.

Im Vergleich erkennt man die versteckten Vorzüge von Batailles Ansatz: Bataille kommt ohne eine inhaltliche Bestimmung des Religiösen aus – welches bei Lukrez als Götterglaube spezifiziert wird, der aber nur eine seiner vielen Erscheinungsformen darstellt, während sein Wesen, so erinnerlich Durkheim, allein in der Urtrennung zwischen Heiligem und Profanem liegt. Und weiters kann Bataille auch auf alle Hilfsannahmen über die menschliche Psyche verzichten. Er gibt uns vielmehr den Auftrag, nachzuvollziehen, wie sich aus den

---

[1] Lukrez 2013, Buch VI, 50ff.

materiellen Bedingungen des menschlichen Lebens allmählich die Trennungen durch die Welt zu ziehen beginnen.

Die aktuelle Archäologie bietet dazu viele Hinweise. Hermann Parzinger hat in seinem Überblickswerk über die Urgeschichte aus dem Jahr 2014, *Die Kinder des Prometheus*, plastisch herausgearbeitet, wie die Teilung der Welt mit materiellen Praktiken der Menschen zusammenhängt. Die große Stunde der Trennungen scheint mit der neolithischen Revolution zu schlagen, also dem (allmählichen) Übergang von der aneignenden zur produzierenden Wirtschaftsweise und dem Auftreten von Sesshaftigkeit, Domestizierung von Pflanzen und Tieren und der Herstellung von Keramik. Der christliche Schöpfungsmythos beginnt bekanntlich mit einigen fundamentalen Beispielen solcher Trennungen: Licht und Finsternis, Himmel und Ozean, schließlich Ozean und Land. In Giovanni Legrenzis Oper *La divisione del mondo* von 1675 erlebt der Zuschauer als Komödie (mit allem, was das Barocktheater an Bühnentechnik zu bieten hatte), wie sich die Götter das Erbe Saturns aufteilen – Neptun erhält das Meer, Pluto die Unterwelt, Jupiter die Erde. Und nicht weniger dramatisch müssen wir uns die kosmologischen Konsequenzen der neolithischen Revolution vorstellen. Hier werden plötzlich Schneisen in die Wirklichkeit geschlagen, so tief, als würden sie wirklich von Göttern stammen.

Beginnen wir mit der Unterscheidung von Natur und Kultur. Der britische Kunsttheoretiker John Berger vermittelt eine lebendige Vorstellung von der Selbstverortung des Menschen in der Natur vor dem Übergang zur produzierenden Wirtschaftsweise:

> Die allererste und immerwährende Frage der Menschen – ›Wo sind wir?‹ – wurde von den Cro-Magnon-Menschen noch anders beantwortet. Die Nomaden waren sich bewusst, sich gegenüber den in ihrer Anzahl weit überlegenen Tieren in der Minderheit zu befinden. Sie waren nicht auf einem Planeten geboren worden, sondern inmitten des Lebens der Tiere. Sie waren keine Tierhüter – die Tiere waren die Hüter der Welt und des Universums um sie herum, das niemals aufhörte. Hinter jedem Horizont gab es noch mehr Tiere. (Berger 2002)

Es ist vollkommen plausibel, wenn Parzinger demgegenüber mit der neolithischen Revolution »dramatische Veränderungen im Verhält-

3.3 Der technische Kosmos

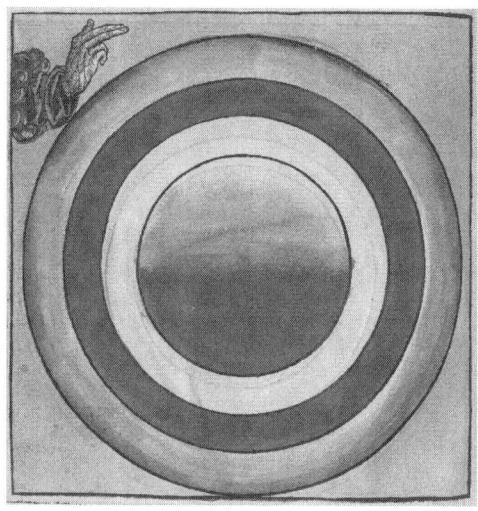

Abb. 34: Der Schöpfung dritter Tag in der sog. *Schedelschen Weltchronik* von 1493. Der moderne Kosmos, also die Welt der sesshaften Menschheit, hat eine konzentrische Struktur und ist von klaren Trennlinien geprägt. Dies gilt von der neolithischen Revolution bis zur heutigen Gesellschaft, und darin unterschiedslos sowohl von der Religion als auch der Wissenschaft.

nis zwischen Mensch und Tier, ja selbst zwischen Mensch und Umwelt überhaupt« einhergehen sieht.[1] Mit der Züchtung von Pflanzen und Tieren, die durch gezielte Kreuzung auf bestimmte Eigenschaften optimiert werden, durch die Abholzung von Wäldern, um Agrarflächen zu gewinnen, und der Anlage von Brunnen und Irrigationskanälen greift der Mensch tief in die Gestalt der Landschaft und sogar der Lebewesen ein und erfährt diese erstmalig als durch sein eigenes Wirken veränder- und beherrschbar.[2] Wir werden hier Zeuge, wie die moderne Trennung von Natur und Kultur allmählich Gestalt annimmt. Aber der Kosmos der ersten Bauern hat noch eine weitere Besonderheit: er ist konzentrisch. Leroi-Gourhan arbeitete diesen Aspekt im Wechsel der Weltbilder heraus. Der sesshafte Bauer ist an seinen Boden gebunden und schlägt dadurch einen Pflock in die Welt, um den herum er den Kosmos in konzentrischen Kreisen entwirft: das Dorf, das Land, die Erde, der Himmel (Abb. 34). Den eiszeitlichen Höhlenmalereien, gegen deren atemberaubenden Naturalismus die neolithische Kunst und Symbolik auf frappierende Weise abfällt, war diese Struktur noch fremd. Leroi-Gourhan, der die Höhle von Lascaux als eine Kosmologie las, fand sie nach dem linearen Prinzip

---

[1] Parzinger 2014, S. 154.   [2] ebd., S. 139–160, S. 523 und S. 639.

der Reise organisiert, die das Leben der Nomaden ausmacht.[1] (Siehe Abb. 32 aus der Chauvet-Höhle, deren Entdeckung Leroi-Gourhan freilich nicht mehr erlebte.) Jede Kultur strukturiert den Kosmos mithin nach dem Modell ihrer Lebenswirklichkeit.[2]

Der Fundamentaltrennung von Natur und Kultur scheinen sich nun in rascher Folge weitere beigesellt zu haben.[3] Die sesshafte Lebensweise und die sich verfestigende Verbindung von Familien und Gebäuden erlaubt erstmalig die Vorratshaltung und die Akkumulation von materiellen Gütern. Das Privateigentum entsteht, und damit die Trennung von ›mein‹ und ›dein‹, welche durch die Ungleichverteilung sogleich den neuen Gegensatz von ›oben‹ und ›unten‹ in der stratifizierten Gesellschaft nach sich zieht. Die Herausbildung einer spezialisierten Herrschaftselite wird an den entsprechenden Statussymbolen sichtbar, ›reich‹ und ›arm‹ übersetzen sich in ›Herr‹ und ›Knecht‹. In den protourbanen Siedlungen materialisiert sich ein ›öffentlicher Raum‹ in gemeinschaftlich genutzten Gebäuden, und mit dem Auftauchen von Kultgebäuden erhält auch das ›Sakrale‹ eine architektonische Wirklichkeit. An nach Geschlecht differenzierten Grabbeigaben lässt sich ablesen, dass geschlechtsspezifische Rollen von ›Weiblichkeit‹ und ›Männlichkeit‹ Gestalt annehmen. Lokale Traditionen in der Gestaltung und Verzierung von Keramikgefäßen lassen auf die Entstehung von kultureller Identität schließen – ›wir‹ sind nicht die ›anderen‹. Auch entstehen nun geographisch abgetrennte Friedhöfe, während es vormals nicht unüblich gewesen zu sein scheint, die Ahnen im Fußboden des Hauses zu bestatten. Parzingers Kommentar hierzu ist erhellend:

> Die Sphären der Lebenden und Toten haben sich mithin nicht mehr in dem Maße durchdrungen, wie dies noch während des Frühmesolithikums der Fall war. (Parzinger 2014, S. 202)

Hieran wird deutlich, dass die ›Sphären‹, die wir heute mit größter Selbstverständlichkeit unterscheiden, nicht von sich aus getrennt sind, sondern erst unterschieden und getrennt werden mussten. Und weiterhin erkennen wir hieran, dass diese Trennung nicht in einem Akt des Denkens bestand, sondern in einer konkreten, materiellen, technischen Praxis wie etwa der Auslagerung und somit räumlichen

---

[1] Leroi-Gourhan 1965, S. 150–159. [2] Durkheim 1912/1960, S. 627 ff. [3] Parzinger 2014, Kap. III-V.

Trennung des Friedhofs. Man sollte die zitierten archäologischen Spuren nicht als bloße passive Zeugen von Änderungen in der Weltanschauung oder eines entstehenden Bewusstseins der beschriebenen Trennungen lesen, sondern als Spuren davon, wie diese Trennungen in materiellen Praxen wirklich hergestellt wurden (↑ Box *Material Engagement*, S. 111).

3.3.2 Die Welt als Maschine

Wir leben noch immer unter den Bedingungen von Sesshaftigkeit und produzierender Wirtschaftsweise. Zugleich ist seit der neolithischen Revolution viel Zeit vergangen, auch nach den Maßstäben der kulturellen Evolution, da wir es ja mit einer sich beschleunigenden Entwicklung zu tun haben, also in gleichen Zeitspannen immer größere Entwicklungen geschehen (↑ S. 88). Der einfachen Werkzeugtechnik folgten die ›Maschinen‹, also Werkzeuge, welche Kräfte in Betrag und Richtung umwandeln. Sie basieren auf den von den Ingenieuren der Renaissance unterschiedenen fünf ›einfachen‹ Maschinen: Hebel, Rolle (Flaschenzug), Winde, Keil (schiefe Ebene) und Schraube, aus welchen sich die komplexen Maschinen zusammensetzen (↑ Abb. 33, S. 156). Das Mühlrad sticht für Lewis Mumford als die »revolutionärste aller mechanischen Erfindungen« heraus, da es erstmalig eine Naturkraft mobilisiert, die ihren Ursprung nicht im menschlichen oder tierischen Körper hat.[1]

Über ihre praktische und ökonomische Bedeutung gewann die Maschine im Technozän aber auch eine epistemische und weltanschauliche Bedeutung, die kaum überschätzt werden kann. An dieser Stelle können wir endlich einer These nachgehen, auf die wir bereits bei Ludwig Noiré gestoßen waren, als dieser von der aus dem Werkzeuggebrauch folgenden »Objectivation oder Projicirung der eigenen, bisher nur in dem dunkleren Bewußtsein instinctiver Function thätigen Organe« sprach (↑ Box S. 133). Noiré bezog sich hier auf die merkwürdige, nur drei Jahre zuvor von Ernst Kapp vertretene These von der »Organprojection«. Der Mensch, so lehrte Kapp, bilde in der Technik unbewusst die Funktionsweise des eigenen Körpers und seiner Organe nach. Der Blasebalg imitiere die Lunge, das Mikroskop den Glaskörper des

---

[1] Mumford 1967, S. 246 f.

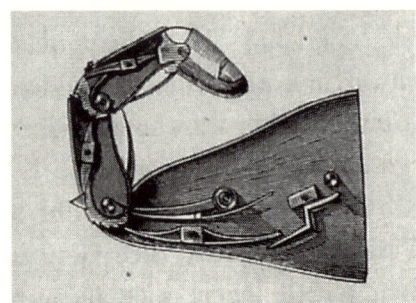

Abb. 35: Ein Finger der mechanischen Hand, aus Kapp 1877. Unbewusste Projektion – oder einfach Modell des menschlichen Körpers?

Auges, ja das Eisenbahnnetz habe das System der menschlichen Blutgefäße zum Vorbild. »Retrospektiv« könne die Technik daher als »wissenschaftlicher Apparat [...] zur Selbstkenntnis und zur Erkenntnis überhaupt verwendet [werden]«.[1] Da die Technik die Organe in die äußere Welt projiziert, können wir an der Technik die innere Wirkungsweise der Organe studieren. Ernst Cassirer sprach enthusiastisch von einer »Weltwende der Erkenntnis«, die mit dem Werkzeuggebrauch einhergehe.[2]

Die epistemische Bedeutung der Technik ist damit ausgesprochen, aber ihre genaue Funktion vermutlich nicht richtig benannt. Zumindest zeigt sich ein anderes Bild, wenn man einen Blick in die philosophischen Texte der frühen Neuzeit wirft, wo der Zusammenhang von Technik und wissenschaftlicher Erkenntnis erstmalig artikuliert wurde. 1644 schrieb René Descartes in seinen *Principia Philosophiae* einen Satz, dessen Streitwert dem heutigen Leser kaum mehr verständlich ist:

> Und fürwahr gibt es in der Mechanik keine Regeln, die nicht auch zur Physik gehören, von der sie ein Teil oder eine bestimmte Art ist. (Descartes 1644, S. 307)

Heute beginnt jedes Lehrbuch der Physik mit nichts anderem als der Mechanik, die sogar ihr fundamentalster Teil ist, weil hier die Grundbegriffe von Masse, Kraft und Energie eingeführt werden. Um zu verstehen, dass dies vor wenigen Jahrhunderten alles andere als selbstverständlich war, muss man sich zuerst daran erinnern,

---

[1] Kapp 1877, S. 96.   [2] Cassirer 1930/2004, S. 158.

dass die Mechanik eigentlich die Lehre von der Funktionsweise der (einfachen) Maschinen ist. Und wie verhalten sich die Maschinen zur Natur? Ein Blick in die *Mechanischen Probleme* des Aristoteles macht deutlich, wogegen Descartes anschrieb. Gleich im ersten Satz setzt der griechische Philosoph die menschliche Technik in einen scharfen Gegensatz zur Natur. Wenn es dem menschlichen Einfallsreichtum gelingt, große Lasten auch mit kleinen Kräften zu bewegen, so geschieht dies »wider die Natur«, die wir in der Technik »überlisten«.[1] Für Aristoteles hat die Technik mithin keinen Platz in der Natur. Offenbar teilt er die Welt in Dinge, die ›von sich aus‹ oder aus ihrer eigenen Natur heraus geschehen, und solche, die vom Menschen erzwungen werden. ›Natur‹ (*physis*) bezeichnet hierbei noch nicht wie für uns die Gesamtheit der Dinge, sondern die innere Natur jedes einzelnen Dinges, die bestimmt, wie es sich von sich aus verhält. Sie steht im Gegensatz zum *nomos*, dem Gesetz oder der Sitte, welche konventionell und den Dingen äußerlich sind, ihnen nämlich von Außen aufgezwungen werden.

Für den Naturforscher ergibt sich aus dieser Opposition von Natur und Technik sogleich eine methodologische Anweisung. Wenn er etwas über die Dinge lernen will, muss er sie sich selbst überlassen. Er ist somit auf die reine Beobachtung als Methode festgelegt. Genau gegen diese Sicht wendet sich Descartes, indem er die Technik der Natur eingemeindet. In einem Zusatz in der französischen Ausgabe seines ursprünglich in Latein verfassten Werks verdeutlicht er:

> ... so dass alle künstlichen Dinge mithin auch natürlich sind. (Descartes 1647, S. 480)

Der Naturforscher findet sich mit einem Male in einer völlig veränderten Situation wieder. Wenn die Maschinen Teil der Natur sind, dann lässt sich an ihnen die Natur studieren. Das Experiment betritt die Bühne der Erkenntnis. Nichts anderes drückte Francis Bacon in seinen berühmten Worten aus:

> man bemächtigt sich der Natur nicht anders als dadurch, daß man ihr gehorcht. (Bacon 1793, S. 39)

Damit war nicht gemeint, dass wir zur Entwicklung erfolgreicher Technik erst die Natur studieren und die Erkenntnisse anschließend

---

[1] Aristoteles 1812.

zur Anwendung bringen sollen. Es verhält sich umgekehrt so, dass wir in der erfolgreichen Technik der Natur offenbar schon immer gehorcht haben und die technischen Vorrichtungen die Naturgesetze bereits verkörpern.[1]

Eine letzte Frage lässt Bacon indes offen: Einmal zugestanden, dass die Maschinen Teil der Natur sind, warum sollte man dann gerade sie studieren, wenn man die Natur verstehen will, und nicht einen ihrer vielen anderen Teile? Dass die Maschinen nicht einfach nur natürlich sind, sondern auch einen privilegierten Zugang zur Erkenntnis der Natur bieten, begründete Descartes genauer:

> denn ich erkenne keinen Unterschied zwischen den Maschinen, die die Handwerker herstellen, und den verschiedenen Körpern, die die Natur allein hervorbringt, allenfalls dass die Wirkungen der Maschine nur von der Anordnung bestimmter Rohrleitungen, Federn und anderer Instrumente abhängen, die, da sie in einem Verhältnis zu den Händen, die sie machten, stehen müssen, immer groß genug sind, um in ihrer Gestalt und ihren Bewegungen mit dem Auge erkannt werden zu können, während die Rohrleitungen und Federn, die die Wirkungen der natürlichen Körper bestimmen, für gewöhnlich zu klein sind, um von unseren Sinnen wahrgenommen werden zu können. (Descartes 1647, S. 480)

In Descartes' Augen verwandeln sich alle Phänomene der Natur in Wirkmechanismen von Maschinen. Tiere, die komplizierten hydraulischen Maschinen entsprechen, der menschliche Geist, der wie eine Rechenmaschine oder – in der Kognitionswissenschaft des 20. Jahrhunderts – wie das symbolische Rechnen eines Computers erscheint, sogar das Ganze des Universums, welches sich in eine Weltmaschine oder *machina mundi* verwandelt, einem riesigen Uhrwerk gleich, dessen Räderwerk bewusst- und sinnlos vor sich hin tickt.[2]

Diese Bedeutung als direkter Zugang in die inneren Wirkmechanismen der Natur eignet den Maschinen freilich auch dann, wenn sie nicht wie von Kapp in der Projektionsthese behauptet unbewusst die organische und physische Natur nachbilden. Es reicht, die Maschinen

---

[1] McLaughlin und Schlaudt 2020. [2] McLaughlin 1994 und 2022.

als ein *Modell* der Wirklichkeit zu begreifen, um ihre epistemische Kraft zu aktivieren. Schon Descartes hatte die Dinge der Natur mit Uhren verglichen, deren Uhrwerk verschlossen ist. Albert Einstein und Leopold Infeld haben diese Metapher weiter verfolgt:

> In unserem Versuch, die Wirklichkeit zu verstehen, ähneln wir einem Menschen, der versucht, den Mechanismus einer geschlossenen Uhr zu verstehen. Er sieht das Zifferblatt und die sich bewegenden Zeiger, hört sogar ihr Ticken, aber er hat keine Möglichkeit, das Gehäuse zu öffnen. Wenn er einfallsreich ist, kann er sich vielleicht einen Mechanismus ausmalen, der für all die Dinge, die er beobachtet, verantwortlich sein könnte, aber er kann nie ganz sicher sein, dass sein Bild das einzige ist, das seine Beobachtungen erklären könnte. Er wird nie in der Lage sein, sein Bild mit dem wirklichen Mechanismus zu vergleichen, und er kann sich nicht einmal die Möglichkeit oder die Bedeutung eines solchen Vergleichs vorstellen. (Einstein und Infeld 1978, S. 31)

Man spricht in diesem Fall von der ›hypothetisch-deduktiven‹ Methode, weil man genau dann über eine Erklärung verfügt, wenn man einen Mechanismus kennt, der dieselben Wirkungen hervorbringen *würde*.

Indem das Maschinenparadigma somit ein Modell für natürliche Prozesse liefert, gibt es auch implizit vor, wie überhaupt eine wissenschaftliche *Erklärung* auszusehen hat. Die Wirkungsweise einer Maschine erklärt sich aus den Eigenschaften und Wechselwirkungen ihrer Teile. Sie lässt sich in diese Teile zerlegen, was aber die Teile nicht affiziert. Sie existieren auch unabhängig weiter und besitzen weiterhin dieselben Eigenschaften. Damit steht fest, wie die Physik die Phänomene erklärt. Die Eigenschaften eines Gases, einer Flüssigkeit oder eines Festkörpers müssen aus den Eigenschaften und Wechselwirkungen ihrer Bestandteile, der Moleküle, erklärt werden. Sind die Moleküle komplex, ist die Prozedur zu wiederholen, bis man bei den Atomen anlangt.

Dies ist die sogenannte ›mechanistische‹ Erklärung, von welcher die Wissenschaften keine Abweichung erlauben. Wenn sich ihr ein Phänomen versperrt, muss die Erklärung einen Umweg nehmen. Dies ist zum Beispiel für den Organismus der Fall. Seine Teile existieren nicht unabhängig vom Ganzen, welches sie bilden, und ihre Eigenschaften scheinen in Hinsicht auf das Funktionieren des Ganzen bestimmt zu sein – als ob das Ganze nicht aus seinen Teilen, sondern die Teile aus dem Ganzen resultieren. Aber für die wissenschaftliche Betrachtung verbietet sich diese Annahme. Die Evolutionstheorie ist nichts anderes als ein Kunstgriff zur Versöhnung der biologischen Phänomene mit der mechanistischen Erklärung. Die Biologie muss den Umweg akzeptieren, die Organismen zu erklären, indem sie rekonstruiert, wie sie durch die ›blinden‹ Naturkräfte geschaffen wurden, welche sich um das Ganze des Organismus und sein Wohlergehen nicht scheren. An dieser Stelle greift der Rückkopplungsmechanismus der natürlichen Auslese.

3.3.3 Technische Kosmogonie

Wir haben nun gesehen, wie sich in der Neuzeit die moderne, mechanistische Wissenschaft unter dem Paradigma der Maschine artikuliert hat. In der Gegenwart ist die Wissenschaft teilweise sogar noch näher an die Technik herangerückt. Die Wissenschaftler der frühen Neuzeit hielten nämlich durchaus noch einen gewissen Abstand zur Maschine. Anne-Françoise Schmid beschreibt diesen Abstand als eine ›Idealisierung‹. Die Naturwissenschaftler interessieren sich für den idealen, reinen Fall, der an der konkreten Maschine immer mit Reibungskräften vermischt auftritt. Erst der ideale Fall verkörpert das Gesetz. Mit der Grenze zwischen dem ›reinen‹ Fall und den ›störenden‹ Reibungskräften sind auch die Aufgaben von Naturwissenschaftlern und Ingenieuren, von ›reiner‹ und ›angewandter‹ Forschung geschieden. Erstere erkennen die Natur, und letztere müssen schauen, wie sie die Erkenntnis in eine funktionierende Maschine übersetzen.[1] Alfred Nordmann spricht von einer ›Reinigung‹ (*purification*), der das Experiment unterzogen wird, um den menschlichen Eingriff mit dem Ziel der Erkenntnis der Natur zu versöhnen. Der menschliche Eingriff verdeckt nicht die Natur, sondern veranlasst sie, sich zu zeigen. Die Natur wird also auf der Ebene von Dispositionen angesiedelt: Sie reduziert sich nicht auf das experimentelle Geschehen, welches von Menschenhand induziert wurde, aber offenbart sich in der Reaktion auf diese vom Menschen geschaffene Bedingung.[2]

---

[1] Schmid 2001.   [2] Nordmann 2004 und 2011.

3.3 *Der technische Kosmos* 171

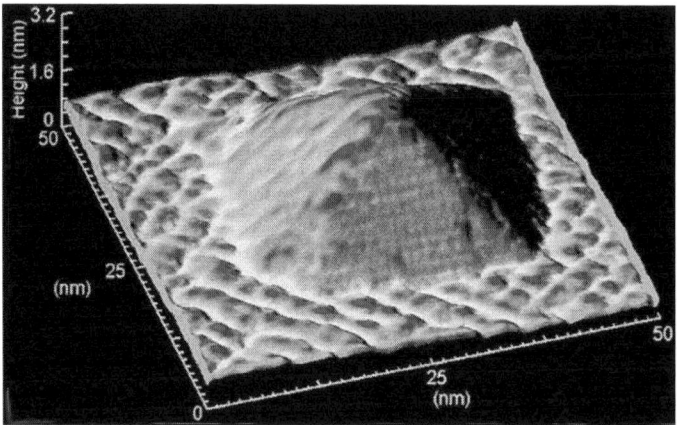

Abb. 36: Eine Pyramide aus Germaniumatomen (IWGN 1999). Die alten Pyramiden waren für Mumford das Sinnbild der antiken Gesellschaften als ›Megamaschinen‹: gestützt auf Techniken der Disziplinierung und Verwaltung wurde ein Gutteil der gesellschaftlichen Arbeitskraft darauf verwandt, die Gräber der Elite zu bauen (Mumford 1967, S. 194 f.). In der Nanopyramide demonstrieren die Technowissenschaftler ihre Macht über die Natur – als wollten sie Mumfords These von einem neuen Pyramidenzeitalter in der industriellen Moderne bekräftigen (Mumford 1970).

Technoscience

In der heutigen Forschung wird dieser Abstand nicht mehr unbedingt gewahrt. In der Computersimulation, so beobachtet Schmid, ist es nicht mehr das oberste Erkenntnisziel, Naturgesetze zu finden. Vielmehr arbeiten Wissenschaftler und Ingenieure Hand in Hand, um schlicht und ergreifend eine Simulation ›zum Laufen zu bringen‹. In der *technoscience*, so Nordmanns analoge Beobachtung, bricht die dispositionale Ebene ebenfalls ein und die Natur kollabiert auf das konkrete Experiment. Die Technowissenschaftler stellen künstliche Sachverhalte her, indem sie Gensequenzen manipulieren oder mit einem Rastertunnelmikroskop einzelne Atome zu einem Muster arrangieren. Das mitgebrachte Bild hat nicht mehr die Funktion, Natur zu enthüllen, sondern unsere Macht über sie zu demonstrieren: ›Seht her, dies haben wir gemacht‹ (Abb. 36).

Und hier stoßen wir auf ein Problem. An der *technoscience* zeigt sich lediglich, was schon für die Baconianische Wissenschaft galt: In der Naturwissenschaft sind Naturerkenntnis und Naturbeherrschung zwei Seiten derselben Medaille – und zwar nicht, weil die Erkenntnis die Beherrschung anleitet, sondern weil wir die Natur in dem Maße wissenschaftlich erkennen, wie wir sie in der Technik – also auch in Labor und Experiment – beherrschen. Naturerkenntnis ist mithin nicht Vorbedingung der Naturbeherrschung, sondern umgekehrt ermöglicht die Naturbeherrschung die Erkenntnis und bleibt mithin auch immer das implizite Ziel der Wissenschaft. Den Zusammenhang von Erkenntnis und Naturbeherrschung in dieser Richtung zu lesen, widerstrebt gewiss unseren Denkgewohnheiten. Heidegger hat auf diese technische Verfasstheit wissenschaftlicher Erkenntnis mit Nachdruck hingewiesen, weshalb er in der Technikphilosophie einen guten Ruf genießt. »Die Technik ist eine Weise des Entbergens«, heißt es in seinem geheimnisvollen Duktus. Aber sie zeigt uns die Natur immer nur als »Bestand«, nämlich wiederum als technisch verwertbare Ressource.[1] Dass die modernen Naturwissenschaften gerade im 16. Jahrhundert auftauchen, ist mithin kein Zufall. Vielmehr schreiben sie sich in das große europäische Eroberungsprojekt von »*capital, empire, and science*« ein, welches anhebt, sich den gesamten Globus untertan zu machen.[2] Descartes verkündete selbst, dass wir uns durch die wissenschaftliche Erkenntnis »gleichsam zum Herrn & Besitzer der Natur machen«.[3]

Dualismen

Dieses Projekt der Weltbeherrschung findet einen charakteristischen Ausdruck im dualistischen Denken. Beherrschung impliziert die Trennung von Herrscher und Beherrschtem, also, grob gesprochen, von Mensch und Natur, wobei der Dualismus mannigfaltige Formen annimmt, wie die australische Philosophin und Vordenkerin des Ökofeminismus Val Plumwood in ihrer inzwischen klassischen Studie erläuterte:[4]

Mensch/Kultur	–	Natur
Geist	–	Körper
Subjekt (Selbst)	–	Objekt (das Andere)
Rationalität	–	Emotionalität
Freiheit	–	Notwendigkeit

[1] Heidegger 1954, S. 20 und S. 24. [2] Moore 2015. [3] Descartes 1637, S. 62.
[4] Plumwood 1993, Kap. 2.

3.3 Der technische Kosmos

    Universelles   –   Partikulares
    Öffentliches   –   Privates
    Produktion   –   Reproduktion
    Individuum   –   Gesellschaft
    Mann   –   Frau
    Erwachsene   –   Kinder
    Zivilisierte   –   Wilde
    Herr   –   Sklave

Studieren wir zuerst die Funktionsweise dieses dualistischen Diskurses auf seiner Oberfläche. Laut Plumwoods subtiler Analyse handelt es sich bei den Einträgen auf der obigen Liste nicht einfach um verschiedene Erscheinungsformen eines Grunddualismus. Wir haben es vielmehr mit einem komplexen Diskurs zu tun, in welchem die verschiedenen Dualismen auf improvisierende und manchmal sogar paradoxe Weise ineinander verschachtelt werden.

Der Dualismus von Mensch und Natur oder Kultur und Natur bildet durchaus eine Art globale Klammer. Aber schon der Dualismus von Körper und Geist zwingt die Menschen, ihren eigenen Körper als das ›Andere‹, den Makel der animalischen, unkontrollierten Natur und den Hort des Skandals der eigenen Sterblichkeit zu erfahren. Der Geist wird davon radikal getrennt. Die objektive wissenschaftliche Erkenntnis ist seine und nur seine, denn Objektivität ist ja gerade durch den Ausschluss all dessen definiert, was wir in der Liste der Dualismen in der rechten Spalte finden, nämlich die Emotionen, Privatinteressen, Partikularstandpunkte und Notwendigkeiten des Alltags, welche die Erkenntnis nur ablenken können. Die mechanistische Erklärung der Natur setzt wiederum voraus, dass den natürlichen Dingen alle Eigenschaften abgesprochen werden, die sich auf der linken Seite der Liste befinden. Vor allem musste der Geist aus den Tieren vertrieben werden, die bei Descartes folgerichtig als reine Maschinen erscheinen.

Blickt man in die Kategorie der menschlichen Subjekte hinein, wiederholt sich dieses Muster der inneren Spaltung. Eigentlich steht nur der weiße, erwachsene, rationale und ökonomisch selbständige Mann auf der Kulturseite. Frauen, Kinder und außereuropäische Völker sind zwar auch Menschen, werden aber gleichwohl der

Naturseite des Dualismus zugeschlagen.[1] Sie alle stehen eigentlich eher auf der Seite von Emotionalität (statt Rationalität), Güte (statt Egoismus) und Spiel (statt Ernst). Wenn sie arbeiten, ist ihre Tätigkeit reproduktiv, nicht produktiv, körperlich, nicht geistig, immanent, nicht transzendent und kulturschaffend, sie findet im privaten Rahmen des Haushalts statt, nicht auf der öffentlichen Bühne von Agora, Zeitung und Parlament. Diese Einordnungen stabilisieren das fragile dualistische Gefüge. Die schwarzen Arbeitssklaven sind ihrem weißen Herrn körperlich überlegen. Gerüchte und Wahnphantasien von ihrer maßlosen sexuellen Potenz plagen den Herrn, woraus die Notwendigkeit resultiert, ihre Maskulinität der Naturseite zuzuschlagen, als einen Ausdruck der Animalität zu verstehen und somit durch ihre symbolische Entwertung den Herrschaftsanspruch der eigenen Maskulinität wieder zu festigen.[2]

Einen interessanten Schlenker nimmt der moderne westliche Diskurs von Individuum und Gesellschaft, weil er auf den ersten Blick den Dualismus von Natur und Kultur umzukehren scheint. Das Individuum – als soziales Analogon der Atome der mechanistischen Physik – wird mit einer vorsozialen inhärenten ›Natur‹ ausgestattet, nämlich der egoistischen und nutzenmaximierenden Rationalität, die dem Menschen angeboren sein soll. Wir erkennen hier natürlich den cartesischen ›Geist‹ wieder, der auch im Mutterleib schon immer im Vollbesitz seiner geistigen Kräfte ist (↑ 3.1.1, S. 105f). Das Natürliche scheint hier eine Aufwertung zu erfahren als das Authentische, das die äußere Kultur, wie wir dies ja in der Tat schon für den Erkenntnisprozess gesehen haben, nur trüben und verfälschen kann. Der Anschein des Paradoxen verschwindet indes, wenn man bedenkt, dass die liberale Vorstellung vom autonomen Individuum die alte Bedeutungsschicht von Natur als *physis* oder das Wesen der Dinge reaktiviert, welches ja gerade gegenüber dem äußerlichen Gesetz autonom ist.[3]

Diese Neurosen, Obsessionen und Pathologien in der Oberflächensemantik des dualistischen Diskurses sind ein faszinierender Gegenstand. Aber wir müssen uns von ihm losreißen, um die Tiefenstruktur der Dualismen zu verstehen. Als erstes können wir mit Plumwood festhalten, dass ein Dualismus schon rein formal etwas anderes als eine bloße Unterscheidung ist. Der Dualismus trennt die

---

[1] Ortner 1972.   [2] Sommerville 1995, Ogungbure 2018.   [3] Sahlins 2008.

Elemente radikal, bis in ihre Wurzel, indem er jedwede Gemeinsamkeit oder Überschneidung leugnet. Weiter etabliert der Dualismus eine Hierarchie: Die Elemente in der linken Spalte der obigen Liste stehen über denen der rechten Spalte. Die Hierarchie fließt direkt aus der Tatsache, dass die Elemente der rechten Spalte keine eigene positive Bestimmung haben, sondern bloß über einen *Mangel* definiert sind. Bei dem Paar Öffentlich-Privat kann man dies direkt an dem Wort ›*privativus*‹ ablesen: das Private ist der öffentlichen Bedeutung *beraubt*. Aber auch für die anderen Paare gilt dasselbe Muster: Tiere sind *geistlose* Lebewesen, Wilde sind *un*zivilisiert, Emotionen *ir*rational, Kinder *noch nicht* erwachsen, Sklaven macht*los* usw. Ihnen allen wird jedwede Selbstbestimmung abgesprochen. Sie werden im Grunde als eine ›Leere‹ aufgefasst, eine *terra nullius*, was die Ansprüche auf Beherrschung legitimiert.[1]

Die eigentliche Krux des Dualismus besteht nun aber darin, dass er die Illusion erzeugt, der höherwertige der beiden Pole würde umgekehrt autonom und selbständig existieren: Kultur außerhalb der Natur, der Mensch außerhalb der Natur, der Geist unabhängig vom Körper, das Individuum außerhalb der Gesellschaft.[2] Der dualistische Diskurs hat damit die Funktion, ein dunkles Geheimnis zu kaschieren, nämlich die Abhängigkeit des vermeintlich höherwertigen Pols vom minderwertigen. Die kulturelle Produktion hängt von der Reproduktion der Gesellschaft ab, der Reichtum des modernen Europa von der Plünderung der Kolonien und der Natur. Was die kognitiven Fähigkeiten angeht, haben wir bereits ausführlich studieren können, dass der Körper, seine Bedürnisse, seine Positionalität und seine Werkzeuge keine Störfaktoren darstellen, sondern allesamt konstitutiv in die Wahrnehmung und das Denken eingehen.

Diese Abhängigkeit ist der wunde Punkt. Ihre Leugnung bedient sich bisweilen der krudesten Mittel. Ein beeindruckendes Beispiel ist die volkswirtschaftliche Gesamtrechnung, welche alle Erwerbsarbeit als produktiv zählt und zugleich alle Hausarbeit und Subsistenzwirtschaft, mithin das Gros der wirtschaftlichen Tätigkeit der Menschheit, das aber nicht mit einem Geldtransfer einhergeht, einfach unter den Tisch der nationalen Statistik fallen lässt.[3] Ganz lässt sich diese Abhängigkeit freilich nie verdrängen, sie hält sich an der Schwelle zur Wahrnehmung: »der Herr fürchtet und hasst daher die-

---

[1] Shiva 1992.   [2] Plumwood 1993, S. 41.   [3] Waring 1988.

se Abhängigkeit, da sie seine Vormachtstellung unterschwellig in Frage stellt«, kommentiert Plumwood.[1] Durch ihre Wortwahl mag man sich durchaus an Hegels Analyse der Abhängigkeit des konsumierenden Herrn vom produzierenden Knecht erinnert fühlen, deren Bewusstsein dem Herrn ein Stachel im Fleisch ist. Die Herrschaft zeigt für Hegel schlussendlich, »daß ihr Wesen das verkehrte dessen ist, was sie seyn will«.[2] Sie will unabhängig sein, ist aber abhängig, sie will Anerkennung durch ihresgleichen, aber erhält nur den Gehorsam des Schwächeren und Unterdrückten, sie will am authentischen Leben teilhaben, aber erhält für ihr Geld nur mit gekauftem Lächeln servierte Dienstleistungen. »Nichts ist in der Geschichte auffälliger«, notierte Mumford, »als die chronische Unzufriedenheit, das Unbehagen, die Angst und die psychotische Selbstzerstörungsneigung der herrschenden Klasse«.[3]

Reflexives Bewusstsein

Wie falsch die Vorstellung der Autonomie ist, haben wir über das gesamte Buch hinweg gesehen, zuletzt am Beispiel des Geistes. Was das Individuum denkt, sieht, fühlt und tut verdankt sich einer langen Sozialisierungsgeschichte inmitten einer mit Artefakten, Symbolen, Bedeutungen und Beziehungen gesättigten sozio-ökologischen Nische. Sellars' Geschichte eines allmählichen Erwachens des Bewusstseins (↑ Box S. 140) stellte den extremen Gegenpol zu Descartes' denkendem Fötus dar, welcher Ideen von Gott und seiner selbst besitzt. Damit ist – um diese Missverständnisse zu vermeiden – erstens nicht behauptet, dass das Individuum keine Autonomie besitzt. Wir haben vielmehr gesehen, wie diese Autonomie sich dank einer neuen Metaabhängigkeit von der Kultur erst herausbildet. Und zweitens ist damit nicht behauptet, dass der Mensch ›an sich‹ nicht egoistisch ist. Der richtige Schluss, wenn er auch vielleicht paradox erscheinen mag, lautet, dass ein Mensch, insofern er egoistisch denkt und handelt, dies aufgrund seiner speziellen Sozialisationsgeschichte tut. Dahinter steht keine ›Natur des Menschen‹ – oder in den Worten von Marshall Sahlins: »Die Kultur ist die menschliche Natur«.[4]

Nun taucht an dieser Stelle indes ein grundsätzliches Problem für unsere intellektuelle Auseinandersetzung mit diesen Sachverhalten,

---

[1] Plumwood 1993, S. 49.   [2] Hegel 1807, S. 124.   [3] Mumford 1970, S. 342.
[4] Sahlins 2008, S. 110.

Die ethischen Implikationen des Mechanismus

»Das mechanistische Projekt entzieht einer ethischen Einstellung [*response*] zu dieser Welt die Grundlage. Die mechanistische Haltung, die in der Behandlung der Natur als leblos, homogen und passiv und in der Negation der Natur als Akteur zum Ausdruck kommt, dringt in hohem Maße in unsere menschliche Sphäre ein. Die Metapher der Maschine hat unsere eigenen Vorstellungen von uns selbst und unserer Gesellschaft tief durchdrungen. Der Rahmen des reduktiven Mechanismus ermöglicht die emotionale Distanz, die Macht und Kontrolle, Tötung und Kriegführung akzeptabel erscheinen lässt, genau wie es bei den Tieren der Fall war, die Descartes' Anhänger zu Versuchszwecken verwendeten. Die Sprache der ›Kollateralschäden‹, der ›Tötungsbilanz‹ und der ›chirurgischen Schläge‹ ist die Sprache des reduktiven Mechanismus. Es ist auch die Sprache der Maschinenwirtschaft, die zunehmend das öffentliche Leben beherrscht, in der das ›Bruttoinlandsprodukt‹ das ›Gute‹ oder das ›Glück‹ ersetzt und die Menschen als Marktressourcen erscheinen. In einem solchen Rahmen verliert das moderne Subjekt den Sinn für sich selbst, nicht nur als organisches, sondern auch als soziales Wesen, als Akteur in und Gestalter von politischen, wirtschaftlichen und technologischen Rahmenbedingungen. Das Subjekt sieht sich selbst und andere eher als Bestandteile einer unerbittlichen Maschinerie denn als aktive Teilnehmer an einer politischen Gemeinschaft. Andere Wesen in der Natur als vielfältige, reichhaltig beziehungsreiche Individuen und als originäre, absichtsvolle Akteure zu begreifen, ist auch Teil des Versuchs, eine solche Vorstellung für uns selbst in unseren sozialen Systemen wiederzugewinnen.« (Plumwood 1993)

Die Fähigkeit zu einer ethischen Einstellung (*response*) zur Welt definiert Donna Haraway als die Haltung der Verantwortung, also der ›*response-ability*‹:

»Die Entscheidungen und Veränderungen, die in unserer Zeit so nötig sind, um wieder – oder zum ersten Mal – zu lernen, wie man weniger tödlich, verantwortungsvoller, einfühlsamer, offener und fähiger wird, die Kunst des guten Lebens und Sterbens in artenübergreifender Symbiose, Sympoiesis und Syanimagenese auf einem beschädigten Planeten zu praktizieren, müssen mit denen getroffen werden, die nicht wir selbst, aber auch nicht wirklich andere sind, und zwar ohne Garantien oder die Erwartung von Harmonie. [...] Wir alle müssen in dem wackeligen Holobiom, als das sich die Erde entpuppt, ob sie nun Gaia oder tausend andere Namen trägt, ontologisch erfinderischer und vernünftiger werden.« (Haraway 2016, S. 98)

mithin für das Unterfangen des vorliegenden Buches auf. Die Irrtümer, über welche wir hier sprechen, sind ja unsere eigenen, und sie entstanden nicht einfach aus Nachlässigkeit, sondern sind der begrifflichen Basis unseres Nachdenkens eingeschrieben. In der Tat haben wir in dem vorliegenden Buch ja von Anfang an mit den Begriffen von Natur und Kultur, Körper und Geist gearbeitet und uns auf die mechanistischen Wissenschaften gestützt, sei es die darwinische Theorie der Evolution von Natur und Kultur, die energetische Betrachtungsweise von Leben und Evolution, Kosten-Nutzen-Abwägungen in der Evaluation evolutionärer Strategien oder die Theorien von Gaia und Erdsystem. Gaia wurde von Lovelock als ein kybernetisches, selbstregulierenden System beschrieben, also nach dem Modell eines technischen Artefakts, und die zeitgenössische Erdsystemtheorie betrachtet die Erde im Wesentlichen als eine Wärmekraftmaschine. Uexküll, der als einer der Begründer der Ökologie gilt, verstand die Organismen ausdrücklich als Werkzeugmaschinen. Vernadskys Theorie der Biosphäre verdankte sich vornehmlich der Suche nach kriegswichtigen Rohstoffen. Wir befinden uns mithin noch immer inmitten des Maschinenparadigmas, und damit gehören auch das ihm eingeschriebene Ideal der Naturbeherrschung und die ihm eingeschriebene Illusion von Autonomie und Objektivität zu unserem Erbteil.

Ironischerweise wird dieses Problem um so drängender, wenn man einmal die Illusion der Autonomie infrage gestellt hat, da man nun weiß, dass es kein Denken ohne Begriffe gibt, die ›falschen‹ Begriffe also eine schwerwiegende Hypothek darstellen, von der man sich aber auch nicht einfach so befreien kann. Zu glauben, dass man die alten Begriffe einfach abstreifen könne, hieße ja gerade wieder, der Illusion des autonomen, naturgegebenen Verstandes und einer verfälschenden Kultur aufzusitzen! Die Konsequenzen der ›falschen‹ Begriffe sind indes real. Man kann sie sich an dem berühmten Artikel, in welchem der Atmosphärenchemiker Paul Crutzen den Begriff des Anthropozäns dem großen wissenschaftlichen Publikum vorstellte, lebhaft vor Augen führen. Die ethisch-politische Absicht hinter dieser Begriffsbildung ist über allen Zweifel erhaben. Es ging Crutzen wirklich darum, die Menschheit dafür zu sensibilisieren, dass ihre Aktivitäten die Stoffkreisläufe und Funktionsweisen des Erdsystems modifizieren. Seinen epochalen Artikel schloss er indes mit folgenden Worten:

Wissenschaftler und Ingenieure stehen vor der gewaltigen Aufgabe, die Gesellschaft im Zeitalter des Anthropozäns zu einem ökologisch nachhaltigen Management zu führen. Dies erfordert ein angemessenes menschliches Verhalten auf allen Ebenen und kann durchaus international akzeptierte, groß angelegte Geo-Engineering-Projekte einschließen, zum Beispiel um das Klima zu ›optimieren‹. Zum jetzigen Zeitpunkt bewegen wir uns jedoch noch weitgehend auf unerforschtem Gebiet [*terra incognita*]. (Crutzen 2002)

Dies ist nicht die Sprache einer Menschheit, die mit der Natur und ihrer eigenen Bedingung Frieden schließen will. Der ökologische Gedanke kleidet sich in eine Rhetorik von Management und Entdeckertum. Von demokratischer Entscheidungsfindung will die Führungsrolle der Wissenschaftler und Ingenieure auch nichts wissen. Vor allem aber stehen ihre Mittel von vornherein fest: groß angelegte Geo-Engineering-Projekte. Die Soziologin Eileen Crist scheint recht zu haben mir ihrer Diagnose, dass der Begriff des Anthropozäns nicht den fälligen Bewusstseinswandel verkörpert, sondern das alte Bewusstsein fortschreibt:

Der Anthropozän-Diskurs liefert ein Selbstporträt in der Pose des Prometheus: eine kluge, obschon unbändige Spezies, die sich aus dem Hintergrund des bloß-lebenden Lebens heraushebt, die sich durch ihren Aufstieg einen eigenen Namen verdient hat (*anthropos* bedeutet ›Mensch‹ und meint damit immer auch ›Nicht-Tier‹) und deren unaufhaltsame und in vielerlei Hinsicht glorreiche Geschichte [...] ein ›Ich‹ hervorgebracht hat, welches den gewaltigen Kräften der Natur ebenbürtig ist. (Crist 2016, S. 16)

Paul Crutzen hat später sein Votum für das Geo-Engineering relativiert.[1] Aber seine früheren Worte waren wohl doch kein Zufall, und die Gedanken, welche sie offenbarten, waren eben diejenigen, die der Logik seiner mechanistischen Episteme eingeschrieben sind. Vielleicht ist ›Technozän‹ der treffendere Name für das vermeintliche Zeitalter des Menschen?

---

[1] Schwägerl 2015.

Damit stellt sich die unvermeidliche Frage, wie wir uns zu der begrifflichen Basis unseres eigenen Denkens verhalten sollen, welche durchaus im mechanistischen Weltbild verwurzelt ist. Inwiefern dürfen wir der technischen Kosmogonie, die wir – und sei es in kritischer Absicht – in diesem Buch erzählt haben, trauen?

Auf diese Frage gibt es heute keine einfache Antwort. Marshall Sahlins spricht offen aus, dass er den westlichen Begriff von der menschlichen Natur für einen großen Fehler hält: ›*It's all been a huge mistake.*‹[1] Wenn sein französischer Kollege Philippe Descola die Kosmologien der Kulturen der Welt systematisiert, so tut er dies offenkundig aus dem Bewusstsein heraus, dass der westliche Naturalismus in einer Sackgasse steckt.[2] Zugleich wird er aber wissen, dass man Kosmologien nicht einfach abstreifen und nach Belieben gegen eine andere umtauschen kann. Val Plumwood betont in ihrer Untersuchung, dass man nicht einfach die konstitutiven Schritte des mechanistischen Weltbildes rückwärts abschreiten und beispielsweise Geister und Zweckursachen in der Natur postulieren kann. Dies würde nur zu Esoterik, Irrationalismus und New Age Spiritualismus führen.

Die einzige – provisorische – Option, die uns heute zur Verfügung steht, besteht in zwei Elementen, nämlich einem reflexiven und einem historischen Bewusstsein. Ersteres besteht darin, ein waches Auge auf die unseren Methoden und Begriffen eingeschriebene Weltanschauung zu haben. Die energetische Betrachtungsweise ist selbstverständlich mechanistisch. Gegenüber Ansätzen in den Kultur- und Sozialwissenschaften, die die materielle und ökologische Basis aller menschlichen Aktivitäten vergessen haben, hat die Energetik indes ein kritisches Potential, welches man kontrolliert einsetzen kann. Dasselbe gilt für evolutionäre Erklärungen. Der Evolutionstheorie begegneten schon Darwins Zeitgenossen, nicht zuletzt Marx und Engels, mit dem Vorbehalt, ob der *struggle for existence* nicht eine bloße Projektion des kapitalistischen Konkurrenzkampfes in das Reich der Lebewesen darstelle.[3] Ironischerweise könnten ›egoistische‹ Erklärungen und Kosten-Nutzen-Analysen, die von der Ökonomie in die Biologie übertragen wurden, an letzterer Stelle indes einen viel angemesseneren Ort gefunden haben. Denn während das egoistische

---

[1] Sahlins 2008, S. 112.   [2] Descola 2005.   [3] Sahlins 1976 und McKinnon 2005.

Menschenbild der Ökonomie wirklich eine Verblendung darstellt, ist dem Evolutionsmechanismus durchaus ein struktureller ›Egoismus‹ eingeschrieben, auch wenn er nichts mit den Motiven der Akteure zu tun hat, sondern sich darauf reduziert, dass eine Mutation nur dann ihren Weg in eine Population finden kann, wenn ihr Träger tatsächlich fortpflanzungsfähige Nachkommen hat.

Dasselbe gilt schließlich auch für den Behaviorismus, auf den wir uns bei Mead und Sellars bezogen haben. Der Behaviorismus geht in der Tat von dem mechanistischen Bild des Menschen als einem Wesen aus, dass von konditionierbaren Reflexen geprägt ist. Dies hat ihm den Ruf eingebracht, ebenfalls die Ideologie einer mechanistischen Naturbeherrschung – hier des Menschen selbst – zu transportieren und den Menschen sogar totalitären Programmen eines *behavioural engineerings* zu erschließen. Gegenüber einem cartesischen Dualismus hat der Behaviorismus aber durchaus ein kritisches Potential. Er erlaubt es uns, den Menschen als ein essentiell soziales Wesen zu begreifen, welches selbst über fundamentale kognitive Fähigkeiten nur als geselliges Tier verfügt.

Zu diesem reflexiven Bewusstsein, welches das kritische Potential der Wissenschaft auszuschöpfen sucht, ohne sich auf ihre Metaphysik einzulassen, kann als zweites Element das historische Bewusstsein treten, dass auch ›die‹ Wissenschaft in Wahrheit ein heterogenes Gebilde darstellt und sich im Fluss befindet. Sie ist erst vor wenigen Jahrhunderten entstanden und wird in wenigen Jahrhunderten – so es sie noch gibt – ganz anders aussehen. Es ist legitim, in der aktuellen Forschung nach Keimen von Vorstellungen zu suchen, die die mechanistische Kosmologie vielleicht dereinst transzendieren werden. Im Rückblick erkennt man die Bedeutung des Begriffs der relativen Autonomie, der sich aus unseren wissenschaftlichen Erkenntnissen über die Funktionsweise von Lebewesen und Ökosystemen ergibt, und den wir in diesem Buch systematisch verwendet haben. Er erlaubte uns für das Denken unabdingbare begriffliche Trennungen vorzunehmen – von Organismus und Umwelt, Kultur und Natur, Individuum und Gesellschaft –, ohne in einen Dualismus abzugleiten, der die Abhängigkeit leugnet.

»Zehn große Turbinen und Generatoren nebeneinander.
Sie drehen, drehen, drehen sich, leise und schweigsam.
Des helfenden Menschen bedürfen sie wenig.«
(Schmalenbach 1928)

»Seht, die zeit ist nahe, die erfüllung wartet unser. Bald werden die
straßen der städte wie weiße mauern glänzen. Wie Zion, die heilige
stadt, die hauptstadt des himmels. Dann ist die erfüllung da.«
(Loos 1962)

4 Exaptation, Kompost, Freiheit

Wir sind in unserer Einführung in die Technikphilosophie am Leitfaden der Evolution nunmehr weit gekommen. Mit dem ›Äußeren‹ und ›Inneren‹ haben wir die beiden Seiten des Menschen inspiziert und eine oftmals überraschende, immer aber tiefe Bedeutung der Technik für beide kennengelernt. Zusammen ergeben die beiden Seiten ein Ganzes, und insofern könnten wir hier das Buch beenden, hätten wir da nicht ein winziges, aber doch nicht unwichtiges Detail vergessen, nämlich das menschliche Glück. Wie kommt der Mensch aus den über drei Millionen Jahren Koevolution heraus, und was hat er von den Herausforderungen der Gegenwart und nahen Zukunft zu gewärtigen?

4.1 Kosten und Nutzen

Mit dieser kleinen Frage betreten wir indes unsicheren Grund, denn die existierende Literatur ist kaum dazu geeignet, uns zuverlässige Maßstäbe zu ihrer Beantwortung an die Hand zu geben. Die ›futurologische‹, ›techno-optimistische‹ Literatur, die eine goldene Zukunft anbrechen sieht, in welcher die Menschheit durch Geo-Engineering den Planeten in einen behaglichen Garten verwandelt oder durch genetisches Engineering ihre Körper optimiert und schlussendlich gar den Tod überwindet, ist meist ein fadenscheiniges und schales Produkt dessen, was man als die ›kalifornische Ideologie‹ bezeichnet hat – ein »ziemlich widersprüchlicher Versatz aus technischem Determinismus und libertärem Individualismus«.[1] An dem entgegengesetzten Pol der Fortschrittsskepsis – wenn nicht sogar der Apokalyptik – findet sich überraschenderweise auch nahezu die Gesamtheit der Philosophen, die ja politisch und weltanschaulich eigentlich eine sehr heterogene Gruppe bilden. Stellvertretend kann man Heidegger und Cassirer nennen, die sich 1929 in Davos als Antipoden gegenüberstanden, aber der modernen Technik mit demselben tiefen Misstrauen begegneten. Die Kriterien, anhand welcher sie zu ihren skeptischen Schlussfolgerungen gelangten, haben diese Autoren freilich nicht ohne weiteres offengelegt. Heidegger beispielsweise lässt kaum Zweifel an seiner ablehnenden Haltung gegenüber der »modernen« industri-

---
[1] Barbrook und Cameron 1996, S. 49.

ellen Technik, die im Gegensatz zur präindustriellen Technik nicht einfach ausgewählte natürliche Prozesse unterstützt, sondern durch die Kontrolle der Randbedingungen ganz neue Prozesse (etwa in den chemischen Reaktoren) in Gang setzt. Aber warum sollte ein solche Technik inhärent problematisch sein?

Suchen wir nach einem expliziten Kriterium, welches wir uns aneignen und fürderhin selbständig verwenden können, um zu einer kritischen Beurteilung der Technik zu gelangen – oder zumindest sinnvoll zu einer solchen beizutragen –, so müssen wir an dieser Stelle improvisieren und auf der Grundlage der Kenntnisse, die wir uns bisher erarbeitet haben, zu eigenen Schlüssen zu gelangen versuchen. Manche Lehren liegen dabei auf der Hand. Wenn es stimmt, dass der Mensch das Produkt einer Koevolution mit der Technik ist, dann ist uns die Technik im Technozän keine äußerliche Bedrohung, und genauso wenig kann es ein Zurück vor die Technik geben. Sie gehört ein für allemal zur menschlichen Bedingung. Während diese Einsicht keinen Platz für eine vollständige Ablehnung der Technik lässt, kann man mit denselben Voraussetzungen aber auch einigen technischen Utopien eine Absage erteilen. Um beispielsweise die Hoffnung hegen zu können, eine Chance auf Unsterblichkeit zu erlangen, indem man das Bewusstsein vom organischen Gehirn auf einen Computer überträgt (›*mind uploading*‹ oder ›*whole brain emulation*‹[1]), muss man erstmal daran glauben, dass es einen Geist als lokalisierbare Entität gibt und dieser seinen Sitz im Gehirn hat. Wir haben im vorangegangenen Kapitel den Geist eher als ein Resultat des Zusammenspiels von Hirn, Hand und Sprache kennengelernt. Außerhalb dieses Kontextes hätten dementsprechend die messbaren Hirnströme, die sich auf einen elektronischen Rechner übertragen ließen, schlicht keine Bedeutung.

Schwieriger hingegen sind Vorschläge wie z. B. jener zu bewerten, den Neocortex über ein Implantat mit der Cloud zu verbinden »und so auf die Billionen von dort verfügbaren Informationsbits zuzugreifen und von der Lernfähigkeit eines Algorithmus zu profitieren, der Probleme zu lösen vermag, die dem menschlichen Verstand verschlossen sind«.[2] Denn auch wenn man das Argument, die Menschheit müsse andernfalls bald akzeptieren, von der Künstlichen Intelligenz in ihren Fähigkeiten übertroffen zu werden (›*technological singularity*‹),

---

[1] Sandberg und Bostrom 2008.   [2] Barfield 2019, S. 3.

4.1 Kosten und Nutzen

nicht gelten lassen will – weil man nicht an die Überlegenheit der KI glaubt oder aber ganz einfach keine Angst davor hat, von ihr übertroffen zu werden[1] –, so ist doch nicht leicht zu sagen, worin sich diese vorgeschlagene Nutzung der Computertechnologie qualitativ davon unterscheidet, einen Ochsen vor den Pflug zu spannen oder seinem Gedächtnis mit einem Notizbuch auf die Sprünge zu helfen. Wenn der Mensch schon immer ein *cyborg* war, der nur als Hybridwesen von Natur und Technik existierte, wird es schwierig zu bestimmen, ob der technischen Entwicklung und der Fusion von Mensch und Technik an einem bestimmten Punkt Einhalt geboten werden sollte.

Die Hinweise, die wir im Laufe der in diesem Buch angestellten Überlegungen sammeln konnten, sind uneindeutig. Das Studium der biologischen Evolution lieferte uns keineswegs das Bild eines wohlgeordneten und zweckhaft eingerichteten Kosmos, den wir tunlichst nicht durch technischen Eingriff stören sollten, sondern konfrontierte uns vielmehr mit der Möglichkeit, dass Grundmerkmale des menschlichen Lebens wie der Geist und der Tod *maladaptions* oder bloße Nebeneffekte sein könnten. Die kulturelle Evolution schreibt sich zwar einerseits in die von Lotka identifizierte ›natürliche‹ Grundtendenz zu einer Maximierung des Energiedurchflusses ein. So spricht der Erdsystemwissenschaftler Axel Kleidon beispielsweise davon, dass die systematische Nutzung der Sonnenenergie in großem Maßstab den Energieumsatz des Erdsystems steigern und diesem somit helfen würde, eine neue evolutionäre Ebene zu erklimmen – eine künstliche Modifikation, die sich freilich, wie Kleidon betont, in die natürliche Evolutionsrichtung, ja dem »*ultimate thermodynamic imperative*« einer Evolution hin zu maximalem Energieumsatz einschreiben würde.[2] Andererseits haben wir aber gesehen, dass jeder Entwicklungsschritt mit der Schaffung neuer Abhängigkeiten auf einem Metaniveau erkauft wird, weshalb komplexe Kulturen zugleich auch sehr vulnerabel sind. Dazu kommen immer mehr negative Auswirkungen des kulturellen Fortschritts – schon im Übergang zur Jungsteinzeit, erst recht aber im Industriezeitalter –, die sich allmählich zu einer multiplen ökologischen Krise aufaddieren.

Kann man all diese Befunde gegeneinander aufrechnen, um zu einer Art kritischer Bilanz zu kommen? Nun, immerhin können wir uns fragen, wie man zu diesem Zweck im Prinzip vorgehen

---

[1] Chalmers 2010. [2] Kleidon 2019.

müsste. Drei Schritte lassen sich benennen. Von Baudouin de Bodinat hatten wir erstens schon frühzeitig gelernt, dass eine Bilanz umfassend sein muss: »Um den Fortschritt zu beurteilen, reicht es nicht zu wissen, was er uns einbringt, sondern es muss auch berücksichtigt werden, was er uns nimmt« (↑ S. 22). Die vergessenen Verluste und verdrängten negativen Folgen zu berücksichtigen, ist ein Schritt in die richtige Richtung, aber nicht genug. Bodinat schwebte keine utilitaristische Kosten-Nutzen-Rechnung nach dem Vorbild der ökonomischen Politikberatung vor. Vielmehr nahm er sich die Freiheit, auch die vermeintlich positiven Folgen noch einmal genau zu prüfen. Auch ungeachtet des zu entrichtenden Preises ist nicht immer so sicher, ob die Fortschritte den Menschen zu ihrem Wohle gereichen. Mit diesem zweiten Schritt nähern wir uns einer Art kritischer Bilanz. Aber auch in dieser Perspektive sind die Maßstäbe von Kosten und Nutzen vielleicht noch zu eng gefasst. Daher sollen wir drittens auch nicht bei diesen kritischen Begriffen von Gewinn und Verlust stehenbleiben, sondern – Cassirers Vorschlag folgend – die Technik letztendlich an der Frage nach der Freiheit messen: ist sie dem Menschen ein Mittel der Selbstbefreiung oder der Versklavung?[1] Diesen Fragen sind die zwei folgenden und letzten Paragraphen gewidmet. Sie stellen mithin Vorüberlegungen zu einer *kritischen* Technikphilosophie dar, mit denen diese Einführung abschließt.

4.2 Der Müll und das Gute

Ziel des ersten Schrittes ist es, das Ganze der Technik in den Blick zu bekommen und in der Beurteilung von Gewinn und Verlust nicht naiv zu sein. Den richtigen Ansatzpunkt finden wir bei dem in Deutschland erst noch zu entdeckenden französischen Philosophen François Dagognet, der in seiner Müllphilosophie einen wichtigen Schritt über die Technikphilosophie hinaus geht: Hatte die Technikphilosophie recht damit, dass man den Menschen unter seinen konkreten, materiellen Bedingungen studieren muss, so ist sie dieser Maxime nur halbherzig gefolgt. Sie ist auf die vom Menschen geformten Artefakte fixiert und ignoriert somit die größere der beiden Provinzen im Reich der Materie: den Schutt, den Abfall und Unrat, kurz den Müll.[2]

---

[1] Cassirer 1930/2004, S. 172 f.   [2] Dagognet 1997, S. 59 ff.

4.2 Der Müll und das Gute

Die Philosophie des Mülls fehlt in der Tat in den philosophischen Lehrbüchern, Diskursen und Lehrveranstaltungen. Einige Müll-Studien finden sich indes in der Literatur, sei es aus der Perspektive der Archäologie, der Anthropologie und sogar der Philosophie.[1] Für unser Bemühen um eine Bilanz der Technik ist der Müll von doppelter Bedeutung. Erstens schlägt er natürlich auf der Seite der oft ignorierten Kosten oder negativen Folgen zu Buche. Wie wir bereits gesehen haben (↑ 2.2.1, S. 45 ff), existiert der Abfall als Phänomen auf allen Skalen – Körper, Stadt, Volkswirtschaft, Biosphäre. Die tierischen Organismen atmen die verbrauchte Luft aus und scheiden Fäkalien aus. Aber Gleiches gilt für die urbane menschliche Siedlung. Georges Haussmann, der als Präfekt von Paris unter Napoléon III. für die Modernisierung der Stadt zuständig war und die großen Boulevards, die heute ihr Erscheinungsbild prägen, durch das Dickicht der Gassen schlagen ließ, bemühte in seinem Projekt einer modernisierten Wasserversorgung diesen Vergleich:

> Die unterirdischen Leitungen, die Organe der großen Stadt, würden wie die des menschlichen Körpers funktionieren, ohne an der Oberfläche sichtbar zu werden; reines und frisches Wasser, Licht und Wärme würden darin zirkulieren wie die verschiedenen Flüssigkeiten, deren Bewegung und Unterhalt dem Leben dienen. Die Ausscheidungen würden auf verborgene Weise erfolgen und die öffentliche Gesundheit aufrechterhalten, ohne die rechte Ordnung der Stadt zu stören oder ihre äußere Schönheit zu beeinträchtigen. (Haussmann 1854, S. 53)[2]

Für die Gesellschaften als Ganze und sogar auf der planetaren Ebene wiederholen sich dieselben Phänomene. Während aber die Erde ihren entropischen Abfall in das Universum ausstößt und sich in den Ökosystemen geschlossene Stoffkreisläufe etablieren, kündigt sich mit dem exosomatischen Stoffwechsel der Menschen ein Problem an, das mit der modernen chemischen und nuklearen Industrie dramatisch wird. Das Problem des Plastikmülls haben wir schon erwähnt (↑ S. 50). Man denke in diesem Zusammenhang aber auch an die Atomruinen von Tschernobyl und Fukushima. Während die Atomanlagen eine oder zwei Generationen mit günstiger Energie

---

[1] Siehe Schlaudt 2021b.   [2] Vgl. Harpet 1998, S. 294.

4. Exaptation, Kompost, Freiheit

Abb. 37: Gérard Titus-Carmel, *La grande bananeraie culturelle*, 1969. Der Künstlers vor seiner Installation, anlässlich einer Ausstellung in der Neuen Galerie, Aachen, Januar 1972; Photo von André Morain (aus Tisserant 1974).

versorgten, werden ab nun alle zukünftigen Generationen einen Teil der gesellschaftlichen Ressourcen in die Verwaltung ihrer schwelenden Überreste und die Eindämmung der Katastrophe investieren müssen.[1] Der kanadische Atomenergieexperte Gordon Edwards übersetzt dies für uns in die nüchterne Sprache der Kosten-Nutzen-Rechnung: »Der einzige permanente Output eines Atomreaktors besteht in dem Millionen Jahre währenden Müll. Strom ist nur ein temporäres Nebenprodukt.«[2]

Für unsere Bilanzierung hat der Müll aber noch eine andere, indirektere, aber nicht weniger dramatische Bedeutung. Denn er schlägt nicht nur auf der notorisch vernachlässigten Kostenseite zu Buche. Vielmehr erscheinen auch die bisher auf der Nutzenseite verbuchten Posten in einem neuen Licht, sobald der Müll mit ins

[1] Hunziger 2022. [2] Edwards 2017, S. 4.

4.2 Der Müll und das Gute

Bild genommen wird. Um diese Bedeutung deutlich werden zu lassen, muss man ein wenig philosophische Arbeit investieren. François Dagognet illustrierte den Gedanken mit einem Beispiel aus der Kunstgeschichte. 1969 stellte der bildende Künstler Gérard Titus-Carmel seine Installation ›*La grande bananeraie culturelle*‹ in Paris aus. Sie bestand aus 60 Bananen in Wandhalterungen, unter welchen sich allerdings nur eine echte Banane befand, während es sich bei den 59 anderen um Plastikimitate handelte. Der Witz der Installation besteht darin, dass die einzig echte Banane mit der Zeit verdarb und sich zu zersetzen begann, während die anderen Objekte, die ihrer Form und Farbe nach als Bananen kenntlich blieben, keine solchen waren (Abb. 37).

Welche Lektion lehrt uns das Kunstwerk in philosophischer Hinsicht? Eine erkenntnistheoretische über Schein und Wirklichkeit? Das wäre müßig. Dagognet entwickelte eine müllphilosophische Interpretation, und sie handelt in letzter Instanz von der alten aristotelischen Frage nach dem guten Leben. Die verdorbene Banane erfüllt uns mit Ekel. Deshalb halten wir uns an die anderen Bananen, die große Kulturbananerei, die schöne und hygienische Konsumwelt von ewiger Jugend und Makellosigkeit. Aber diese ›idealen‹ Bananen sind nicht essbar. Und somit werden wir an die wirkliche Banane zurückverwiesen, auf deren Bedeutung und Existenzmodus uns einzulassen wir nun aufgefordert sind. Der Müll und das Abstoßende lehren uns mithin eine verstörende Lektion über das Gute. Das Gute widersetzt sich der idealen Form des Ewigen, Klaren, Definiten und Reinen. Seine ihm eigene, mit diesem Ideal inkommensurable Existenzweise ist vielmehr die des Werdens und Verderbens. Die Banane muss reifen – und was ist das anderes als bereits eine Bewegung hin zum Verderben (↑ Abb. 11, S. 46)?

In dem Moment, in dem der Müll nicht mehr resorbiert werden kann, sondern als das Verdorbene, Abstoßende, Dreckige und Unreine die Welt bevölkert, wird offenbar eine neue Polarität in Kraft gesetzt, ein neuer Dualismus, der, wie alle Dualismen, eine Wahrheit kaschiert. In einer intakten Kreislaufwirtschaft gibt es ja im Grunde nichts Schlechtes, sondern es ändert sich nur, wofür die Dinge gut sind: zuerst zum Essen, später für den Kompost, schließlich als Dünger. Mit dem modernen Müll zerreisst der Kreislauf, das Schlechte tritt in die Welt. Der zu bezahlende Preis

Victor Hugo

Plädoyer für eine
Philosophie der Kloake

aus: *Die Elenden* (1862, Übers.: 1910, V.2.II.)

»Die Kloake ist das Gewissen der Stadt. Hier kommt alles schließlich hin, hier trifft alles zusammen. In diesen dämmrigen Höhlen herrscht wohl die Finsterniß, aber sie birgt keine Geheimnisse mehr. Hier erscheint jedes Ding in seiner wahren oder wenigstens in seiner letzten Gestalt, denn den Vorzug hat der Kothhaufe, daß er nicht lügt. [...] Alle Unsauberkeiten der Civilisation fallen, sobald sie dienstuntauglich geworden sind, in diese Grube der Wahrheit, die alles verschlingt, aber alles sehen läßt. Dieser Wirrwarr hat die Bedeutung einer Beichte. Kein falscher Schein mehr, keine Möglichkeit sich zu betünchen, vollständige Enthüllung alles moralischen Unflats, endgültiger Tod der Täuschungen und Spiegelfechtereien, nur noch bare Wirklichkeit, die das Gesicht im Todeskampfe verzerrt. Hier erzählt eine Flasche von dem Laster des Trunkes; [...] hier rollt ein bleicher Foetus in dem Flitter, in dem seine Mutter auf dem Karnevalball tanzte, hier wälzt sich ein Richterbarett neben dem Unterrock, den eine Dirne getragen; hier herrscht Brüderlichkeit und Vertraulichkeit. Was früher mit Schminke, das ist jetzt hier mit Koth beschmiert. Hier fällt der letzte Schleier. Die Kloake ist ein Cyniker, der alles sagt.

Diese Aufrichtigkeit des Unflats gefällt mir; sie gewährt der Seele eine angenehme Abwechselung. Hat man sein ganzes Leben hindurch auf der Erde fortwährend gesehen, wie hochtrabend und ehrwürdig sich die ›Rücksicht auf das Wohl des Staates‹, die staatsmännische Weisheit, die Justiz, die ›unbestechlichen‹ Richter gebärden, so ist es eine Erquickung in eine Kloake hinabzusteigen und Koth zu sehen, der sich nicht für etwas Andres als gemeinen Koth ausgiebt. [...]

Der denkende Beobachter muß sich in diese Finsterniß hineinwagen. Diese Schrecknisse und Ekel gehören zu seinen Studienobjekten. Die Philosophie ist ja das Mikroskop des Gedankens.«

besteht auch in einem falschen Begriff des Guten, welches nun als das Gegenteil des Mülls entworfen wird – rein, makellos, ewig – und damit die eigentliche Existenzweise des Guten verfehlt. Die moderne, technische Zivilisation hat hier ein verkehrtes Ideal von Reinheit, Sauberkeit und Glück gesetzt. Aber die Plastikbanane ist mit unserem Organismus und den metabolischen Prozessen gar nicht kommensurabel. Komestibel ist ja nur, was auch kompostibel ist. Das Gute ist nicht das fixe Gegenteil des Schlechten, sondern beide sind Momente desselben Prozesses.

Ein Verdacht hätte schon bei der Lektüre von Haussmanns Schilderung der modernen, hygienischen Stadt aufkommen können. Ihre Ausscheidungen sollten »auf verborgene Weise« (*mystérieusement*) geschehen, um die Schönheit der Stadt nicht zu stören. Der Skandal des ›unheilbaren Risses‹ (↑ Box S. 52) wird hinter einer reinen und aseptischen Fassade versteckt – die ›Kulturbananerei‹ der modernen Architektur. Vergessen wir nicht, dass das Konzept der hygienischen Stadt bei Haussmann auch dem politischen Projekt Napoléons des III. einer regierbaren Stadt eingeschrieben ist, in welcher sich das Militär auf den großen Boulevards schnell bewegen kann und sich die demokratischen Revolutionen von 1830 und 1848 nicht wiederholen lassen würden. Kein Wunder, dass Victor Hugo, der Gegner Napoléons des III., in dem Roman *Die Elenden* von 1862 ausgerechnet die Pariser Kanalisation zum Ansatzpunkt einer genau entgegengesetzten Lesart des »alten« Paris mit seinen organisch gewachsenen Gassen, dem Unrat und den aufständischen Bewohnern machen konnte, die in ein donnerndes Manifest für die Müllphilosophie mündet – eine Müllphilosophie, die genau dieses politische Gesamtkonzept von Militärdiktatur und Hygiene, von politischer und körperlicher ›Sauberkeit‹, zu entlarven hat (Box S. 190).

Diesen von Hugo vor mehr als 150 Jahren gesetzten Standards sollte eine heutige Technikphilosophie endlich gerecht werden. Will man zu einer ernsthaften Evaluation des technischen Fortschritts gelangen, reicht es nicht, auch die versteckten Kosten in die Bilanz zu integrieren, sondern man muss auch Selbständigkeit in der Beurteilung des vermeintlichen Nutzens beweisen, wie es Victor Hugo gegenüber Napoléon III. und seinem beflissenen Präfekten Haussmann tat. Man muss sich »in diese Finsterniß hineinwagen«.

4.3 Die Maschine und das Reich der Freiheit

Einen ersten Schritt in Richtung auf eine kritische Bilanzierung der Technik haben wir damit genommen: man darf die Kosten nicht vergessen und soll den Nutzen hinterfragen. Wir haben damit zwar schon einen anspruchsvolleren Begriff des menschlichen Wohls anvisiert, sind aber immer noch in einer eindimensionalen Sichtweise gefangen. In dem nun folgenden zweiten Schritt ergänzen wir diese Sichtweise gemäß Cassirers Forderung um die Freiheit als zweite Dimension.

4.3.1 Monotechnik I

Technik und Freiheit bilden durchaus ein Paar. Wie wir im Verlaufe der Untersuchung gesehen haben, gehen sie oft Hand in Hand. »Das Thier ist Sclave der Organe, der Mensch ist Herr der Werkzeuge«, rief 1880 Ludwig Noiré begeistert aus.[1] Mit Wolfgang Köhler und Lev Vygotskij konnten wir diesen Gedanken sogar noch weiter treiben: das Tier ist Sklave seines Wahrnehmungsfeldes, aber der Mensch ist Bildner der Wörter und Symbole, kraft welcher der Reiz-Reaktions-Mechanismus zumindest als unmittelbarer unterbrochen wird und sich die Menschen von den äußeren Reizen und inneren Willensimpulsen zu distanzieren vermögen. Diesen Befund haben wir akzeptiert und lediglich den einen Vorbehalt geltend gemacht, dass Autonomie nicht aus dem Nichts geschaffen werden kann, sondern eher in dem Buchführungstrick besteht, die Abhängigkeit auf ein Metalevel zu verschieben.

Sehr viele der Autoren, auf die wir uns bisher berufen haben, haben indes ernsthafte Zweifel geäußert, ob die Geschichte der Menschheit in allen ihren Kapiteln eine Erfolgsgeschichte darstellt. Jared Diamond schätzte ja bereits die neolithische Revolution mit drastischen Worten als »den schlimmsten Fehler der Menschheitsgeschichte« ein: »Vor die Wahl gestellt, entweder den Umfang der Bevölkerung zu begrenzen oder aber die Nahrungsmittelproduktion zu erhöhen, votierten wir für letzteres – mit dem Ergebnis: Hungersnöte, Krieg und Gewaltherrschaft.«[2] Mit dem Aufkommen der modernen Technik, also der maschinellen und teilweise schon automatisierten Produktion, erhärteten sich diese Zweifel. André Leroi-Gourhan sprach von einer

---

[1] Noiré 1880, S. 106.   [2] Diamond 1993, S. 190.

4.3 *Die Maschine und das Reich der Freiheit*

Abb. 38: Mensch und Maschine – wer hält wen in der Hand? »Für gewöhnlich ist das Instrument eine künstliche Erweiterung der Person. [...] Aber die moderne Technologie dreht diese Beziehung zwischen Mensch und Werkzeug um. Es wird fraglich, wer das Werkzeug ist.« (Sahlins 1972, S. 80)

»technischen Entkultivierung«, die die Arbeiter in der modernen Fabrik erfahren.[1] Marshall Sahlins konstatierte, dass sich im Maschinenzeitalter die »Verteilung von Kraft, Fähigkeit und Intelligenz« zwischen Mensch und Maschine zugunsten letzterer umkehre. Von nun an sei es nicht mehr so leicht zu entscheiden, wer von beiden wen als Werkzeug in der Hand hält (↑ Abb. 38).[2] Der *locus classicus* dieser Kritik, auf den sich Sahlins sicherlich bezog, ist das Kapitel »Fixes Kapital und Entwicklung der Produktivkräfte der Gesellschaft« aus Marxens *Grundrissen der Kritik der politischen Ökonomie* von 1857/58, welches unter der Bezeichnung »Maschinenfragment« berühmt geworden ist (↓ Box S. 194).

Marxens Kritik der Arbeit unter der Bedingung der Maschine gewinnt vor dem Hintergrund seiner Anthropologie eine besondere Dramatik. Wie wir schon Gelegenheit hatten zu sehen (↑ Box S. 64), sahen Marx und Engels in der Arbeit, also der Produktion von Lebensmitteln, den eigentlichen Motor der Menschwerdung und der menschlichen Emanzipation. In der Fabrikarbeit wird das Mittel der Befreiung in sein Gegenteil verkehrt, es wird Mittel der Unterdrückung und ihrer Fortschreibung durch den Unterdrückten

---

[1] Leroi-Gourhan 1965, S. 59.   [2] Sahlins 1972, S. 80.

Karl Marx

MASCHINENFRAGMENT
(1857/58)

oder: der Anteil der Maschine an der Entmenschlichung des Menschen

»In den Productionsproceß des Capitals aufgenommen, durchläuft das Arbeitsmittel aber verschiedne Metamorphosen, deren letzte die *Maschine* ist oder vielmehr ein *automatisches System der Maschinerie* [...], in Bewegung gesezt durch einen Automaten, bewegende Kraft, die sich selbst bewegt; dieser Automat bestehend aus zahlreichen mechanischen und intellectuellen Organen, so daß die Arbeiter selbst nur als bewußte Glieder desselben bestimmt sind. [...] Nicht wie beim Instrument, das der Arbeiter als Organ mit seinem eignen Geschick und Thätigkeit beseelt, und dessen Handhabung daher von seiner Virtuosität abhängt. Sondern die Maschine, die für den Arbeiter Geschick und Kraft besitzt, ist selbst der Virtuose, die ihre eigne Seele besitzt in den in ihr wirkenden mechanischen Gesetzen und zu ihrer beständigen Selbstbewegung, wie der Arbeiter Nahrungsmittel, so Kohlen, Oel etc. consumirt (matières instrumentales). Die Thätigkeit des Arbeiters, auf eine blose Abstraction der Thätigkeit beschränkt, ist nach allen Seiten hin bestimmt und geregelt durch die Bewegung der Maschinerie, nicht umgekehrt. Die Wissenschaft, die die unbelebten Glieder der Maschinerie zwingt durch ihre Construction zweckgemäß als Automat zu wirken, existirt nicht im Bewußtsein des Arbeiters, sondern wirkt durch die Maschine als fremde Macht auf ihn, als Macht der Maschine selbst. [...]

Der Productionsprocess hat aufgehört Arbeitsprocess in dem Sinn zu sein, daß die Arbeit als die ihn beherrschende Einheit über ihn übergriffe. Sie erscheint vielmehr nur als bewußtes Organ, an vielen Punkten des mechanischen Systems in einzelnen lebendigen Arbeitern zerstreut, subsumirt unter den Gesammtprocess der Maschinerie selbst, selbst nur ein Glied des Systems, dessen Einheit nicht in den lebendigen Arbeitern, sondern in der lebendigen (activen) Maschinerie existirt, die seinem einzelnen, unbedeutenden Thun gegenüber als gewaltiger Organismus ihm gegenüber erscheint.«

(Marx und Engels 1975, II.1.2, S. 571f)

selbst, womit in einem gewissen Sinn die Menschwerdung annulliert und der Arbeiter auf seine rein tierische Existenz zurückgeworfen wird:

> Es kömmt daher zu dem Resultat, daß der Mensch (der Arbeiter) nur mehr in seinen tierischen Funktionen, Essen, Trinken und Zeugen, höchstens noch Wohnung, Schmuck etc., sich als freithätig fühlt, und in seinen menschlichen Funktionen nur mehr als Thier. Das Thierische wird das Menschliche und das Menschliche das Thierische. (Marx und Engels 1975 I.2, S. 367)

Natürlich wird der Mensch nicht wirklich wieder zum Tier. Es sind vielmehr gerade die ihn vom Tier unterscheidenden Fähigkeiten – das planende Bewusstsein –, die im Produktionsprozess ausgenutzt werden, wo der Mensch jene Lücken füllt, die der Automatisierung noch Widerstand leisten. Die Lohnarbeit ist somit nicht einfach eine Tretmühle (↑ Abb. 33, S. 156), welche allerdings für den Menschen unerträglich ist, weil er im Gegensatz zum eingespannten Ochsen ein Bewusstsein für die endlose Reihe der vor ihm liegenden mühseligen, aber nutzlosen Tage hat, sondern eine Tretmühle, in welche diese seine geistigen Kräfte gewissermaßen als bewusste Zahnräder eingespannt sind und ausgebeutet werden. Es entsteht hier ein Widerspruch zwischen den menschlichen Fähigkeiten und den Bedingungen ihrer Ausübung.

Karl Marx hatte in seiner Analyse natürlich die ersten großen, teil-automatisierten Fabriken vor Augen, deren Entstehen er im 19. Jahrhundert miterlebte. Dem US-amerikanischen Technikhistoriker und Kulturkritiker Lewis Mumford verdanken wir, diesen kritischen Blick auf die ›fordistische‹ Konsumgesellschaft des 20. Jahrhunderts übertragen zu haben. Mumford prägte eine für diese Art von Technikkritik nützliche begriffliche Unterscheidung zwischen ›polytechnics‹ und ›monotechnics‹. Erstere stellt eine Organisationsform von Technik dar, in welcher viele verschiedene Techniken parallel bestehen, die Technologie in kleinem Maßstab verwendet wird und die Kenntnisse ihrer Herstellung, Verwendung und Reparatur in der Bevölkerung weit verbreitet sind. Der Einsatz der Technik ist an den menschlichen Bedürfnissen orientiert, und ihre Produkte vereinen mechanischen Einfallsreichtum mit ästhetischem Anspruch:

> In Werkstätte und Haushalt gab es zweifelsohne viele mühsame Arbeiten. Doch wurden sie in der Gesellschaft von Gefährten verrichtet und in einem Tempo, welches es zuließ, dass geplaudert und gesungen wurde. [...] Mit der Ausnahme von sklavenähnlichen Tätigkeiten wie dem Bergbau waren spielerische Zerstreuung, sexuelles Vergnügen, häusliche Zärtlichkeit und ästhetische Anregung weder räumlich noch geistig vollständig von der Arbeit getrennt. (Mumford 1970, S. 137)

Das Ideal der Polytechnik sah Mumford am ehesten im Spätmittelalter und der Renaissance verwirklicht. Er nannte Leonardo da Vinci als Idealtyp. In der modernen Mono- oder Megatechnik kondensieren die Technologien allerdings zu einem maschinellen Apparat, der im Dienste eines Herrschaftssystems steht, wie Mumford es in den frühen Hochkulturen und wieder im modernen Kapitalismus erkennt. In den ersten Hochkulturen des ›Zeitalters der Pyramiden‹ besteht diese Maschine aus den menschlichen Leibern selbst, deren Tätigkeiten durch Techniken der Verwaltung und militärischen Disziplinierung sich in einen großen, koordinierten Apparat fügen. Die moderne Megamaschine hingegen basiert tatsächlich auf der materiellen Maschinentechnik, in welche der Mensch bloß noch integriert wird. War unter der Bedingung der Polytechnik die Arbeit gesellig, erfüllend und in ihrem manuellen, intellektuellen und ästhetischen Anspruch selbst schon eine Quelle der Befriedigung, ist sie nun durch Spezialisierung, Monotonie, Repetitivität und strenge Organisation geprägt. Mumford knüpft an diese Monotechnik eine kompromisslose Kritik der modernen Gesellschaft, in welcher sich die Menschen bedingungslos der Megamaschine unterwerfen, im Grunde sinnlosen Tätigkeiten nachgehen, und dafür mit einem infantilen Komfort und der Teilhabe an einem schalen Überfluss materieller Standardgüter entschädigt werden, mit welchen sie wie elsässische Gänse im Zwangskonsum gestopft werden:

> Allein um des materiellen und symbolischen Überflusses willen, ermöglicht durch die automatisierte Überfülle, sind diese Maschinensüchtigen bereit, ihre Vorrechte als Lebewesen aufzugeben: das Recht, sich lebendig zu fühlen, ihre Organe ohne Zwang und Einmischung zu gebrauchen, mit den eigenen Augen zu sehen, mit den

eigenen Ohren zu hören, mit den eigenen Händen zu
arbeiten, sich auf den eigenen Beinen zu bewegen, mit
dem eigenen Verstand zu denken, erotische Befriedigung
zu erfahren und in direktem Geschlechtsverkehr Kinder
zu zeugen – kurz, als echte Menschen auf andere echte
Menschen zu reagieren, in ständiger Auseinandersetzung
sowohl mit der sichtbaren Umwelt als auch mit dem
immensen Erbe der historischen Kultur, von dem die
Technik selbst nur ein Teil ist. (ebd., S. 332)

Unsere Vorarbeit in den vorangegangenen Kapiteln gibt dieser kulturkritischen Diagnose Gewicht. Denn in ihrem Lichte erkennen wir, dass die beschriebene Maschinenwelt dem Menschen nicht äußerlich ist, sondern die kulturelle Nische ausmacht, in welcher der sekundäre Nesthocker ausreift und seine Persönlichkeit ausbildet. Ganz ähnlich wie Marx sieht Mumford im Leben unter der Bedingung der Monotechnik einen Widerspruch zu den technischen Bedingungen der Menschwerdung, insbesondere der Selbstdomestizierung durch Techniken der sozialen Arbeitsorganisation und der Kommunikation. Der moderne Mensch wird an der autonomen und kreativen Ausübung seiner intellektuellen Fähigkeiten gehindert und als infantilisierter Konsument seiner eigenen, undisziplinierten Subjektivität ausgeliefert.[1]

Eine philosophische Lektüre vermag indes in Mumfords Kulturkritik noch mehr zu entdecken – ein veritables Ereignis auf der kategorialen Ebene, nämlich die Geburt eines neuerlichen Dualismus, der für die Ökonomie grundlegend wird: des Dualismus von Produktion und Konsum als den antagonistischen Polen des ökonomischen Prozesses. Man erkennt aus den zitierten Schilderungen sogleich, dass unter den idealen Bedingungen der Polytechnik diese beiden Pole zwar analytisch getrennt werden können, ihr Unterschied aber rein äußerlich ist. Beide sind einfach zwei aufeinander folgende Abschnitte in der Modifzierung von Materie: Produktion ist die exosomatische Modifizierung durch Werkzeug und äußere Organe (Hände), Konsum die endosomatische Modifizierung durch den Verdauungsapparat, angefangen mit den Zähnen. Lebensmittel herzustellen und sie zu essen sind beides materielle Prozesse, Abschnitte *eines* materiellen Prozesses. Auch in Hinblick auf das menschliche Glück sind beide nicht

---
[1] Mumford 1970, S. 144, S. 340 und S. 370.

kategorial geschieden. Arbeit kann sowohl Mühsal als auch Quelle von Befriedigung sein, Konsum sowohl Genuss als auch lästige Pflicht. Erst unter der Bedingung der Monotechnik gewinnen die beiden Pole entgegengesetzte Vorzeichen: Die Arbeit wird zu einer Last, Konsum wird mit dem Versprechen des Glücks und der Freude verbunden. Das entgegengesetzte Vorzeichen wird in der modernen Gesellschaft an den gegensinnigen Geldströmen kenntlich. Für die Arbeit wird man bezahlt, für den Konsum muss man bezahlen. Das Industriezeitalter setzt mithin die in der neolithischen Revolution einsetzende Teilung der Welt nahtlos fort. Die Götter haben eine weitere Schneise in die Wirklichkeit geschlagen. In Mumfords Analyse wird dieser Dualismus jedoch fadenscheinig und zeigt diese Grundstruktur, die wir bereits am Dualismus von Unwert und Wert, Müll und Gut kennengelernt haben: Am falschen Schlechten wird die Falschheit des vermeintlich Guten kenntlich.

4.3.2 Monotechnik II

Die Kritiken von Marx und Mumford beziehen ihre Stärke auch aus der Tatsache, dass sie mit totalisierenden Begriffen arbeiten, die auf das Ganze der Maschinentechnik in ihrer spezifischen gesellschaftlichen Einbettung zielen. Das *Maschinenfragment* handelt nicht von der Maschine als solcher, sondern unter kapitalistischer Bedingung. Die moderne Technik erhält dabei eine ambivalente Bedeutung, da sie nicht nur eine Ursache des menschlichen Elends darstellt, sondern zugleich die Bedingung dafür, diese Zustände »in die Luft zu sprengen«.[1]

In einem letzten Schritt können wir nun versuchen, über diesen Stand der Analyse hinauszukommen und uns zu fragen, ob die Misere allein dem gesellschaftlichen Gebrauch der Technik geschuldet ist oder die moderne Technik selbst ihren Anteil daran hat. Kann man den Begriff der Monotechnik auch enger fassen? Gibt es Technologien, die von sich aus, unabhängig von den sozialen Bedingungen ihres Gebrauchs, monotechnisch verfasst sind und die polytechnische Verwendung unmöglich machen?

Einen vielversprechenden Hinweis können wir dem Werk des französischen Ingenieurs und Informationstheoretikers Abraham

---

[1] Marx und Engels 1975 II.1.2, S. 580.

4.3 Die Maschine und das Reich der Freiheit

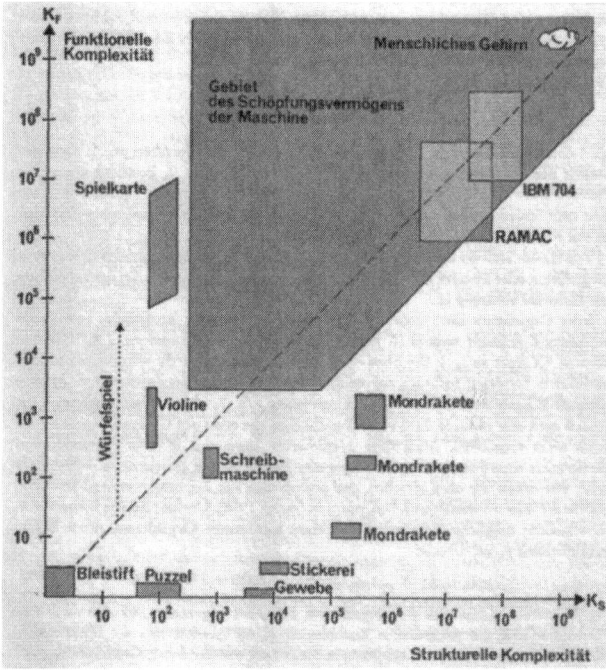

Abb. 39: Eine »Karte der Maschinenwelt« mit den Achsen der funktionellen und strukturellen Komplexität. Revidierte Fassung der Abbildung aus Moles 1971 (siehe dazu auch Irrgang 2020).

Moles entnehmen. 1961 veröffentlichte er erstmalig eine ›Karte der Maschinenwelt‹, in welcher er die technischen Artefakte entlang der beiden Dimensionen ihrer ›strukturellen‹ und ›funktionellen‹ Komplexität einordnete, also, grob gesprochen, nach der Anzahl ihrer Bauteile und ihrer Funktionen (Abb. 39). Die Klassifikation lässt sogleich eine moderne Tendenz zur strukturellen Komplexität erkennen, die Moles noch 1969 als natürlicher und folgerichtiger Ausdruck der Entwicklung zu einer technologischen Zivilisation erschien:

> Der Begriff der Komplexität ist für die technologische Zivilisation mithin wesentlich, da der Homo faber ja seine Rolle von der Herstellung handgefertigter Einzelstücke – das Werkzeug, Geräte usw. – hin zur Vorstellung einer

> *Anordnung* oder *Kombination* von einfachen Teilen oder
> Grundbausteinen, deren Eigenschaften die der Grund-
> bausteine transzendieren, verschoben hat: das Ganze ist
> größer als seine Teile. (Moles 1969, S. 54)

Zwar zeigt die moderne Technologie einen Hang zu einer exzessiven strukturellen Komplexität. Man denke an Apparate wie den Fernseher, der mit ungeheurem Aufwand nur sehr wenige Funktionen bietet: Bild- und Tonübertragung, Regelung der Lautstärke etc. Die Entwicklung der Computertechnologie galt Moles aber als Hinweis, dass es sich dabei um ein vorübergehendes Phänomen handelt und allgemein eine Tendenz zum Ausgleich von struktureller und funktioneller Komplexität besteht. Als Moles nur zwei Jahre später das Diagramm in die zweite Auflage seines Buchs *Informationstheorie und ästhetische Wahrnehmung* aufnimmt, hat sich seine Lektüre der Karte der Maschinenwelt indes verschoben:

> Betrachtet man die Abbildung [39], dann erkennt man,
> daß die oberhalb der Winkelhalbierenden liegenden Or-
> ganismen (sic!) zur Klasse der Spielzeuge des Menschen
> gehören: es sind Musikinstrumente, Spielkarten usw.
> Was unter der Winkelhalbierenden liegt, gehört dagegen
> bevorzugt der Welt der perfektionierten Technik, im Ex-
> tremfall der Automation zu. Als Bedingung dafür, daß
> Komplexität schöpferischen Gebrauch schafft, stößt man
> daher auf das Postulat: die funktionelle Komplexität muß
> die strukturelle Komplexität genügend stark überwiegen.
> (Moles 1971, S. 54)

Diese Perspektivenveränderung ist beachtlich. In der ursprünglichen Fassung hatte schöpferischer Gebrauch kategorial gar keinen Platz. 1961 hatte Moles nämlich die Verwendung eines Artefakts als »nichtdestruktiven« Gebrauch beschrieben, also unterstellt, dass man ein Werkzeug entweder korrekt handhabt oder es beschädigt.[1] Der »schöpferische Gebrauch«, der 10 Jahre später in sein Blickfeld rückt, sprengt diese Dichotomie, denn er muss ja darin bestehen, dass man das Werkzeug eben nicht wie vorgeschrieben verwendet und es gleichwohl nicht beschädigt. Wiederum können wir von der begrifflichen Vorarbeit in den vorangegangenen Kapiteln profitieren,

---

[1] Moles 1961, S. 185.

4.3 Die Maschine und das Reich der Freiheit

Abb. 40: In der akademischen Philosophie ist Alfred Sohn-Rethel noch immer der Außenseiter, als der er sich selbst wahrnahm und beschrieb. Sein Text »Das Ideal des Kaputten« scheint dennoch Leser zu finden. – Graffiti, Schnappschuss durch die verdreckten Scheiben eines fahrenden Zuges an der schweizerisch-französischen Grenze, April 2022.

da sie es uns erlaubt, präziser zu beschreiben, womit wir es hier zu tun haben. Moles wirft offenbar die Frage auf, unter welchen Bedingungen eine technische Assemblage zu einem ›günstigen Milieu‹ (Leroi-Gourhan) neuer Techniken werden kann. Und einen wichtigen Mechanismus solcher Neuerung kennen wir schon – es ist die Exaptation (↑ 2.3.4, S. 90 ff). In diesem Vokabular würde Moles' Frage lauten: Unter welchen Bedingungen erlaubt Technik einen exaptativen, also zweckentfremdenden Gebrauch? Exaptation ist ja gerade der ›falsche‹, dabei aber nicht-destruktive Gebrauch. Und Moles gibt sogleich die Antwort: Exaptation ist dort möglich, wo die funktionelle die strukturelle Komplexität übersteigt. (Man erinnere sich der Beispiele von Ernst Hartig, ↑ S. 100.) Aber genau diese Bedingung ist in der modernen technischen Zivilisation, die im Diagramm unterhalb der Winkelhalbierenden angesiedelt ist, nicht mehr erfüllt. Der Mensch findet sich heute in einer technischen Welt wieder, die keinen schöpferischen Gebrauch mehr zulässt.

Diese Diagnose ist schon einmal von einem Autor gestellt und technikphilosophisch bis an ihr Ende durchdacht worden, und zwar in dem humorvollen, dabei aber zutiefst philosophischen Text »Das Ideal des Kaputten«, den Alfred Sohn-Rethel 1926 als Feuilleton in der *Frankfurter Zeitung* veröffentlichte und der noch immer – weitgehend – unbekannt ist (Abb. 40). Sohn-Rethel lieferte in diesem Text ein liebevolles Porträt der Stadt Neapel in den 1920er Jahren. Die süditalienische Stadt erscheint als ein Gegenbild zur modernen Monotechnik – aber nicht einfach, weil in ihr noch die ältere Polytechnik zu bewundern wäre. Es ist ein anderes

Merkmal, an welchem der Blick des Philosophen hängenbleibt: »Technische Vorrichtungen sind in Neapel grundsätzlich kaputt: nur ausnahmsweise und dank eines befremdlichen Zufalls kommt auch Intaktes vor.«[1]

In welchem Sinne aber wird der Zustand des Kaputten hier zu einem Ideal? Nun, Defektheit bedeutet nicht Stillstand, sondern gerade den Ansatzpunkt für den eigentümlichen Modus des Technikgebrauchs in Neapel:

> Aber nicht daß diese [technischen Vorrichtungen] nun darum, weil sie kaputt sind, etwa nicht funktionierten, sondern beim Neapolitaner fängt das Funktionieren gerade erst da an, wo etwas kaputt ist. Er geht mit einem Motorboot aufs Meer, sogar bei heftigem Wind, in das wir kaum den Fuß zu setzen wagten. Und es geht zwar niemals, wie es gehen sollte, aber so oder so doch immer gut. Mit unerschütterlicher Selbstverständlichkeit bringt er es, drei Meter von den Klippen, an denen ihn die wilde Brandung zu zerschmettern droht, zum Beispiel fertig, den beschädigten Benzinbehälter, in den das Wasser eingedrungen ist, abzulassen und neu zu füllen, ohne daß der Motor aussetzt. Wenn nötig, kocht er gleichzeitig auf der Maschine noch Kaffee für die Fahrgäste. (Sohn-Rethel 1990, S. 34)

Sohn-Rethel beschreibt an vielen Beispielen den kreativen, respektlosen und anarchischen Gebrauch der Technik in Neapel: die aufgegebenen Schienen einer Straßenbahn werden zum Wasserspielplatz, in Papierkörben brüten Hühner, der Eisenbahntunnel dient als Schlafplatz in heißen Sommernächten, ein ausrangierter Motor darf in seinem zweiten Leben Sahne schlagen. Willkommen im »Glücksarsenal des Kaputten«. Dass die technischen Vorrichtungen kaputt sind, ist, wie bald deutlich wird, kein Hindernis, sondern dem freien Gebrauch nur förderlich:

> An die vorgeschriebenen Zweckverwendungen in keiner Weise mehr gebunden, erfährt die Technik hier die sonderbarsten Ablenkungen und geht mit ebenso überra-

---

[1] Sohn-Rethel 1990, S. 33, vgl. Schlaudt 2020b.

schenden wie evidenten Wirksamkeiten in einen ihr völlig *fremden Lebensgrund* ein. (ebd., S. 37)

Dadurch, dass sie kaputt sind, verliert die ursprüngliche Gebrauchsnorm der Werkzeuge ihre Autorität, und es öffnet sich eine Pforte zu einer schöpferischen Verwendung. In einem scharfen Kontrast dazu steht die »moderne Technik«, die sich der schöpferischen Verwendung entzieht, wie zum Beispiel der elektrische Strom, der nicht kaputtzukriegen ist, oder jene Eisenbahnzüge, von welchen der Stationsvorsteher sagte, dass man von ihnen nie genau wisse, »wohin sie gehen und wann sie gehen«,[1] – weil sie eben vielmehr ihrer eigenen Logik gehorchen als derjenigen der menschlichen Bedürfnisse.

Was kann man aus dieser feuilletonistischen Betrachtung lernen? Sohn-Rethel verdichtete seine Beobachtungen zu einer Definition der Technik, wie sie in der Tat ein Herzstück der Technikphilosophie ausmachen sollte und uns mithin auf den letzten Seiten dieses Buches zupass kommt:

> [... Für den Neapolitaner] liegt vielmehr das Wesen der Technik im Funktionieren des Kaputten. [...] Das Intakte dagegen, das sozusagen von selber geht, ist ihm im Grunde unheimlich und suspekt, denn gerade weil es von selber geht, kann man letztlich nie wissen, wie und wohin es gehen wird. [... G]anz sicher ist er solcher Unwesen nie [...]. (ebd., S. 34 f.)

Auf den ersten Blick wirkt diese Definition paradox, weil das Wesen der Technik hier nicht an der funktionierenden Technik als seinem Modell und seiner Idealgestalt abgelesen wird, sondern diese genau umgekehrt als ein »Unwesen« angesprochen wird, welches also offenbar das Wesen der Technik verfehlt. Funktionierende Technik ist also keine Technik?

Der Widerspruch löst sich auf, wenn man bedenkt, dass Technik vom Menschen angeeignete Natur ist, sich die moderne Technik aber gerade dieser Aneignung entzieht und wieder zu einer Art Naturding wird. Genau diese Entwicklung hat der französische Technikphilosoph Gilbert Simondon 1959 in seiner heute klassischen Studie *Die Existenzweise technischer Objekte* beschrieben. Laut Simondon lässt sich eine Entwicklungstrajektorie technischer Artefakte beobachten,

---

[1] Sohn-Rethel 1990, S. 13.

die er »Konkretisierung« nannte und die in einer Stabilisierung und Autonomisierung des Artefakts besteht. Sein Beispiel ist der frühe Verbrennungsmotor, in welchem den Zylindern Kühlrippen aufgesetzt werden, welche die überschüssige Wärme abführen. Mit der Zeit verwachsen die Kühlrippen jedoch mit den Zylindern und übernehmen zugleich die Funktion ihrer mechanischen Stabilisierung.[1] Das technische Artefakt gewinnt an Kohärenz und nähert sich – paradoxerweise – der Existenzweise eines Naturdings:

> für jedes Teil im konkreten Objekt gilt, dass es nicht mehr nur das ist, dessen Essenz es ausmacht, eine vom Konstrukteur gewollte Funktion zu erfüllen […]. Das konkrete technische Objekt ist ein physikalisch-chemisches System, in dem, gemäß den Gesetzen aller Wissenschaften, wechselseitige Wirkungen aufeinander ausgeübt werden. (Simondon 2012, S. 33)

Indem technische Artefakte diese Evolutionstrajektorie durchlaufen, werden sie zu autonomen Dingen, die sich der menschlichen Zwecksetzung wieder entziehen. Sohn-Rethel und Simondon stimmen in der Beschreibung der Tatsachen im Grunde überein: technische Mittel hören an einem gewissen Punkte ihrer Entwicklung auf, bloße Mittel zu sein, und emanzipieren sich von den menschlichen Zwecken. Aber die beiden Autoren ziehen aus dieser Beobachtung entgegengesetzte Schlüsse. Für Simondon zeigt sich an dem vollendeten technischen Artefakt die der Technik eigentümliche Existenzweise, also – altmodisch ausgedrückt – das Wesen der Technik. Für Sohn-Rethel ist es umgekehrt: Wenn die Artefakte sich wieder zu Naturdingen verdichten, dann wird der Mensch auch wieder in ein rein animalisches Dasein katapultiert, inmitten einer Natur, auf die er reagiert, ohne über sie verfügen zu können.

4.3.3 Die neue Polytechnik

Worauf wir uns auf den letzten Seiten eingelassen haben, war eine Lektüre des Begriffs der Monotechnik, die eruieren sollte, inwiefern – am Maßstab der Freiheit gemessen – Schwierigkeiten nicht erst aus der spezifischen gesellschaftlichen Verwendungsweise, sondern aus

---

[1] Simondon 2012, S. 21.

der modernen Technik selbst erwachsen. Das Unterfangen lieferte uns unverhofft eine Definition der Technik:

> Die Technik beginnt vielmehr eigentlich erst da, wo der Mensch sein Veto gegen den feindlichen und verschlossenen Automatismus der Maschine einlegt und selber in ihre Welt springt. (Sohn-Rethel 1990, S. 36)

Begann Technik als Veto gegen die Natur, so besteht sie heute im Veto gegen die Maschine. Veto muss sie aber sein, um Technik sein zu können. Die Aufgabe, die Sohn-Rethel dem Nachdenken über die Technik damit gestellt hat, lässt sich vielleicht am leichtesten ermessen, wenn man seine Kritik mit derjenigen vergleicht, die Ivan Illich 1971 formulierte. Die äußeren Bedingungen sind erst einmal ähnlich. Wie einst Sohn-Rethel, so führt uns 50 Jahre später Illich an die Peripherie der technisierten Welt und macht seine Überlegungen an demselben Artefakt fest, dem Außenbordmotor:

> Ich kenne eine Küstenregion in Südamerika, in der die meisten Menschen vom Fischfang mit kleinen Booten leben. Der Außenbordmotor ist sicherlich das Werkzeug, das das Leben dieser Küstenfischer am dramatischsten verändert hat. Aber in dem Gebiet, das ich erkundet habe, wird die Hälfte aller Außenbordmotoren, die zwischen 1945 und 1950 gekauft wurden, durch ständiges Herumbasteln am Laufen gehalten, während die Hälfte der 1965 gekauften Motoren nicht mehr läuft, weil sie nicht so gebaut wurden, dass sie repariert werden können. Der technische Fortschritt versorgt die Mehrheit der Menschen mit technischen Spielereien, die sie sich nicht leisten können, und beraubt sie der einfacheren Werkzeuge, die sie brauchen. (Illich 1971, S. 59)

Teilen beide Autoren ihre tiefe Skepsis gegenüber der modernen Technologie, so artikulieren sie gleichwohl verschiedene Diagnosen. Illich, der als radikaler Kritiker der modernen Gesellschaft und ihrer Institutionen bekannt ist, zeigt sich bei näherem Hinsehen hier eigentümlich konservativ. Für ihn besteht das Problem darin, dass sich die moderne Technik nicht reparieren lässt – für Sohn-Rethel aber darin, dass sie sich nicht schöpferisch verwenden lässt. Hatte Sohn-Rethel im Gegensatz zu Simondon darauf beharrt, dass Technik ein Mittel zu menschlichen Zwecken sein muss, so insistiert er anders als Illich, dass der Zweck nicht festgeschrieben sein darf. Sohn-Rethel sprengt die Dichotomie von Selbstzweck (Simondon) versus Mittel zum Zweck (Illich). Beide verfehlen auf je eigene Weise die Existenz als Mittel, welche darin besteht, sich auch zweckentfremden zu lassen. In der Exaptation besteht mithin der Veto-Charakter der Technik.

Damit sind wir am Ziel dieser Einführung angekommen, aus der technischen Evolution des Menschen eine Art Kriterium zu gewinnen, welches einen kritischen Blick auf die heutigen Herausforderungen der technischen Lebenswelt gewährt, uns also zu bestimmen erlaubt, unter welchen Bedingungen wir wenigstens die Chance haben, im Technozän ein glückliches und freies Leben zu führen. Die Perspektivenverschiebung, die dieses Kriterium dem Denken abverlangt, wird vielleicht am deutlichsten, wenn man die vorangegangenen Überlegungen als eine ontologische Untersuchung über die ›Existenzweise technischer Objekte‹ liest, wie Simondon es vorschlug. Die spezifische Existenzweise einer Polytechnik, also des Technischen, insofern es die menschliche Freiheit zu befördern vermag, könnten wir dann am besten durch eine Analogie zu fassen suchen. Mit dem Müll und dem Wertvollen sowie der Produktion und der Konsumption haben wir zuletzt zwei für die Monotechnik charakteristische Dualismen kennengelernt. Ihnen war jeweils eigentümlich, dass von einem falschen Schlechten her falsche Begriffe des Guten entworfen wurden, unter deren Stern das ›gute‹ Leben in der Monotechnik steht: Reinheit und Konsum. Eine polytechnische Utopie muss die zugrundeliegenden falschen Gegensätze auflösen. Die Arbeit muss zu einer sinnstiftenden und befriedigenden Tätigkeit werden, in welcher das Individuum einen schöpferischen Gebrauch von den eigenen Kräften macht. Und der Müll erhält wieder Wert, indem er zum Kompost wird, aus dem das Neue entsteht. »Was ausgesondert wurde«, schrieb die Anthropologin Mary Douglas, »wird zur Erneuerung des Lebens wieder untergepflügt«.[1] Der Kunsthistoriker Roger Fayet erkannte darin ein Modell für die Nachmoderne, die die falsche, aseptische und sterile Sauberkeit der Moderne hinter sich lässt:

> Mit den rigorosen Reinigungen der Moderne türmt sich
> also der Abfall, zugleich aber *fehlen* die verworfenen Din-

---

[1] Douglas 1988, S. 217.

4.3 Die Maschine und das Reich der Freiheit

ge in der Sphäre der akzeptierten Wirklichkeit. Eine Welt, in der das Alte verneint, das Vermischte, Zweideutige, Heteronome ausgeschlossen, die undeutlichen Übergänge und das Ineinanderfließen beseitigt ist, gerät zu einer verarmten Welt. Eine solche Welt ist zwar hochgradig rein, aber auch ihres Reichtums und ihrer Fruchtbarkeit entledigt. [...]

Wie bei der Kompostierung im Garten, wo der Gärtner den verarmten Boden durch die Anwendung von kompostierbarem Abfall wieder fruchtbar macht, führt der Transfer von Abfällen in den Bereich des Wertvollen allgemein dazu, dass eine durch Reinigungen arm gewordene Wirklichkeit mit neuem Reichtum versehen wird. (Fayet 2003, S. 158 f. und S. 49)

Abfall und Gut, Produktion und Konsum hören damit nicht auf zu existieren, werden aber wieder zu dem, was sie eigentlich sind: Momente eines Kreislaufs. Und so muss man sich auch die Polytechnik in ontologischen Begriffen vorstellen. Sie ist weder die beherrschte Natur mit festgesetztem Zweck, noch wieder das Naturding, welches sich der menschlichen Zwecksetzung entzieht. Sie ist vielmehr das Werden selbst, der Kompost, aus dem beständig das Neue entsteht. Wir hatten gelegentlich André Leroi-Gourhan zitiert, der die Herstellung des Werkzeugs als einen Dialog beschrieb (↑ S. 137). In der Polytechnik wird der Dialog von keiner der beiden Seiten beendet. Er geht immer weiter, beide legen ihr Veto gegen die Dominanz des anderen ein, und in diesem Prozess liegt das eigentlich Technische der Technik.

Nachweise der Abbildungen

Abb. 1, S. 6: © Van Gogh Museum, Amsterdam; Abb. 2, S. 9: © Springer Nature; Abb. 3, S. 13: © bpk / Victoria and Albert Museum, London; Abb. 4, S. 16: © UZ productions, Paris; Abb. in Box S. 20: © Bibliothèque Nationale de France; Abb. 6, S. 24: © bpk | RMN - Grand Palais | Hervé Lewandowski; Abb. 8, S. 31: © Axel Kleidon, mit freundlicher Genehmigung; Abb. 9, S. 35: NASA, https://www.nasa.gov/content/goddard/nasa-satellite-reveals-how-much-saharan-dust-feeds-amazon-s-plants, gemeinfrei; Abb. 10, S. 37: aus Fortin und Langley 2005, mit freundlicher Genehmigung der Autoren; Abb. 11, S. 46: © Mauritshuis, Den Haag; Abb. 12, S. 48: © Axel Kleidon, mit freundlicher Genehmigung; Abb. in Box S. 52: © Bibliothèque nationale de France; Abb. 13, S. 54: aus Leroi-Gourhan 1964, © Albin Michel; Abb. 14, S. 56: oben: aus Mann u. a. 2012, © Ewa Krzyszczyk, The Shark Bay Dolphin Project, http://www.monkeymiadolphins.org., mit freundlicher Genehmigung von Janet Mann; Mitte: Photo © Gavin R. Hunt, Auckland, Neuseeland, mit freundlicher Genehmigung; unten: Photo von E. Nogami, Wildlife Research Center of Kyoto University, mit freundlicher Genehmigung; Abb. 15, S. 57: aus Gowlett 2016, Royal Society, London, CC BY 4.0; Abb. 16, S. 60: © Jeffrey H. Schwartz, Universität Pittsburgh, mit freundlicher Genehmigung; Abb. 18, S. 78: aus Köhler 1921; Abb. 19, S. 81 und Abb. 20, S. 82: © Miriam N. Haidle, mit freundlicher Genehmigung; Abb. in Box S. 85: © Miriam N. Haidle, mit freundlicher Genehmigung; Abb. 21, S. 88: Leroi-Gourhan 1964 © Albin Michel, Paris, und © National Oceanic & Atmospheric Administration, U.S. Department of Commerce; Abb. 22, S. 94: aus Jones 1856, digitalisiert von der UB Heidelberg, Public Domain Mark 1.0; Abb. 24, S. 104: aus Descartes 1664, © Bibliothèque Nationale de France; Abb. 26, S. 112: Aus: Rosenberg und Trevathan 1995, mit freundlicher Genehmigung der Autorinnen; Abb. 27, S. 115: Photo © National Gallery Prague 2022; Abb. 29, S. 121: aus Uexküll 1921; Abb. in Box S. 124: aus Descartes 1664, © Bibliothèque Nationale de France; Abb. 31, S. 136: © bpk | RMN - Grand Palais | Stéphane Maréchalle; Abb. 32, S. 147: © J. Clottes / Ministère de la Culture, Centre National de Préhistoire; Abb. 33, S. 156: aus Böckler 1661, digitalisiert von: Sächsische Landesbibliothek – Staats- und Universitätsbibliothek Dresden (Public Domain Mark 1.0); Abb. 34, S. 163: aus Schedel 1493, Bayerische Staatsbibliothek München, Rar. 287, fol. 3v, mit freundlicher Genehmigung; Abb. 35, S. 166: aus Kapp 1877, digitalisiert von der Universitäts- und Landesbibliothek Darmstadt, Public Domain CC0 1.0; Abb. 36, S. 171: aus IWGN 1999, © National Science and Technology Council, United States Government, 1999, Creative Commons 3.0 (https://www.whitehouse.gov/copyright/); Abb. S. 182: © Stiftung Deutsches Technikmuseum Berlin, Firmennachlass AEG, Signatur I.2.060 Mf 01764, Photo: Historisches Archiv; Abb. 37, S. 188: aus Tisserant 1974, Photo von André Morain, mit freundlicher Genehmigung von Joan und Gérard Titus-Carmel.

Literatur

Adams, Fred und Kenneth Aizawa (2001). »Why the Mind Is Still in the Head«. In: *The Cambridge Handbook of Situated Cognition*. Hrsg. von Philip Robbins und Murat Aydede. Cambridge University Press. S. 78-95.

Aiello, Leslie C. und R. I. M. Dunbar (1993). »Neocortex Size, Group Size, and the Evolution of Language«. In: *Current Anthropology* 34(2), S. 184-193.

Aiello, Leslie C. und Peter Wheeler (1995). »The Expensive Tissue Hypothesis. The Brain and the Digestive System in Human and Primate Evolution«. In: *Current Anthropology* 36(2), S. 199-221.

Ambrose, Stanley H. (2001). »Paleolithic Technology and Human Evolution«. In: *Science* 291(5509), S. 1748-1753.

Aristoteles (1812). *Quaestiones Mechanicae*. Amsterdam: Hengst.

Augé, Marc (1992). *Non-Lieux. Introduction à une anthropologie de la surmodernité*. Paris: Seuil.

Bacon, Francis (1793). *Neues Organon. Aus dem Lateinischen übersetzt von George Wilhelm Bartholdy, mit Anmerkungen von Salomon Maimon*. Berlin: G. C. Nauck.

Bammé, Arno (2011). *Homo occidentalis. Von der Anschauung zur Bemächtigung der Welt. Zäsuren abendländischer Epistemologie*. Weilerswist: Velbrück.

Bar-On, Yinon M., Rob Phillips und Ron Milo (2018). »The biomass distribution on Earth«. In: *Proceedings of the National Academy of Sciences* 115(25), S. 6506-6511.

Barbrook, Richard und Andy Cameron (1996). »The Californian Ideology«. In: *Science as Culture* 6(1), S. 44-72.

Barfield, Woodrow (2019). »The Process of Evolution, Human Enhancement Technology, and Cyborgs«. In: *Philosophies* 4(1), S. 10.

Bataille, George (1955). *Lascaux ou la naissance de l'art*. Genf: Skira.

Bateson, Gregory (1972). *Steps to an Ecology of Mind*. London: Intertext Books.

Bay, Thomas (2012). »Chrematistic Deviations«. In: *Journal of Interdisciplinary Economics* 24(1), S. 29-54.

Beaune, Sophie A. de (2000). *Pour une archéologie du geste. Broyer, moudre, piler, des premiers chasseurs aux premiers agriculteurs*. Paris: CNRS Editions.

— (2004). »The Invention of Technology: Prehistory and Cognition«. In: *Current Anthropology* 45(2), S. 139-162.

— (2019). »A Critical Analysis of the Evidence for Sexual Division of Tasks in the European Upper Paleolithic«. In: *Squeezing Minds from Stones. Cognitive Archaeology and the Evolution of the Human Mind*. Hrsg. von K. A. Overmann und F. L. Coolidge. Oxford: Oxford University Press. S. 376-405.

Berger, John (2002). Past present. url: https://www.theguardian.com/artanddesign/2002/oct/12/art.artsfeatures3.

Bernard, Claude (1865). *Introduction à l'étude de la médecine expérimentale*. Paris: Baillière.

Bietti, Lucas M., Ottilie Tilston und Adrian Bangerter (2018). »Storytelling as Adaptive Collective Sensemaking«. In: *Topics in Cognitive Science* 11(4), S. 710-732.

Binswanger, Mathias (2006). »Why does income growth fail to make us happier? Searching for the treadmills behind the paradox of happiness«. In: *The Journal of Socio-Economics* 35, S. 366-381.

Böckler, Georg Andreas (1661). *Theatrum Machinarum Novum. Das ist: Neu-Vermehrter Schauplatz der Mechanischen Künsten*. Nürnberg: Fürst Gerhard.

Bodinat, Baudouin de (2008). *La vie sur terre. Réflexions sur le peu d'avenir que contient le temps où nous sommes. Tomes premier (1996) et second (1999) suivis de deux notes additionnelles*. Saint-Front-sur-Nizonne: Éditions de l'Encyclopédie des Nuisances.

Bonneuil, Christophe und Jean-Baptiste Fressoz (2016). *The Shock of the Anthropocene*. London: Verso Books.

Bourdieu, Pierre (1972). *Esquisse d'une théorie de la pratique*. Genf: Droz.

Literatur

Bourdieu, Pierre und Jean-Claude Passeron (1964). *Les héritiers. Les étudiants et la culture.* Paris: Les Editions de Minuit.

Boyle, Robert (1670). »New Pneumatical Experiments about Respiration«. In: *Philosophical Transactions* 5 (62), S. 2011-2031.

Butterworth, Brian u. a. (2008). »Numerical thought with and without words: Evidence from indigenous Australian children«. In: *Proceedings of the National Academy of Sciences* 105(35), S. 13179-13184.

Cannon, Walter B. (1932). *The Wisdom of the Body.* London: Kegan Paul, Trench, Trubner.

Carnap, Rudolf (1928). *Der logische Aufbau der Welt.* Berlin: Weltkreis.

Cassirer, Ernst (1930/2004). »Form und Technik (1930)«. In: *Aufsätze und kleine Schriften (1927-1931).* Gesammelte Werke. Hamburger Ausgabe, Bd. 17. Hamburg: Meiner. S. 139-183.

— (2006). *Essay on Man. An Introduction to a Philosophy of Human Culture (1944).* Gesammelte Werke. Hamburger Ausgabe, Bd. 23. Hamburg: Meiner.

Castell, Wolfgang zu, Ulrich Lüttge und Rainer Matyssek (2019). »Gaia—A Holobiont-like System Emerging From Interaction«. In: *Emergence and Modularity in Life Sciences.* Hrsg. von Lars H. Wegner und Ulrich Lüttge. Heidelberg: Springer. S. 255-279.

Cataldo, Dana Michelle, Andrea Bamberg Migliano und Lucio Vinicius (2018). »Speech, stone tool-making and the evolution of language«. In: *PLOS ONE* 13(1). Hrsg. von Robert C. Berwick, e0191071.

Catling, David C. und Kevin J. Zahnle (2009). »The Planetary Air Leak«. In: *Scientific American* 300(5), S. 36-43.

Ceballos, Gerardo u. a. (2015). »Accelerated modern human-induced species losses: Entering the sixth mass extinction«. In: *Science Advances* 1(5), e1400253.

Chalmers, David J. (2010). »The singularity: A philosophical analysis«. In: *Journal of Consciousness Studies* 17(9-10), S. 7-65.

Chiel, Hillel J. und Randall D. Beer (1997). »The brain has a body: Adaptive behavior emerges from interactions of nervous system, body and environment«. In: *Trends in Neurosciences* 20(12), S. 553-557.

Chomsky, Noam (2007). »Symposium on Margaret Boden, Mind as Machine«. In: *Artificial Intelligence* 171(18), S. 1094-1103.

Chuong, Edward B. (2013). »Retroviruses facilitate the rapid evolution of the mammalian placenta«. In: *BioEssays* 35(10), S. 853-861.

Clark, Andy und David Chalmers (1998). »The Extended Mind«. In: *Analysis* 58(1), S. 7-19.

Cochrane, Willard W. (1958). *Farm Prices. Myth and Reality.* Minneapolis: University of Minnesota Press.

Condorcet, Nicolas de (1796). *Entwurf einer historischen Darstellung der Fortschritte des menschlichen Geistes.* Tübingen: Cotta.

Crist, Eileen (2016). »On the Poverty of Our Nomenclature«. In: *Anthropocene or Capitalocene? Nature, History, and the Crisis of Capitalism.* Hrsg. von Jason W. Moore. Oakland: Kairos PM. S. 14-33.

Crutzen, Paul J. (2002). »Geology of Mankind«. In: *Nature* 415, S. 23.

Dagognet, François (1997). *Des Détritus, des déchets, de l'abject. Une philosophie écologique.* Le Plessis-Robinson: Institut Synthélabo.

Damerow, Peter, Robert K. Englund und Hans J. Nissen (1988). »Die Entstehung der Schrift«. In: *Spektrum der Wissenschaft* Februar, S. 74-85.

Dawkins, Richard (1976). *The Selfish Gene.* Oxford: Oxford University Press.

— (1999). *The extended phenotype. The long reach of the gene.* Rev. ed. Oxford: Oxford University Press.

Deacon, Terrence und Spyridon Koutroufinis (2014). »Complexity and Dynamical Depth«. In: *Information* 5(3), S. 404-423.

Literatur

Dehaene, Stanislas (2005). »Evolution of Human Cortical Circuits for Reading and Arithmetic: The ›Neuronal Recycling‹ hypothesis«. In: *From Monkey Brain to Human Brain*. Hrsg. von Stanislas Dehaene u. a. Cambridge (MA): The MIT Press.
Dehaene, Stanislas und Laurent Cohen (2007). »Cultural Recycling of Cortical Maps«. In: *Neuron* 56(2), S. 384-398.
d'Errico, Francesco und Ivan Colagè (2018). »Cultural Exaptation and Cultural Neural Reuse: A Mechanism for the Emergence of Modern Culture and Behavior«. In: *Biological Theory* 13(4), S. 213-227.
Descartes, René (1637). *Discours de la méthode, pour bien conduire sa raison, & chercher la vérité dans les sciences*. Leyde: Ian Maire.
— (1644). *Principia Philosophiæ*. Amsterdam: L. Elzevir.
— (1647). *Principes de la philosophie, ecrits en Latin par Reneé Descartes et traduits en Francois par un des ses amis*. Pars: Le Gras.
— (1664). *L'Homme, et un Traitté de la formation du foetus*. Paris: Charles Angot.
— (1897-1913). *Œuvres, publiées par Ch. Adam et P. Tannery*. Paris: L. Cerf.
Descola, Philippe (2005). *Par-delà nature et culture*. Bibliothèque des Sciences humaines. Paris: Gallimard.
Diamond, Jared (1993). *The Third Chimpanzee. The Evolution and Future of the Human Animal*. New York: Harper.
Diderot, Denis (1961). *Philosophische Schriften*. Berlin: Aufbau Verlag.
Donald, Merlin (2010). »The Exographic Revolution: Neuropsychological Sequelae«. In: *The Cognitive Life of Things: Recasting the boundaries of the mind*. Cambridge: McDonald Institute. S. 71-79.
Douglas, Mary (1988). *Reinheit und Gefährdung. Eine Studie zu Vorstellungen von Verunreinigung und Tabu (1966)*. Frankfurt a. M.: Suhrkamp.
Dunbar, Robin I. M. (1998). »The Social Brain Hypothesis«. In: *Evolutionary Anthropology* 6(5), S. 176-190.
Dupressoir, A., C. Lavialle und T. Heidmann (2012). »From ancestral infectious retroviruses to bona fide cellular genes: Role of the captured syncytins in placentation«. In: *Placenta* 33(9), S. 663-671.
Durkheim, Émile (1912/1960). *Les formes élémentaires de la vie religieuse (1912)*. Paris: Presses Univérsitaires de France.
Edwards, Gordon (2017). *The Age of Nuclear Waste: From Fukushima to Indian Point*. url: http://www.ccnr.org/EDWARDS_NYC_2017.pdf.
Einstein, Albert und Leopold Infeld (1978). *The Evolution of Physics: From early concepts to relativity and quanta*. Cambridge: Cambridge University Press.
Elhacham, Emily u. a. (2020). »Global human-made mass exceeds all living biomass«. In: *Nature* 588, S. 442-444.
Enfield, Nicholas J. (2013). *Relationship Thinking: Agency, Enchrony, and Human Sociality*. Oxford: Oxford University Press.
Engels, Friedrich (1896). *Der Ursprung der Familie, des Privateigenthums und des Staats. Zweite Auflage*. Stuttgart: Dietz.
Engler, Klaus (2010). *Suburbs in Europa*. Deutschlandfunk. url: https : / / www . deutschlandfunk.de/suburbs-in-europa-100.html.
Enquist, M. u. a. (2008). »Why does human culture increase exponentially?« In: *Theoretical Population Biology* 74(1), S. 46-55.
Fabian, Daniel und Thomas Flatt (2011). »The Evolution of Aging«. In: *Nature Education Knowledge* 3(10), S. 9.
Fay, J. Michael und Richard W. Carroll (1994). »Chimpanzee tool use for honey and termite extraction in Central Africa«. In: *American Journal of Primatology* 34(4), S. 309-317.
Fayet, Roger (2003). *Reinigungen. Vom Abfall der Moderne zum Kompost der Nachmoderne*. Wien: Passagen Verlag.

Feist, Gregory J., Hrsg. (2001). *Bulletin of Psychology and the Arts* 2 (1): Special Issue *Evolution, Creativity, and Aesthetics*.

Flatt, Thomas und Linda Partridge (2018). »Horizons in the evolution of aging«. In: *BMC Biology* 16(1).

Foley, Stephen F. u. a. (2013). »The Palaeoanthropocene – The beginnings of anthropogenic environmental change«. In: *Anthropocene* 3, S. 83-88.

Fortin, Danielle und Sean Langley (2005). »Formation and occurrence of biogenic iron-rich minerals«. In: *Earth-Science Reviews* 72(1-2), S. 1-19.

Foster, John Bellamy, Brett Clark und Richard York (2010). *The Ecological Rift: Capitalism's War on the Earth*. New York: Monthly Review Press.

Foucault, Michel (1975). *Surveiller et punir. Naissance de la prison*. Paris: Gallimard.

Fuller, Richard Buckminster (1940). »World Energy: A Map«. In: *Fortune Magazine* (September 1940).

Gallup, Gordon G., Michael J. Frederick und Melanie Shoup (2006). »The evolution of intelligence«. In: *Evolutionary Psychology* 4, S. 426-431.

Geary, David C. (2005). *The Origin of Mind*. American Psychological Association.

Gehlen, Arnold (1950). *Der Mensch, seine Natur und seine Stellung in der Welt. Vierte, verbesserte Auflage*. Bonn: Athenäum.

— (1953). »Die Technik in der Sichtweise der philosophischen Anthropologie«. In: *Merkur* 65(7), S. 626-636.

Geneste, Jean-Michel (1992). »Systèmes techniques de production lithique. Variations techno-économiques dans les processus de réalisation des outillages paléolithiques«. In: *Techniques & culture* (17-18), S. 1-35.

Gerasimov, Innokentii P. (1979). »Anthropogene and its major problem«. In: *Boreas* 8, S. 23-30.

Gershuny, Jonathan und Teresa Attracta Harms (2016). »Housework Now Takes *Much* Less Time: 85 Years of US Rural Women's Time Use«. In: *Social Forces* 95(2), S. 503-524.

Gibbons, Ann (2007). »Food for Thought. Did the first cooked meals help fuel the dramatic evolutionary expansion of the human brain?« In: *Science* 316(5831), S. 1558-1560.

Gibson, James J. (1979). *The Ecological Approach to Visual Perception*. Boston: Houghton Mifflin.

Gosline, Anna (2008). »Survival in Space Unprotected Is Possible–Briefly«. In: *Scientific American*.

Gould, Stephen J. (1976). »Human Babies as Embryos«. In: *Natural History* 85(2), S. 21-26.

— (1994). »The Evolution of Life on the Earth«. In: *Scientific American* (October), S. 85-91.

— (1997). »The exaptive excellence of spandrels as a term and prototype«. In: *Proceedings of the National Academy of Sciences* 94(20), S. 10750-10755.

Gould, Stephen J. und Richard C. Lewontin (1979). »The spandrels of San Marco and the Panglossian paradigm: a critique of the adaptationist programme«. In: *Proceedings of the Royal Society of London. Series B. Biological Sciences* 205(1161), S. 581-598.

Gould, Stephen J. und Elisabeth S. Vrba (1982). »Exaptation – A missing term in the Science of Form«. In: *Paleobiology* 8(1), S. 4-15.

Gowlett, J. A. J. (2016). »The discovery of fire by humans: a long and convoluted process«. In: *Philosophical Transactions of the Royal Society B: Biological Sciences* 371(1696), S. 20150164.

Graeber, David (2011). *Debt: The First 5000 Years*. London: Penguin.

Graeber, David und David Wengrow (2021). *The Dawn of Everything. A new history of humanity*. New York: Farrar, Strauss und Giroux.

Grassmuck, Volker und Christian Unverzagt (1991). *Das Müll-System*. Frankfurt a. M.: Suhrkamp.

Guerrero, Ricardo, Lynn Margulis und Mercedes Berlanga (2013). »Symbiogenesis: the holobiont as a unit of evolution«. In: *International Microbiology*, S. 133-143. issn: 1618-1095.

Literatur

Haff, Peter (2014). »Humans and technology in the Anthropocene: Six rules«. In: *The Anthropocene Review* 1(2), S. 126–136.
Haidle, Miriam Noël (2009). »How to think a simple spear?« In: *Cognitive archaeology and human evolution*. Hrsg. von Sophie A. de Beaune, Frederick L. Coolidge und Thomas Wynn. New York: Cambridge University Press. S. 57–73.
— (2012). *How to think tools? A comparison of cognitive aspects in tool behavior of animals and during human evolution*. Bd. 1. Cognitive perspectives in tool behaviour. Tübingen: Universität Tübingen.
— (2013). »Die Evolution kultureller Kapazitäten — paläoanthropologische Ansätze«. In: *Interdisziplinäre Anthropologie. Leib – Geist – Kultur*. Heidelberg: Winter.
— (2019). »The Origin of Cumulative Culture: Not a Single-Trait Event But Multifactorial Processes«. In: *Squeezing Minds from Stones. Cognitive Archaeology & the Evolution of the Human Mind*. Hrsg. von K. A. Overmann und F. L. Coolidge. Oxford: Oxford University Press. S. 128–148.
Haidle, Miriam Noël und Nicholas J. Conard (2011). »The Nature of Culture«. In: *Mitteilungen der Gesellschaft für Urgeschichte* 20, S. 65–78.
Haidle, Miriam Noël, Nicholas J. Conard und Michael Bolus (2016). »The Nature of Culture: Research Goals and New Directions«. In: *The Nature of Culture*. Hrsg. von Miriam Noël Haidle, Nicholas J. Conard und Michael Bolus. Dordrecht: Springer Netherlands. S. 1–6.
Haidle, Miriam Noël und Regine Stolarczyk (2020). »Thinking tools. With Cognigrams from Reconstructions and Interpretations to Models about Tool Behavior«. In: *Intellectica* 73, S. 107–132.
Haidle, Miriam Noël u. a. (2015). »The Nature of Culture: an eight-grade model for the evolution and expansion of cultural capacities in hominins and other animals«. In: *Journal of Anthropological Sciences*, S. 43–70.
Haidle, Miriam Noël u. a. (2017). »Die Entstehung einer Figurine?« In: *Verkörperung - eine neue interdisziplinäre Anthropologie*. Hrsg. von Gregor Etzelmüller, Thomas Fuchs und Christian Tewes. Berlin: De Gruyter. S. 251–280.
Haidle, Miriam Noël und Oliver Schlaudt (2020). »Where Does Cumulative Culture Begin? A Plea for a Sociologically Informed Perspective«. In: *Biological Theory* 15(3), S. 161–174.
— (2021a). »Not Necessarily Additive, Linear, or Beneficial. Comment on Krist Vaesen and Wybo Houkes, Is Human Culture Cumulative?« In: *Current Anthropology* 62(2), S. 224–225.
— (2021b). »Taking the Historical-Social Dimension Seriously: A Reply to Bandini et al.« In: *Biological Theory* 16(2), S. 83–89.
Hall, Charles u. a. (2003). »Hydrocarbons and the Evolution of Human Culture«. In: *Nature* 426(6964), S. 318–322.
Hamilton, Clive (2013). *What would Heidegger say about Geoengineering?* url: https://clivehamilton.com/.
Hansen, James (2008). »Tipping point: Perspective of a climatologist«. In: *State of the Wild 2008-2009: A Global Portrait of Wildlife, Wildlands, and Oceans*. Hrsg. von Eva Fearn. Washington (DC): Wildlife Conservation Society/Island Press. S. 6–15.
Haraway, Donna (2014). *Anthropocene, Capitalocene, Chthulucene: Staying with the Trouble*. url: http://opentranscripts.org/transcript/anthropocene-capitalocene-chthulucene/.
— (2016). *Staying with the Trouble. Making kin in Chthulucene*. Durham: Duke University Press.
Harmand, Sonia u. a. (2015). »3.3-million-year-old stone tools from Lomekwi 3, West Turkana, Kenya«. In: *Nature* 521(7552), S. 310–315.
Harpet, Cyrille (1998). *Du déchet: philosophie des immondices. Corps, ville, industrie*. Paris: L'Harmattan.

Literatur

Harris, Roy (1989). »How Does Writing Restructure Thought?« In: *Language & Communication* 9(2/3), S. 99-106.

Hartig, Ernst (1888). »Ueber den Gebrauchswechsel des Werkzeuges und das gegenseitige Verhältnis verbaler und substantivischer Begriffe in der mechanischen Technik«. In: *Der Civilingenieur* XXXIV(8), S. 1-16.

Haussmann, Georges Eugène (1854). *Mémoire sur les eaux de Paris*. Paris: Préfecture de la Seine.

Hegel, Georg Wilhelm Friedrich (1807). *System der Wissenschaft. Erster Theil: Die Phänomenologie des Geistes*. Bamberg und Würzburg: J. A. Goebhardt.

Heidegger, Martin (1954). »Die Frage nach der Technik«. In: *Vorträge und Aufsätze*. Neske: Günther Neske. S. 13-44.

Heidmann, Odile u. a. (2017). »HEMO, an ancestral endogenous retroviral envelope protein shed in the blood of pregnant women and expressed in pluripotent stem cells and tumors«. In: *Proceedings of the National Academy of Sciences* 114(32), E6642-E6651.

Hepper, Peter (2015). »Behavior During the Prenatal Period: Adaptive for Development and Survival«. In: *Child Development Perspectives* 9(1), S. 38-43.

Herder, Johann Gottfried (1785). *Ideen zur Philosophie der Geschichte der Menschheit. Erster Theil*. Riga und Leipzig: Hartknoch.

Hornborg, Alf (2015). »The political ecology of the Technocene: uncovering unequal exchange in the world-system«. In: *The Anthropocene and the Global Environmental Crisis. Rethinking modernity in a new epoch*. Hrsg. von Clive Hamilton, Christophe Bonneuil und François Gemenne. Abingdon: Routledge. S. 57-69.

Hovers, Erella (2012). »Invention, Reinvention and Innovation«. In: *Developments in Quaternary Sciences*. Amsterdam: Elsevier. S. 51-68.

Hugo, Victor (1910). *Die Elenden*. Übers. von G.A. Volchert. Berlin: Gnadenfeld.

Humboldt, Alexander von (1829). »Über die bei verschiedenen Völkern üblichen Systeme von Zahlzeichen und über den Ursprung des Stellenwerthes in den indischen Zahlen«. In: *Crelle's Journal* IV(3), S. 205-231.

— (1845). *Kosmos. Entwurf einer physischen Weltbeschreibung. Erster Band*. Stuttgart und Tübingen: Cotta.

Hunt, Gavin R. und Russell D. Gray (2004). »The crafting of hook tools by wild New Caledonian crows«. In: *Proceedings of the Royal Society of London. Series B: Biological Sciences* 271(suppl. 3), S88-S90.

Hunziger, Robert (2022). *Fukushima Takes a Turn for the Worse*. url: https://www.counterpunch.org/2022/01/10/fukushima-takes-a-turn-for-the-worse/.

Hutchinson, G. Evelyn (1970). »The Biosphere«. In: *Scientific American* 223(3), S. 44-53.

Illich, Ivan (1971). »The Alternative to Schooling«. In: *Saturday Review* June 19, S. 44-48, 59-60.

Irrgang, Daniel (2020). »Vilém Flussers Black Box«. In: *Black Boxes - Versiegelungskontexte und Öffnungsversuche*. Hrsg. von Eckhard Geitz, Christian Vater und Silke Zimmer-Merkle. Berlin: De Gruyter. S. 53-70.

IWGN (1999). *Nanoscience: Shaping the World Atom by Atom*. Washington D.C.: National Science und Technology Council.

Jancovici, Jean-Marc (2013). *How much of a slave master am I?* url: https://jancovici.com/en/energy-transition/energy-and-us/how-much-of-a-slave-master-am-i/.

Janovskaja, Sof'ja A. (2013). »Über die sogenannten Definitionen durch Abstraktion (1936)«. In: *Beiträge zur Marx-Engels-Forschung. Neue Folge* Jg. 2011, S. 95-136.

Jesmer, Brett R. u. a. (2018). »Is ungulate migration culturally transmitted? Evidence of social learning from translocated animals«. In: *Science* 361(6406), S. 1023-1025.

Jones, Owen (1856). *Grammatik der Ornamente*. Leipzig: Denicke.

Jordan, Brigitte (1989). »Cosmopolitical obstetrics: Some insights from the training of traditional midwives«. In: *Social Science & Medicine* 28(9), S. 925-937.

Joulian, Frédéric (1996). »Comparing chimpanzee and early hominid techniques: some contributions to cultural and cognitive questions«. In: *Modeling the early human mind*. Hrsg. von P. A. Mellars und K. Gibson. Cambridge: McDonald Institute for Archaeological Research.
Kaplan, Hillard u. a. (2000). »A theory of human life history evolution: Diet, intelligence, and longevity«. In: *Evolutionary Anthropology: Issues, News, and Reviews* 9(4), S. 156-185.
Kapp, Ernst (1877). *Grundlinien einer Philosophie der Technik: zur Entstehungsgeschichte der Cultur aus neuen Gesichtspunkten*. Braunschweig: G. Westermann.
Kapp, K. William (1961). *Towards a Science of Man in Society*. The Hague: Nijhoff.
Kendal, Jeremy R. (2011). »Cultural Niche Construction and Human Learning Environments: Investigating Sociocultural Perspectives«. In: *Biological Theory* 6(3), S. 241-250.
Kipling, Rudyard (2015). *Das Dschungelbuch 1 & 2. Übersetzt von Andreas Rohl*. Göttingen: Steidl.
Kleidon, Axel (2016). *Thermodynamic Foundations of the Earth System*. Cambridge: Cambridge University Press.
— (2019). »How the technosphere can make the earth more active«. In: *Technosphere Magazine* May 29. url: https://technosphere-magazine.hkw.de.
Klein, Elise u. a. (2011). »The Influence of Implicit Hand-Based Representations on Mental Arithmetic«. In: *Frontiers in Psychology* 2, S. 1-7.
Koestler, Alfred G., Hrsg. (1965). *The effect on the chimpanzee of rapid decompression to a near vacuum*. NASA contractor report no. 329. Washington DC: National Aeronautics und Space Administration.
Köhler, Wolfgang (1917). »Intelligenzprüfung an Anthropoiden I«. In: *Abhandlungen der Königlich Preußischen Akademie der Wissenschaften, physikalisch-mathematische Klasse* Jg. 1917(1), S. 3-213.
— (1921). *Intelligenzprüfungen an Menschenaffen. Zweite, durchgesehene Auflag der »Intelligenzprüfungen an Anthropoiden I«*. Berlin: Springer.
— (1930). »La perception humaine«. In: *Journal de psychologie normale et pathologique* 27, S. 5-30.
Kolodny, Oren, Nicole Creanza und Marcus W. Feldman (2016). »Game-Changing Innovations: How Culture Can Change the Parameters of Its Own Evolution and Induce Abrupt Cultural Shifts«. In: *PLOS Computational Biology* 12(12), e1005302.
Krajcsi, Attila und Eszter Szabó (2012). »The Role of Number Notation: Sign-Value Notation Number Processing is Easier than Place-Value«. In: *Frontiers in Psychology* 3, S. 1-15.
Kronfeldner, Maria E. (2009). »Meme, Meme, Meme: Darwins Erben und die Kultur«. In: *Philosophia Naturalis* 46(1), S. 36-60.
Krützen, Michael u. a. (2005). »Cultural transmission of tool use in bottlenose dolphins«. In: *Proceedings of the National Academy of Sciences* 102(25), S. 8939-8943.
Laland, Kevin und John Odling-Smee (2001). »The evolution of the meme«. In: *Darwinizing Culture. The Status of Memetics as a Science*. Hrsg. von Robert Aunger. Oxford: Oxford University Press. S. 121-141.
Laland, Kevin N. (2004). »Extending the Extended Phenotype«. In: *Biology & Philosophy* 19(3), S. 313-325.
Laland, Kevin N., John Odling-Smee und Marcus W. Feldman (2000). »Niche construction, biological evolution, and cultural change«. In: *Behavioral and Brain Sciences* 23(1), S. 131-146.
Laland, Kevin N., John Odling-Smee und Sean Myles (2010). »How culture shaped the human genome: bringing genetics and the human sciences together«. In: *Nature Reviews Genetics* 11(2), S. 137-148.
Lamarck, Jean (1876). *Zoologische Philosophie*. Jena: H. Dabis.
Larson, Greger u. a. (2013). »Exapting exaptation«. In: *Trends in Ecology & Evolution* 28(9), S. 497-498.

Latour, Bruno (2007). »Une sociologie sans objet? Remarques sur l'interobjectivité«. In: *Objets et mémoires*. Hrsg. von Octave Debary. MSH-Presses de l'Université Laval. S. 38-57.
Lave, Jean und Etienne Wenger (1991). *Situated Learning. Legitimate peripheral participation*. Cambridge: Cambridge University Press.
Lehrman, Daniel S. (1953). »A Critique of Konrad Lorenz's Theory of Instinctive Behavior«. In: *The Quarterly Review of Biology* 28(4), S. 337-363.
Lenton, Timothy M. (1998). »Gaia and natural selection«. In: *Nature* 394(6692), S. 439-447.
Leroi-Gourhan, André (1964). *Le Geste et la parole I: Technique et langage*. Paris: Albin Michel.
— (1965). *Le Geste et la parole II: La Mémoire et les rythmes*. Paris: Albin Michel.
— (2019). *La Civilisation du renne (1936)*. Paris: Les Belles Lettres.
Lévi-Strauss, Claude (1981). *Die elementaren Strukturen der Verwandtschaft*. Frankfurt a. M.: Suhrkamp.
Levy, Sharon (2005). »Rekindling Native Fires«. In: *BioScience* 55(4), S. 303-308.
Lévy-Bruhl, Lucien (1921). *Das Denken der Naturvölker*. Wien; Leipzig: Braumüller.
Lewin, Kurt (1926). »Vorsatz, Wille, und Bedürfnis«. In: *Psychologische Forschung* 7(1), S. 330-385.
Lewis, Hannah M. und Kevin N. Laland (2012). »Transmission fidelity is the key to the build-up of cumulative culture«. In: *Philosophical Transactions of the Royal Society B: Biological Sciences* 367(1599), S. 2171-2180.
Lewis-Williams, J. David (2002). *A Cosmos in Stone. Interpreting Religion and Society through Rock Art*. Walnut Creek: Altamira.
Löffler, Davor (2019). *Generative Realitäten I. Die technologische Zivilisation als neue Achsenzeit und Zivilisationsstufe*. Weilerswist: Velbrück.
Lombard, Marlize (2016). »Mountaineering or ratcheting? Stone Age hunting weapons as proxy for the evolution of human technological, behavioral and cognitive flexibility«. In: *The nature of culture*. Hrsg. von Miriam N. Haidle, Nicholas J. Conard und Michael Bolus. Dordrecht: Springer. S. 135-146.
Lombard, Marlize und Miriam Noël Haidle (2012). »Thinking a Bow-and-arrow Set: Cognitive Implications of Middle Stone Age Bow and Stone-tipped Arrow Technology«. In: *Cambridge Archaeological Journal* 22(2), S. 237-264.
Loos, Adolf (1962). »Ornament und Verbrechen (1908)«. In: *Sämtliche Schriften. Erster Band*. Wien: Herold. S. 276-288.
López-Corona, Oliver und Gustavo Magallanes-Guijón (2020). »It Is Not an Anthropocene – It Is Really the Technocene: Names Matter in Decision Making Under Planetary Crisis«. In: *Frontiers in Ecology and Evolution* 8.
Lotka, Alfred J. (1945). »The Law of Evolution as a Maximal Principle«. In: *Human Biology* 17(3), S. 167-194.
Lovelock, James (1972). »Gaia As Seen Through the Atmosphere«. In: *Atmospheric Environment* 6, S. 579-580.
Lovelock, James E. und Lynn Margulis (1974). »Atmospheric homeostasis by and for the biosphere: the gaia hypothesis«. In: *Tellus* 26(1-2), S. 2-10.
Lukrez (2013). *Von der Natur / De rerum natura*. Übers. H. Diels. Berlin: de Gruyter.
Luria, Aleksandr R. und Lev S. Vygotsky (1992). *Ape, Primitive Man, and Child. Essays in the History of Behavior*. New York: Harvester Wheatsheaf.
Lurija, Aleksandr R. (1986). *Die historische Bedingtheit individueller Erkenntnisprozesse*. Weinheim: VCH.
Malafouris, Lambros (2013). *How Things Shape the Mind. A Theory of Material Engagement*. Cambridge (MA): MIT Press.
Mann, Janet und Brooke Sargeant (2009). »Tool-Use in Wild Bottlenose Dolphins«. In: *Encyclopedia of Marine Mammals*. Hrsg. von William F. Perrin, Bernd Würsig und J.G.M. Thewissen. London: Elsevier. S. 1171-1173.

Mann, Janet u. a. (2012). »Social networks reveal cultural behaviour in tool-using dolphins«. In: *Nature Communications* 3(1), S. 980.
Marino, Mirko u. a. (2021). »A Systematic Review of Worldwide Consumption of Ultra-Processed Foods: Findings and Criticisms«. In: *Nutrients* 13(8), S. 2778.
Marks-Block, Tony und William Tripp (2021). »Facilitating Prescribed Fire in Northern California through Indigenous Governance and Interagency Partnerships«. In: *Fire* 4(3), S. 37.
Martindale, Mark Q. und Andreas Hejnol (2009). »A Developmental Perspective: Changes in the Position of the Blastopore during Bilaterian Evolution«. In: *Developmental Cell* 17(2), S. 162–174.
Martinez-Alier, Juan (2004). *Marxism, social metabolism, and ecologically unequal exchange*. UHE Working Papers 2004-01. Departament d'Economica i Història Econòmica, Universitat Autònoma di Barcelona.
Marx, Karl und Friedrich Engels (1975). *Gesamtausgabe (MEGA), herausgegeben von der Internationalen Marx-Engels-Stiftung Amsterdam*. Berlin: Dietz.
Mattessich, Richard (1987). »Prehistoric Accounting and the Problem of Representation: On recent archaeological evidence of the Middle-East from 8000 BC to 3000 BC«. In: *The Accounting Historians Journal* 14(2), S. 71–91.
Maturana, Humberto (1985). »The Mind is not in the head«. In: *Journal of Social and Biological Systems* 8(4), S. 308–311.
McGrew, William C. (2010). »Chimpanzee Technology«. In: *Science* 328(5978), S. 579–580.
McKinnon, Susan (2005). *Neo-Liberal Genetics: The Myths and Moral Tales of Evolutionary Psychology*. Chicago: Prickly Paradigm Press.
McLaughlin, Peter (1994). »Die Welt als Maschine. Zur Genese des neuzeitlichen Naturbegriffs«. In: *Macrocosmos in Microcosmo*. Hrsg. von Andreas Grote. Opladen: Leske und Budrich.
— (2014). »Herding Cats, or Appropriating Things that Have a Life of Their Own«. In: *Nuncius* 29(1), S. 175–177.
— (2022). »Final Causes and the Clockwork Universe: the Mechanistic Worldview«. In: *Kosmos. Vom Umgang mit der Welt zwischen Ausdruck und Ordnung*. Hrsg. von Peter König und Oliver Schlaudt. Heidelberg: Heidelberg University Publishing.
McLaughlin, Peter und Oliver Schlaudt (2020). »Real Abstraction in the History of the Natural Sciences«. In: *Marx and Contemporary Critical Theory*. Hrsg. von Antonio Oliva, Ángel Oliva und Iván Novara. London: Palgrave Macmillan. S. 307–317.
— (2022). »The Creation of Numbers from Clay«. In: *(forthcoming)*.
Mead, George Herbert (1934/2008). *Geist, Identität und Gesellschaft aus der Sicht des Sozialbehaviorismus (engl. 1934)*. Frankfurt a. M.: Suhrkamp.
Mirandola, Giovanni Pico della (1990). *De hominis dignitate. Über die Würde des Menschen (1486)*. Übers. von Norbert Baumgarten. Hamburg: Meiner.
Moles, Abraham A. (1961). »La notion de quantité en cybernétique«. In: *Les Études philosophiques* 16(2), S. 177–190.
— (1969). »Théorie de la complexité et civilisation industrielle«. In: *Communications* 13, S. 51–63.
— (1971). *Informationstheorie und ästhetische Wahrnehmung*. Köln: DuMont Schauberg.
Moore, Jason W. (2015). *Capitalism in the Web of Life. Ecology and the Accumulation of Capital*. London: Verso Books.
Morgan, T. J. H. u. a. (2015). »Experimental evidence for the co-evolution of hominin tool-making teaching and language«. In: *Nature Communications* 6(6029), S. 1–8.
Mufwene, Salikoko S. (2013). »Language as Technology. Some questions that evolutionary linguistics should adress«. In: *In Search of Universal Grammar: From Norse to Zorque*. Hrsg. von T. Lohndal. Amsterdam: John Benjamins. S. 327–358.

Mufwene, Salikoko S. (2019). »The Evolution of Language as Technology. The Cultural Dimension«. In: *Beyond the Meme: Development and Structure in Cultural Evolution*. Hrsg. von A. C. Love und William C. Wimsatt. Minneapolis: University of Minnesota Press. S. 365–394.

Mumford, Lewis (1967). *Technics and Human Development. The Myth of the Machine Vol. I*. New York: Harcourt, Brance & World.

— (1970). *The Pentagon of Power. The Myth of the Machine Vol. II*. New York: Harcourt, Brace, Jovanovitch.

Nading, Alex M. (2020). »Living in a Toxic World«. In: *Annual Review of Anthropology* 49(1), S. 209–224.

Noiré, Ludwig (1880). *Das Werkzeug und seine Bedeutung für die Entwicklungsgeschichte der Menschheit*. Mainz: Diemer.

Nordmann, Alfred (2004). »Nanotechnology's worldview: new space for old cosmologies«. In: *IEEE Technology and Society Magazine* 23(4), S. 48–54.

— (2008). *Technikphilosophie zur Einführung*. Hamburg: Junius.

— (2011). »The Age of Technoscience«. In: *Science Transformed?* Hrsg. von Alfred Nordmann, Hans Radder und Gregor Schiemann. Pittsburgh: University of Pittsburgh Press. S. 19–30.

Norman, Joel (2002). »Two visual systems and two theories of perception: An attempt to reconcile the constructivist and ecological approaches«. In: *Behavioral and Brain Sciences* 25(1), S. 73–96.

Oakley, Kenneth (1957). »Tools Makyth Man«. In: *Antiquity* 31(124), S. 199–209.

Odling-Smee, F. John, Kevin N. Laland und Marcus W. Feldman (1996). »Niche Construction«. In: *The American Naturalist* 147(4), S. 641–648.

Odling-Smee, John (2007). »Niche Inheritance: A possible basis for classifying multiple inheritance systems in evolution«. In: *Biological Theory* 2(3), S. 276–289.

Odum, Eugene (1969). »The Strategy of Ecosystem Development«. In: *Science* 164, S. 262–270.

Ogungbure, Adebayo (2018). »Homoeroticism, Phallicism and the Racialization of Black/Brown Males: A Historiography of Sexual Racism in America«. In: *Inter-American Journal of Philosophy* 9(2).

Ortner, Sherry B. (1972). »Is Female to Male as Nature Is to Culture?« In: *Feminist Studies* 1(2), S. 5–31.

Overmann, Karenleigh A. (2021). »A New Look at Old Numbers, and What It Reveals about Numeration«. In: *Journal of Near Eastern Studies* 80(2), S. 291–321.

Parzinger, Hermann (2014). *Die Kinder des Prometheus. Eine Geschichte der Menschheit vor der Erfindung der Schrift*. München: C. H. Beck.

Perreault, Charles u. a. (2013). »Measuring the Complexity of Lithic Technology«. In: *Current Anthropology* 54(S8), S397–S406.

Peucker-Ehrenbrink, Bernhard und Birger Schmitz, Hrsg. (2001). *Accretion of Extraterrestrial Matter Throughout Earth's History*. New York: Springer.

Pflüger, E. (1877). »Die teleologische Mechanik der lebendigen Natur«. In: *Archiv für die Gesammte Physiologie des Menschen und der Thiere (Pflügers Archiv)* 15(1), S. 57–103.

Piantadosi, Steven T. und Celeste Kidd (2016). »Extraordinary intelligence and the care of infants«. In: *Proceedings of the National Academy of Sciences* 113(25), S. 6874–6879.

Pica, Pierre u. a. (2004). »Exact and Approximate Arithmetic in an Amazonian Indigene Group«. In: *Science* 306(5695), S. 499–503.

Pievani, Telmo und Filippo Sanguettoli (2020). »The Evolution of Exaptation, and How Exaptation Survived Dennett's Criticism«. In: *Understanding Innovation Through Exaptation*. Hrsg. von Cristina A. M. La Porta, Stefano Zapperi und Luciano Pilotti. Springer. S. 1–24.

Plumwood, Val (1993). *Feminism and the Mastery of Nature*. London: Routledge.

Portmann, Adolf (1941). »Die Tragzeit der Primaten und die Dauer der Schwangerschaft beim Menschen: Ein Problem der vergleichenden Biologie«. In: *Revue Suisse de Zoologie* 48(3), S. 511-518.
— (1951). *Biologische Fragmente zu einer Lehre vom Menschen*. Zweite Auflage. Basel: B. Schwabe.
— (1968). »Anthropologische Deutung der menschlichen Entwicklungsperiode«. In: *Concilium Paedopsychiatricum*. Hrsg. von H. Stutte und H. Harbauer. Basel: Karger. S. 21-32.
Rabinow, Paul, Hrsg. (1984). *The Foucaul Reader*. New York: Pantheon.
Renfrew, Colin (1978). »The anatomy of innovation«. In: *Social Organisation and Settlement*. Hrsg. von D. Green, C. Haselgrove und M. Spriggs. Oxford: British Archaeological Reports. 89-118.
Richerson, Peter J. und Robert Boyd (2005). *Not by genes alone. How culture transformed human evolution*. Chicago: University of Chicago Press.
Rosenberg, Karen und Wenda Trevathan (1995). »Bipedalism and human birth: The obstetrical dilemma revisited«. In: *Evolutionary Anthropology* 4(5), S. 161-168.
Roughgarden, Joan u. a. (2017). »Holobionts as Units of Selection and a Model of Their Population Dynamics and Evolution«. In: *Biological Theory* 13(1), S. 44-65.
Rull, Valentí (2017). »The ›Anthropocene‹: neglects, misconceptions, and possible futures«. In: *EMBO reports* 18(7), S. 1056-1060.
Sahlins, Marshall (1972). *Stone Age Economics*. New York: Aldine.
— (1976). *Culture and Practical Reason*. Chicago: University of Chicago Press.
— (2008). *The Western Illusion of Human Nature: With Reflections on the Long History of Hierarchy, Equality, and the Sublimation of Anarchy in the West, and Comparative Notes on Other Conceptions of the Human Condition*. Chicago: Prickly Paradigm Press.
Sandberg, Anders und Nick Bostrom (2008). *Whole Brain Emulation: A Roadmap*. Techn. Ber. 2008-03. Future of Humanity Institute, Oxford University. url: http://www.fhi.ox.ac.uk/reports/2008-3.pdf.
Sasaki, Takao und Dora Biro (2017). »Cumulative culture can emerge from collective intelligence in animal groups«. In: *Nature Communications* 8(1).
Schaik, Carel P. van u. a. (2003). »Orangutan Cultures and the Evolution of Material Culture«. In: *Science* 299(5603), S. 102-105.
Schedel, Hartmann (1493). *Registrum huius operis libri cronicarum cum figuris et ymagibus ab initio Mundi*. Nuremberg: Anton Koberger.
Schlaudt, Oliver (2013). »Der »Umschlag in der Methode«. Marx' mathematische Manuskripte als Anregung zu einer Theorie wissenschaftlicher Begriffsbildung bei Sof'ja A. Janovskaja«. In: *Beiträge zur Marx-Engels-Forschung. Neue Folge* Jg. 2011, S. 73-94.
— (2020a). »Type and Token in the Prehistoric Origins of Numbers«. In: *Cambridge Archaeological Journal* 30(4), S. 629-646.
— (2020b). »Zweckentfremdung als Mittelaneignung. Fünf Thesen und eine Schicksalsfrage«. In: *Black Boxes - Versiegelungskontexte und Öffnungsversuche*. Hrsg. von Eckhard Geitz, Christian Vater und Silke Zimmer-Merkle. Berlin: De Gruyter. S. 267-286.
— (2021a). »Habitus: Die kulturelle Grundierung«. In: *Menschsein. Die Anfänge unserer Kultur*. Frankfurt a.M.: Archäologisches Museum Frankfurt. S. 102-108.
— (2021b). »Müll-Philosophie: Des Teufels Staub und der Engel Anteil«. In: *Merkur* 870, S. 5-16.
— (2022a). »Exaptation in the Co-evolution of Technology and Mind: New Perspectives from Some Old Literature«. In: *Philosophy & Technology* 35(2), S. 48.
— (2022b). »Mégamicros - Micromégas. Skaleninvarianz und die Suche nach dem richtigen Maß, oder: Eine nicht-euklidische Lektion für das Anthropozän«. In: *Kosmos. Vom Umgang mit der Welt zwischen Ausdruck und Ordnung*. Hrsg. von Peter König und Oliver Schlaudt. Heidelberg: Heidelberg University Publishing.

Schmalenbach, Eugen (1928). »Die Betriebswirtschaftslehre an der Schwelle der neuen Wirtschaftsverfassung«. In: *Zeitschrift für handelswissenschaftliche Forschung* 22(6), S. 241–251.

Schmandt-Besserat, Denise (1980). »The Envelopes That Bear the First Writing«. In: *Technology and Culture* 21(3), S. 357–385.

Schmid, Anne-Françoise (2001). *Que peut la philsophie des sciences?* Paris: Éditions Petra.

Schnorr, Stephanie L. u. a. (2014). »Gut microbiome of the Hadza hunter-gatherers«. In: *Nature Communications* 5(1).

Schrödinger, Erwin (1967). *What is Life? The Physical Aspect of the Living Cell. And: Mind and Matter.* Cambridge: Cambridge University Press.

Schwägerl, Christian (2015). »›Wir sind noch nicht dem Untergang geweiht.‹ Ein Interview mit Paul J. Crutzen«. In: *Willkommen im Anthropozän. Unsere Verantwortung für die Zukunft der Erde.* Hrsg. von Nina Möllers, Christian Schwägerl und Helmut Trischler. München: Deutsches Museum. S. 30–36.

Sellars, Wilfrid (1956). »Empiricism and the Philosophy of Mind«. In: *Minnesota Studies in the Philosophy of Science.* Bd. I, S. 253–329.

Shiva, Vandana (1992). »The seed and the earth. Biotechnology and the colonisation of regeneration«. In: *Development Dialogue* (1-2), S. 151–168.

— (1993). *Monocultures of the Mind.* London: Zed Books.

Sieferle, Rolf Peter (1982). *Der unterirdische Wald. Energiekrise und Industrielle Revolution.* München: C.H. Beck.

— (1997). *Rückblick auf die Natur. Eine Geschichte des Menschen und seiner Umwelt.* München: Luchterhand.

Sigaut, François (2012). *Comment Homo devint faber. Comment l'outil fit l'homme.* Paris: CNRS.

Simondon, Gilbert (2012). *Die Existenzweise technischer Objekte (1959).*

Sinha, Chris (2015). »Language and other artifacts: socio-cultural dynamics of niche construction«. In: *Frontiers in Psychology* 6.

Skillings, Derek (2016). »Holobionts and the ecology of organisms: Multi-species communities or integrated individuals?« In: *Biology & Philosophy* 31(6), S. 875–892.

Skinner, M. K. (2015). »Environmental Epigenetics and a Unified Theory of the Molecular Aspects of Evolution: A Neo-Lamarckian Concept that Facilitates Neo-Darwinian Evolution«. In: *Genome Biology and Evolution* 7(5), S. 1296–1302.

Smith, Bruce D. (2007). »The Ultimate Ecosystem Engineers«. In: *Science* 315(5820), S. 1797–1798.

Smith, Bruce D. und Melinda A. Zeder (2013). »The onset of the Anthropocene«. In: *Anthropocene* 4, S. 8–13.

Soddy, Frederick (1922). *Cartesian Economics. The Bearing of Physical Science upon State Stewardship.* London: Hendersons.

Sohn-Rethel, Alfred (1990). *Das Ideal des Kaputten. Über neapolitanische Technik (1926).* Bremen: Bettina Wassmann.

Sommerville, Diane Miller (1995). »The Rape Myth in the Old South Reconsidered«. In: *The Journal of Southern History* 61(3), S. 481.

Sonnenburg, Erica D. u. a. (2016). »Diet-induced extinctions in the gut microbiota compound over generations«. In: *Nature* 529(7585), S. 212–215.

Soressi, Marie und Jean-Michel Geneste (2011). »The History and Efficacy of the Chaîne Opératoire Approach to Lithic Analysis: Studying Techniques to Reveal Past Societies in an Evolutionary Perspective«. In: *PaleoAnthropology* Jg. 2011, S. 334–350.

Srour, Bernard und Mathilde Touvier (2021). »Ultra-processed foods and human health: What do we already know and what will further research tell us?« In: *EClinicalMedicine* 32, S. 100747.

Steffen, Will u. a. (2011). »The Anthropocene: conceptual and historical perspectives«. In: *Philosophical Transactions of the Royal Society A: Mathematical, Physical and Engineering Sciences* 369(1938), S. 842-867.

Steinhart, John S. und Carol E. Steinhart (1974). »Energy Use in the U.S. Food System«. In: *Science* 184(4134), S. 307-316.

Stout, Dietrich (2011). »Stone toolmaking and the evolution of human culture and cognition«. In: *Philosophical Transactions of the Royal Society B: Biological Sciences* 366(1567), S. 1050-1059.

Stout, Dietrich und Thierry Chaminade (2012). »Stone tools, language and the brain in human evolution«. In: *Philosophical Transactions of the Royal Society B: Biological Sciences* 367(1585), S. 75-87.

Suess, Eduard (1875). *Die Entstehung der Alpen*. Wien: Braumüller.

Szalai, Alexander, Hrsg. (1972). *The Use of Time: Daily Activities of Urban and Suburban Populations in Twelve Countries*. Den Haag: Mouton.

Tang, Yiyuan u. a. (2006). »Arithmetic processing in the brain shaped by cultures«. In: *Proceedings of the National Academy of Sciences* 103(28), S. 10775-10780.

Tekman, Mine B. u. a. (2022). *Impacts of plastic pollution in the oceans on marine species, biodiversity and ecosystems*. en.

Tennie, Claudio u. a. (2016). »The Island Test for Cumulative Culture in the Paleolithic«. In: *The Nature of Culture*. Hrsg. von Miriam N. Haidle, Nicholas J. Conard und Michael Bolus. Dordrecht: Springer. S. 121-133.

Teo, Pey Sze u. a. (2021). »Taste of Modern Diets: The Impact of Food Processing on Nutrient Sensing and Dietary Energy Intake«. In: *The Journal of Nutrition* 152(1), S. 200-210.

Testart, Alain (2016). *Art et religion de Chauvet à Lascaux*. Paris: Gallimard.

Tisserant, Jean-Marc (1974). *Gérard Titus-Carmel ou le procès du modèle*. Paris: SMI/Opsis.

Tomasello, Michael (1999). »The Human Adaptation for Culture«. In: *Annual Review of Anthropology* 28(1), S. 509-529.

Tranter, Paul Joseph (2010). »Speed Kills: The Complex Links Between Transport, Lack of Time and Urban Health«. In: *Journal of Urban Health* 87(2), S. 155-166.

Travers, Pamela L. (1987). *Mary Poppins*. Hamburg: Cecilie Dressler.

Uexküll, Jakob von (1921). *Umwelt und Innenwelt der Tiere. 2. Auflage*. Berlin: Springer.

— (1934). *Streifzüge durch die Umwelten von Tieren und Menschen. Ein Bilderbuch unsichtbarer Welten*. Berlin: Springer.

— (1940). *Bedeutungslehre*. Bd. X. BIOS. Leipzig: Barth.

Vanek, Joann (1974). »Time Spent in Household«. In: *Scientific American* 231(5), S. 116-121.

— (1978). »Household Technology and Social Status: Rising Living Standards and Status and Residence Differences in Housework«. In: *Technology and Culture* 19(3), S. 361-375.

Vernadsky, Vladimir I. (1998). *The Biosphere*. New York: Copernicus.

Vignola, Emilia F., Aydin Nazmi und Nicholas Freudenberg (2021). »What Makes Ultra-Processed Food Appealing? A critical scan and conceptual model«. In: *World Nutrition* 12(4), S. 136-175.

Voland, Eckart und Karl Grammer, Hrsg. (2003). *Evolutionary Aesthetics*. Springer.

Vygotsky, Lev und Alexander Luria (1994). »Tool and Symbol in Child Development (1930)«. In: *The Vygotsky Reader*. Hrsg. von René van der Veer und Jaan Valsiner. Oxford: Blackwell. S. 99-174.

Wallerstein, Immanuel (1999). *The End of the World as We Know It. Social Science for the 21st Century*. Minneapolis: University of Minneapolis Press.

Waring, Marilyn (1988). *If Women Counted. A New Feminist Economics*. San Francisco: Harper und Row.

West, Meredith J. und Andrew P. King (1987). »Settling nature and nurture into an ontogenetic niche«. In: *Developmental Psychobiology* 20(5), S. 549-562.

Whiten, Andrew u. a. (2009). »Emulation, imitation, over-imitation and the scope of culture for child and chimpanzee«. In: *Philosophical Transactions of the Royal Society B: Biological Sciences* 364(1528), S. 2417-2428.

World Economic Forum, Ellen MacArthur Foundation und McKinsey & Company, Hrsg. (2016). *The New Plastics Economy — Rethinking the future of plastics*. url: http://www.ellenmacarthurfoundation.org/publications.

Worm, Boris und Robert T. Paine (2016). »Humans as a Hyperkeystone Species«. In: *Trends in Ecology & Evolution* 31(8), S. 600-607.

Wrangham, Richard (2017). »Control of Fire in the Paleolithic. Evaluating the Cooking Hypothesis«. In: *Current Anthropology* 58(S16), S303-S313.

Yu, Hongbin u. a. (2015). »The fertilizing role of African dust in the Amazon rainforest: A first multiyear assessment based on data from Cloud-Aerosol Lidar and Infrared Pathfinder Satellite Observations«. In: *Geophysical Research Letters* 42(6), S. 1984-1991.

Zemp, Delphine Clara u. a. (2017). »Self-amplified Amazon forest loss due to vegetation-atmosphere feedbacks«. In: *Nature Communications* 8(1).

Zilsel, Edgar (1931). »Geschichte und Biologie, Überlieferung und Vererbung«. In: *Archiv für Sozialwissenschaft und Sozialpolitik* 65, S. 475-524.

Danksagung

Das vorliegende Buch konnte ich dank einer Förderung im Heisenberg-Programm der Deutschen Forschungsgemeinschaft als Gast des Forschungsprojekts *The Role of Culture in Early Expansions of Humans* (ROCEEH) am Institut für Ältere Urgeschichte und Quartärökologie der Universität Tübingen verfassen. Für wesentliche Anregungen, Hinweise und Kommentare danke ich Miriam N. Haidle, Axel Kleidon und Davor Löffler.